Extradosed Bridge

김제인 · 나석현 · 안중선 공저
김상석 감수

도서출판 반석기술

머리말

우리 주변에는 알게 모르게 교량이 우리의 생활, 문화, 예술에 포함되어 있다. 영화나 드라마의 촬영현장, 명화의 배경, 사람들의 약속장소, 도시의 중요한 랜드마크 등 헤아릴 수 없을 만큼 우리와 밀접하다. 물론 대부분은 교량모양이나 길이에는 그다지 관심이 없지만 중요한 것은 교량 자체가 사람들의 입에 오르내리는 것은 피하기 어렵다는 점이다.

토목기술자에게 가장 중요한 사회적 공헌을 꼽으라고 한다면 나는 서슴없이 교량이라고 말하고 싶다. 그것은 원시인류가 자연적으로 나무가 쓰러져 만들어진 다리로 강, 계곡을 건너 물과 먹이를 찾아 이동하여 생존함으로서 오늘날의 우리가 있기 때문이다. 인류는 교량을 통해 더 넓은 세상으로 나아가 영토를 개척하여 종족을 보존하는 일을 하게 된 것이다. 대제국 로마가 교량건설에 심혈을 기울인 것을 결코 간과해서는 안된다.

수 많은 교량 형식 중 엑스트라도즈드(Extradosed)교는 비교적 최근인 1980년 프랑스에서 시작하여 일본으로 건너가 상당한 발전을 이룩한 교량형식이다. 거더교와 사장교의 중간형태인 이 형식은 발상의 전환을 이룬 사례로 평가받고 있다.

케이블교량과 프리스트레스트 거더교의 장점을 극대화시킴으로서 미관 및 구조적 안정성, 공사비, 경간장 측면에서 상당히 적용성이 우수한 교량으로 인식되고 있다.

우리나라에서도 대안설계와 T/K설계를 통해서 상당수의 엑스트라도즈드교가 도입되었고 사용중이거나 공사중에 있다. 과거에 많은 프리스트레스 교량의 시공경험을 가지고 있는 우리 기술자들로서는 다행스러운 형식이라고 판단된다.

엑스트라도즈드교를 활성화시킨 일본의 사례를 집중적으로 연구하여 기술적인 점은 배우고 같은 실패를 반복하지 않아 시행착오를 피할 수 있는 참고도서가 되기를 바라는 마음에서 본 도서를 발생하게 된 점을 무엇보다 기쁘게 생각한다.

구조, 토질 및 기초의 설계와 시공 등 여러 분야의 사례가 포함되어 있으므로 기술자들에게 상당한 도움이 되기를 바라는 마음 간절하며 이 책의 출판에 협조해주신 출판사, 공동저자, 감수자에게 무한한 감사를 드립니다

2010. 11

목 차

1. 고교각 · 장경간 Extradosed교

2. 파형강판Web 광폭원 Extradosed교

3. 고속철도의 4경간연속 Extradosed교

4. 철도의 3경간연속 Extradosed교

5. 세계최초 Hybrid Extradosed교

6. 3경간연속 Hybrid Extradosed교

7. Hybrid 교각의 Extradosed교

8. 1Cell 광폭원 Extradosed교

9. 광폭원 1면매기 Extradosed교

10. 5경간연속 Skew Extradosed교

11. 장지간 바닥판의 Extradosed교

부록. Extradosed교의 설계 및 시공실적

PART 1

고교각 · 장경간 Extradose교

Design and Construction of Tokunoyamahattoku Bridge

고교각 · 장경간 Extradose교

Design and Construction of Tokunoyamahattoku Bridge

머리말

도쿠노야마 핫도쿠(德之山八德)교는 일본 기후현에 건설된 3경간연속 PC Extradosed교로 2006년 가을 공용개시를 목적으로 공사가 진행된 교량이다.

본 사업은 이비가와 상류에 건설된 도쿠야마댐으로 인해 일부 수몰되는 국도 417호선의 이설사업에 해당한다. 댐으로 수몰되는 국도417호선은 험준한 지형으로 폭원이 협소하며 악천후시에는 먼길을 우회해야하는 형편으로 지역간 교통의 효율화를 위해 추진되는 사업이다.

설계속도 : 50km/h	교량형식 : 3경간연속 PC Extradosed교
연장 : 141.5+220.0+141.5=503.0m	유효폭원(차도) : 7.0m
횡단 및 종단경사 : 양측1.5%, 2.5~-2.5%	평면곡선 : ∞
케이블 : Fan type 2면매기(11단)	주형 : 1 Cell Box Girder PC구조(H=6.5~3.5m)
주탑 : 2주식 RC구조	주탑고정방식 : 관통고정(Saddle type)방식(부착식)
교각 기둥 : RC 중공기둥	교각높이 : P1-98.0m, P2-101.0m

1. 교량의 개요

그림-1은 일반도, 표-1은 사용재료를 정리한 것이다.

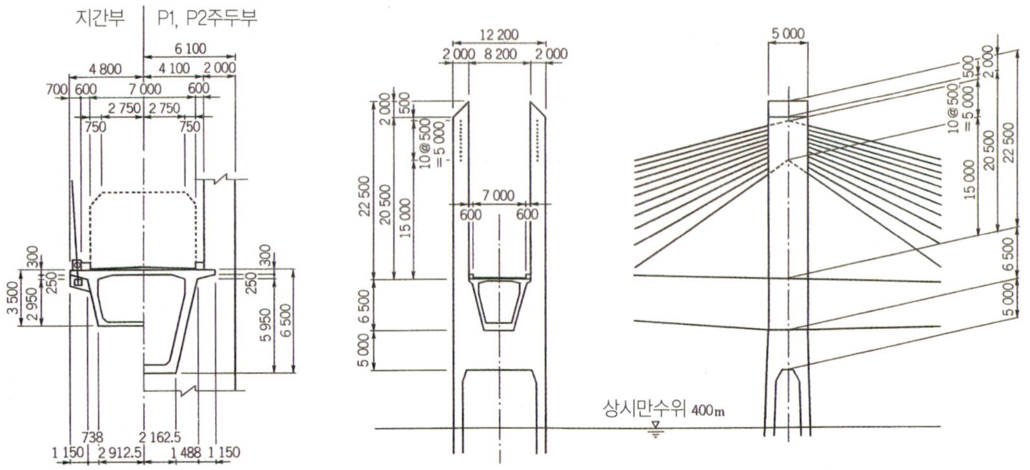

(a) 주형단면도 (a) 주형단면도 (a) 주형단면도

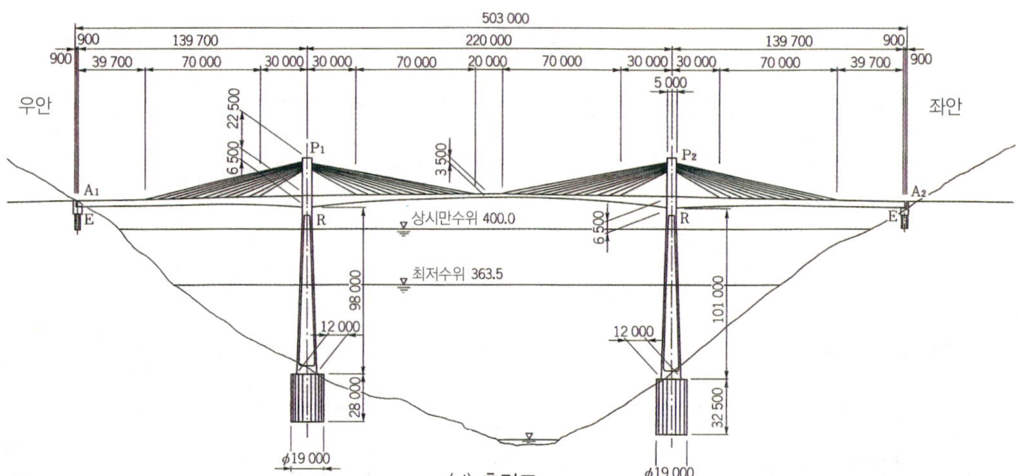

(d) 측면도

그림-1 교량 일반도

▶ 표-1 사용 재료

항 목	구 분	시방 기준	항 목	구 분	시방 기준
콘크리트	주 형	σ_{ck}=50N/㎟	PC강재	케이블	27S15.2(SWPR7B)
	주 탑	σ_{ck}=40N/㎟		종방향 긴장재	12S12.7(SWPR7B)
철근	주 형	SD345, SD685 상당			ϕ 32(SBPR930/1180)
	주 탑	SD345		횡방향 긴장재	1S28.6(SWPR19)

2. 교량의 특징

본 교량은 주형의 구조가 Prestressed concrete만으로 구성된 Extradosed교로는 세계 최장 지간장인 220m의 장대 Extradosed교에 해당하며 가교지점의 지형은 험준한 V자형 계곡으로 하상에서 계획고까지의 높이는 130m에 이른다.

그리고 저수지의 양안을 횡단하는 교량으로서 교각의 높이가 일본에서도 손꼽히는 고교각으로 저수지 담수후 상시만수위가 되면 교각 100m중 90%가 물에 잠기므로 내진성 및 유지관리계획에 대한 검토가 매우 중요하다.

또한 가교지점의 주변은 다양한 동식물이 서식하는 풍족한 자연환경지대로서 상부공 가설시 자연환경에 미치는 영향을 가능한한 회피 또는 저감시킬 것과 2006년 가을부터 공용개시를 목적으로 상부공 공사시 초대형 이동작업차를 사용한 켄티레버식 가설 및 측경간부의 선행시공으로 총 62일의 공기단축 과제가 입찰시 VE방식(종합평가 낙찰방식)으로 채택되었다.

이와 같은 배경을 바탕으로 내진안전성 검토, VE제안에 따른 안정성 재검토 그리고 실제 교량의 진동실험으로 정량적인 안전성 평가를 진행하면서 학계 저명인사 및 도로관리 전문가로 구성된 위원회를 개최하여 안전성 및 유지관리 방법을 검증하였다.

3. 설계

3-1 기본 구조 계획

교량형식은 가교지점 주변의 산세를 따라 Sky line을 단절하지 않도록 배려하는 경관성, 공사비, 구조 안정성, 시공성 등을 종합적으로 비교하여 3경간연속 Extradosed교가 선정되었다.

지간분할은 측경간, 중앙경간, 주두부, 교각 하부의 단면력 균형이 양호하고 상부공, 하부공, 기초공의 총공사비가 저렴하게 되는 중앙경간장 220m로 결정하였으며 케이블의 직경과 배치, 주탑높이, 주형높이는 주형내부 강재 · 케이블 · 콘크리트량과 총공사비 최소화의 측면에서 결정하였다.

주탑높이가 낮아 케이블의 연직성분이 작아짐에 따라서 PC사장교에 비해 주형의 강성이 커지므로 연직하중 부담율이 40% 정도가 된다. 그리고 활하중에 의한 케이블의 응력변동이 최대 55N/㎟ 정도가 되어 케이블의 허용응력은 통상적으로 거더교에서 사용하고 있는 PC강재의 안전율과 같은 값인 0.6Pu(Pu:케이블의 인장강도)를 적용하였다.

주형의 단면형상은 케이블과 이동작업차 Main Frame의 간섭을 피하고 횡방향 긴장재를 도입하여 Web 수를 줄임으로서 주형중량을 경량화하고 공사비를 저감할 수 있는 1 Cell Box Girder 단면을 채택하였다.

주탑은 도로면에 얼어붙은 눈이 떨어지는 것을 방지하고자 가로보를 없앤 독립2주식 RC구조로 하였으며 눈이 쌓이는 것을 방지하고 경관상 관점에서 주탑 정상부에 바깥쪽으로 경사면을 두었다.

케이블의 주탑 고정방식은 주탑에 정착부를 두지않고 연직방향의 정착부간 거리를 가능한 한 짧게 하여 주탑구조를 단순하고 Compact하게 처리한 관통고정(Saddle)방식(부착type)을 적용하였다.

그리고 케이블의 풍하중에 의한 진동을 검토한 결과 선정된 케이블의 직경(φ140), 케이블 길이(약 60%가 60m 이상), 진동특성(3차 : 2.27~3.97Hz)으로 인해 Rain vibration을 일으킬 가능성이 높아 제진장치를 설치하는 것으로 하였다.[3)]

3-2 재료 비선형을 고려한 내진설계

3-2-1 해석 방법

Level 2 지진동에 대한 내진성능 설계는 설계하중에 대해서 진도법으로 결정된 단면에 대해 비선형 時刻的 동적해석으로 검토하였으며 그림-2는 해석모델이다. 교축방향 해석은 2열 주탑과 케이블을 합쳐 1열로 모델링한 2차원 골조모델(3자유도)을 적용하였다. 교축직각방향 해석은 실구조물에 맞도록 2면매기를 적용하고 주형을 Fish bone으로 모델링한 3차원 골조모델(6자유도)

로 하여 주탑, 케이블의 2면매기 영향에 의한 교축방향 성분과 교축직각방향 성분의 연계성을 반영할 수 있는 모델로 하였다. 그리고 교각하단에는 산과 호수방향의 서로 다른 지반계수를 설정하므로서 험준한 경사지형을 반영할 수 있는 모델링을 적용하였다.

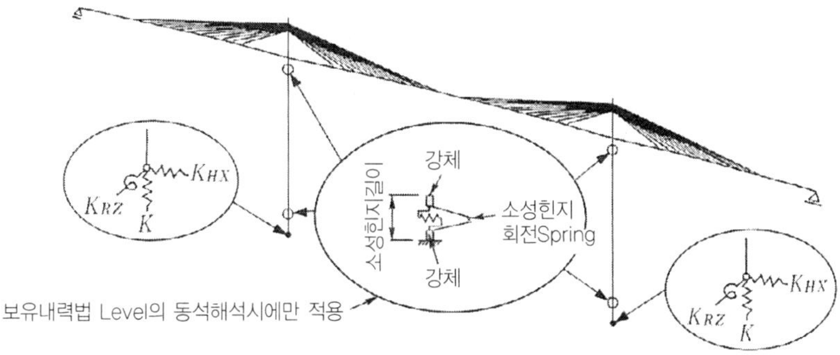

교축방향(2차원 모델)

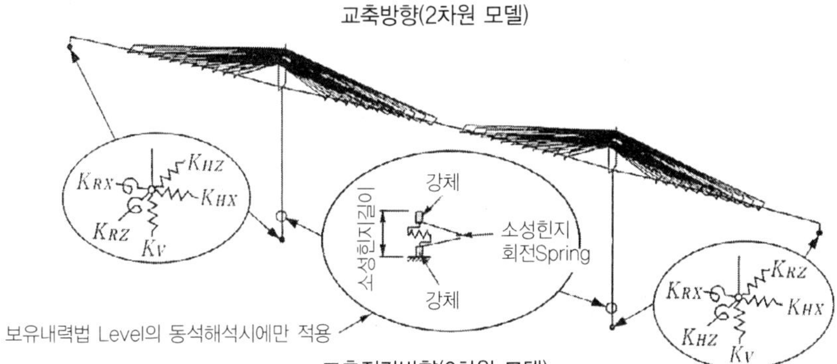

교축직각방향(3차원 모델)

그림-2 해석모델

동적해석은 직적분법으로 시각력응답해석(Newmark-β법)을 적용하였고 비선형해석인 점을 감안하여 적분간격은 입력지진파의 간격 0.01초를 5분할한 0.002초로 하였다.

교각에 작용하는 지진시 동수압은 만수위에는 교각부의 약 90%가 수면아래에 위치하므로 현지의 지형조건과 구조조건 등을 엄밀하게 반영시킨 FEM해석으로 산출된 물의 부가질량을 고려하는 것으로 하였다.[2)]

부재의 강성은 교각 및 주탑은 M-ϕ관계의 비선형특성, 주형은 항복강성을 적용하였다. 그리고 소성힌지를 교축방향 해석에는 기둥 상하단, 교축직각방향 해석에는 기둥 하단에 적용하고 M-θ관계의 비선형특성을 고려하였다.[M:작용휨모멘트(N · mm), ϕ:곡률(1/m), θ:회전각(rad)]

축력변동은 Rigid frame 구조를 면내방향으로 진동을 주면 상부구조의 관성력(수평력)으로 교각에 축력변동이 발생하고 교각의 비선형특성(M-ϕ관계, M-θ관계)은 이 축력변동에 따라서 변화된다. 그래서 축력변동폭이 큰 교각상단부에 주의하여 축력 변동에 따른 M-θ관계의 영향을 조사한 결과 지진시 축력 변동이 ±20% 정도에 비해 항복시 휨내력은 3%정도, 항복시 회전각은 ±1%정도이기 때문에 축력의 변동은 고려하지 않는 것으로 하였다.

3-2-2 고강도 철근(SD685 상당)의 사용

주형에 사용된 재료는 콘크리트 설계기준강도는 50N/㎟, 철근규격은 SD345로 설계를 진행하고 설계하중시, 진도법으로 결정된 단면에 대하여 교축방향의 비선형시각적 동적해석을 시행한 결과, 주형의 하부 바닥판에 발생되는 휨모멘트가 초기항복모멘트를 초과하는 곳이 발생하였다.(그림-3)

그래서 초기항복모멘트의 증가를 목적으로 고강도철근(D25)을 사용하였다. 철근의 시방에 대해서는 JIS에 SD490까지 규정되어 있고 그 이상은 규정이 없다. 설계당시 이미 도카이 호쿠리쿠(東海北陸)자동차도로 와시미교의 하부공에 사용된 고강도철근(항복점 685N/㎟ 이상)을 'SD685상당'으로 부르고 사용하였다. SD345 및 SD685 상당 철근의 기계적 특성은 표-2와 같다.

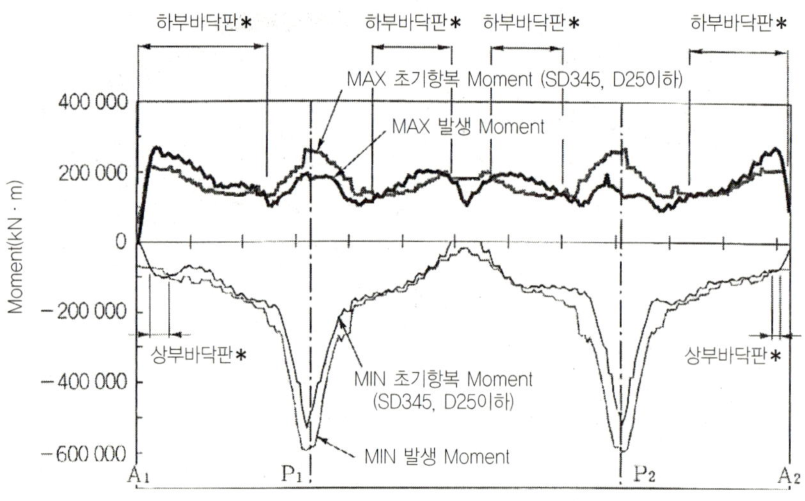

*: SD345, D25이하의 철근을 사용한 경우, 발생 Moment가 초기항복 Moment를 넘는 범위

그림-3 주형의 휨모멘트(교축방향 · 비선형거동)

▶ 표-2 철근의 기계적 성질

구 분	항복점(N/㎟)		인장강도(N/㎟)	늘음(%)
SD345	항복점 또는 0.2% 내하력	345~440	490 이상	20
SD685 상당	항복점 또는 0.2% 내하력	685~755	860 이상	10

소정의 휨내력을 가지고 있음을 확인하기 위해 철근항복시 PC강재가 항복하지 않을 것, 콘크

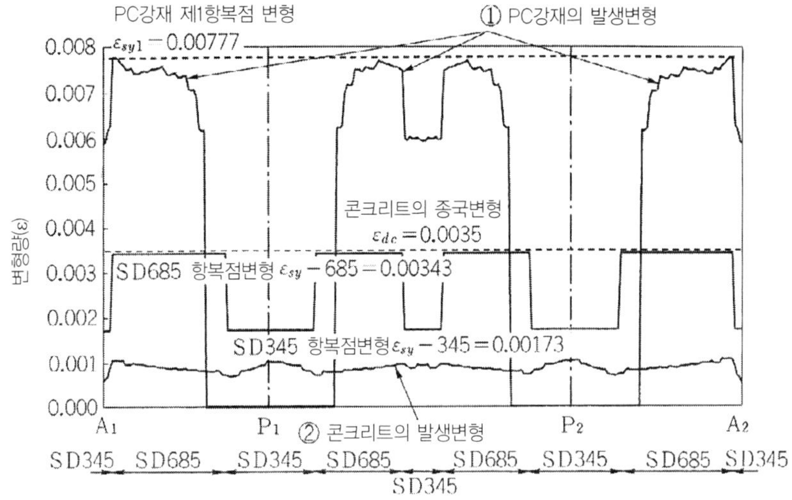

그림-4 교축변위분포(교축방향 · 철근항복시)

리트가 압괴되지 않을 것을 각 재료의 변형량에 착안하여 안전성을 확인하였다.(그림-4)

하부 바닥판의 최외측 철근항복시 PC강연선의 유효 프리스트레스를 포함한 변형은 최대 0.00768로 제1항복점의 변형 0.00777보다 작으므로 철근항복시 PC강연선이 항복하지 않는다.

그리고 하부 바닥판의 최외측 철근항복시 콘크리트의 변형은 최대 0.001정도로 종국변형 0.0035보다 작으므로 철근항복시 콘크리트가 종국상태에 이르지 않게 된다.

3-2-3 내진 안전성의 판정

동적해석에 사용된 입력지진동은 일본 도로교시방서 · 동해설Ⅴ(1996년 12월) TypeⅠ, TypeⅡ의 각 3파 응답치의 평균값을 이용하여 안전성을 판단하였다.

휨모멘트에 대해서는 초기항복모멘트가 발생휨모멘트를 상회하도록 교축방향에 배치하는 철근의 직경과 간격, 강도(SD345 또는 SD685 상당)를 결정하였다. 초기항복에 대한 교축방향 검토는 상부 바닥판 또는 상부 바닥판에 배치된 최외측 철근이 항복에 이르는 시점으로 하였다. 그리고 교축직각방향에 대한 검토는 Web에 배치되어 있는 외측 철근이 항복에 이르는 시점으로 하였다. 전단에 대해서는 전단내하력이 발생전단력을 상회하도록 스터럽 철근의 직경과 간격을 결정하였다. 그리고 케이블의 최대인장력(1열 · 2개당)에 대해서는 4,653kN(교축방향 · TypeⅠ의 경우)으로 항복하중(5,994kN)을 초과하지 않음을 확인하였다.

3-3 기하학적 비선형을 고려한 내진안전성 확인

3-3-1 목 적

본 교량은 지간장 220m, 교각높이 100m에 이르는 일본에서도 유례가 드문 대규모 장지간, 고교각 교량에 해당한다. 그러므로 지진시 수평변위량이 주탑정상부에서 교축방향으로 1.15m, 교축직각방향으로 0.93m로 상당히 큰 값을 나타낸다. 따라서 재료 비선형특성에 추가하여 기하학적 비선형특성을 고려한 유한변위이론으로 동적해석을 수행, 그 영향을 평가하였다.

3-3-2 해석 방법

해석에서 고려하는 현상으로는 변형의 영향과 발생단면력의 영향 두가지로 하였다.

변형의 영향은 구조형상이 변형을 일으켜 본래 형상이 없어짐으로서 지진력과 상시하중과의 연관성이 변화된 비선형현상(P-δ효과, 그림-5)에 의한 영향이다. 예를 들자면 어떤 하중을 지지하는 연직 기둥이 수평력(P)을 받아 기울어지면(δ_1) 본래 지지하던 중량[기둥자중(W_1), 상부 중량(W_2) 등]도 기둥을 휘어지게 하는 하중으로 작용(δ_2) 작용하므로 작용하던 수평력 이상으로 변형을 일으키는 현상을 말한다.

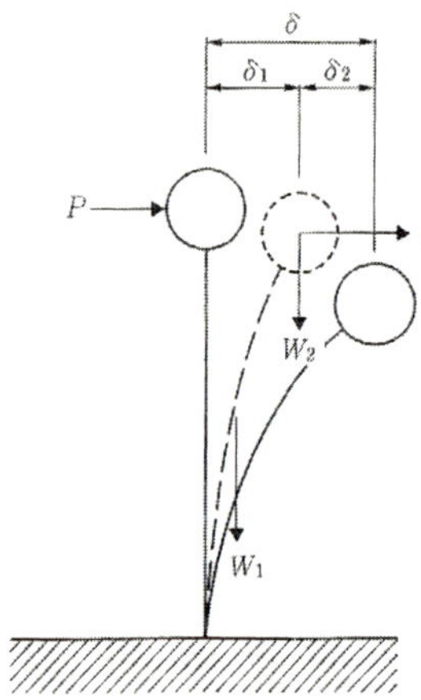

그림-5 변형의 영향(이미지)

발생단면력의 영향은 구조부재에 발생된 응력상태가 구조계 전체의 강성과 주기특성에 미치는 영향을 말한다. 그 예로는 압축 축력이 작용하면 외형상 강성이 저하되고 인장 축력이 작용하면 강성이 증가하고 고유주기도 변화되는 것을 들 수 있다. 실례로는 현에 큰 장력을 주면 높은 음(외형상 강성의 증가)이 발생하며 반대로 장력이 작아지면 낮은 음(외형상 강성이 낮음)이 발생하는 현상을 들 수 있다.

해석방법으로 기하강성 매트릭스를 각부재의 초기응력상태에 따른 해석단계마다 변경하는 '수정 라그란제방법' 으로 동적해석을 시행하였으며 적분시간은 강역부근의 변형오차를 줄이기 위해 1/10,000초로 하였다.

3-3-3 결 과

기하학적 비선형특성을 고려하면 응답치가 몇% 증가하지만 항복을 허용하는 단면(교축방향 : 기둥상단 · 기둥하단, 교축직각방향 : 기둥하단)에 대해서는 허용회전각 이하, 항복을 허용하지 않는 단면(교축방향 : 기둥상단 · 기둥하단 이외, 교축직각방향 : 기둥하단 이외)에 대해서는 초기항복모멘트 이하, 전단력은 전단내하력 이하로 지진시 안전성을 확인하였다.(표-3) 본 교량과 같이 교각높이 100m 정도, 수평변위량 1.0m 정도의 비교적 변형량이 큰 PC교량에서도 미소변형이론에 의한 단면력과 유한변형이론에 의한 단면력의 차이는 1% 정도로 작아 미소변형이론으로 결정한 단면의 타당성을 확인할 수 있었다.

▶ 표-3 대표단면의 응답치 비교(교축방향, Type I, P1교각)

	기하학적 비선형 고려	기하학적 비선형 무시
고유주기	2.876sec(1.010)	2.847sec(1.000)
변위(주탑)	1.153m(1.000)	1.153m(1.000)
정상부 휨	0.001144rad(1.010)	0.001133rad(1.000)
허용치	0.005934rad	
정상부전단	28,026kN(0.984)	28,482kN(1.000)
내하력	102,118kN	
基部 휨	0.002134rad(0.990)	0.002155rad(1.000)
허용치	0.005965rad	
基部 전단	65,256kN(0.997)	65,442kN(1.000)
내하력	214,784kN	

4. VE 제안

4-1 입찰시 VE제안

이번 교량공사에는 상부공 가설시 주변의 자연환경에 미치는 영향을 가능한한 회피 · 저감하고자 입찰조건으로 상부공의 시공기간단축이 제한조건으로서 가격 이외의 요소와 가격을 종합적으로 평가하여 낙찰자를 결정하는 입찰시 VE방식(종합평가 낙찰방식)이 채택되었다.

이번에 채택된 입찰시 VE제안은 다음에 열거하는 세가지 항목으로 총 62일간의 공기단축을 목적으로 하는 것이다. 그림-6은 발주시 상부공 가설방법(표준안)과 VE제안에 의한 가설방법을

▶ 표-4 표준안과 VE제안의 비교

구 분	단 위	표 준 안	VE 제 안
켄티레버시공 Block 길이	m	2.5~4.0	6.0~7.0
켄티레버시공 Block 수량	EA	31	15
이동작업차의 능력	kN · m	2,000	8,000
측경간 현장타설시공 길이	m	32	26(폐합부 길이 : 33)
주탑부 주철근	이음방식	가스압접	표준 이음

순차적으로 비교한 것이며 표-4는 표준안과 VE제안의 개요를 비교한 것이다.

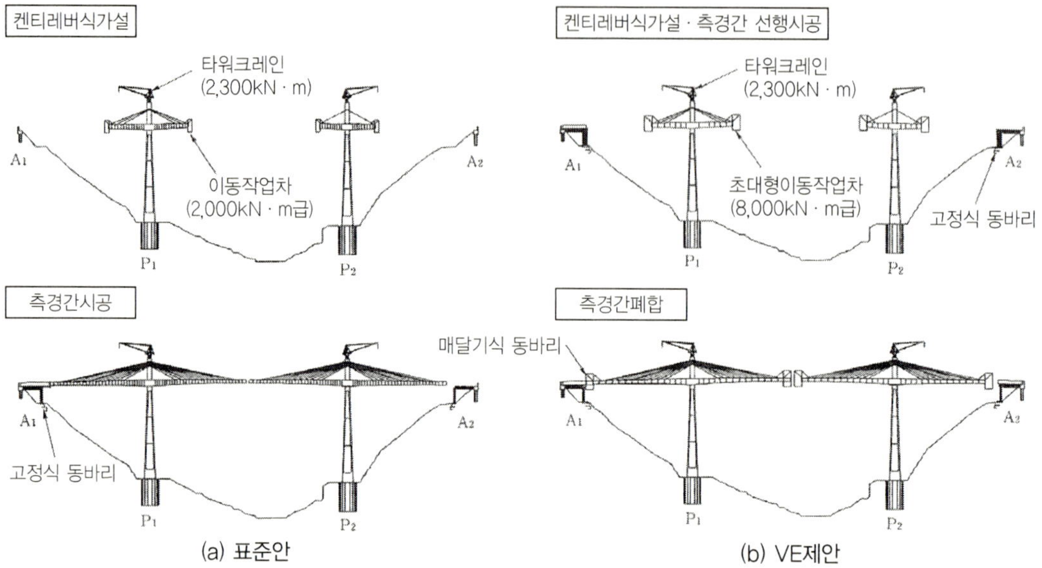

그림-6 가설방법의 비교

4-1-1 초대형 이동작업차를 이용한 켄티레버식 가설

초대형 이동작업차를 이용한 켄티레버식 가설법을 사용함으로서 교각 사이 켄티레버식 가설구간의 Block수량을 31개에서 15개로 변경하여 시공기간의 단축을 도모하였으며 그림-7은 Block 분할의 변경도(측경간 · 중앙경간 공통)에 해당한다. 표준안에 대해서는 케이블정착 Block 전후에는 케이블 정착이 없는 표준Block을 사용하였으므로 케이블 Block과 표준Block이 서로 엇갈리게 가설되어 거푸집 조립 · 케이블 정착부의 철근 조립 등 작업이 9Block에서 30Block까지는 불연속이 발생하게 된다. 그러나 VE제안에서는 유효폭원 7.0m인 주형구조에 초대형 이동작업차의 작업능력(8,000kN)을 최대로 활용함으로서 켄티레버식 가설연장은 최대 7.0m에 이르러 케이블정착Block의 연속적인 가설도 가능하게 되었다.

4-1-2 측경간의 선행시공

표준안에서 측경간의 폐합은 그림-8(a)와 같이 켄티레버식가설 종료후, 고정식 동바리(매달기식 동바리 병용)을 이용하여 켄티레버식가설 Ending Block에서 주형 단부까지 32m를 현장타설하여 폐합시키는 것으로 하였다. VE제안에서는 그림-8(b)와 같이 Block분할을 변경하여 33m중 26m는 켄티레버식가설을 병행하고 켄티레버식가설 Ending Block 시공완료까지 선행시공한다.

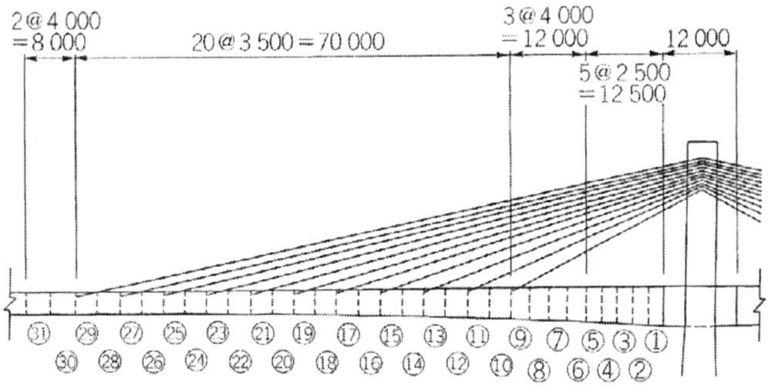

(a) 표준안

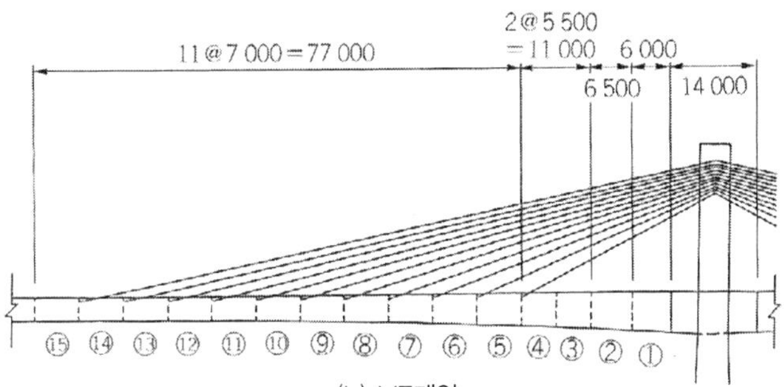

(b) VE제안

그림-7 Block 분할의 변경

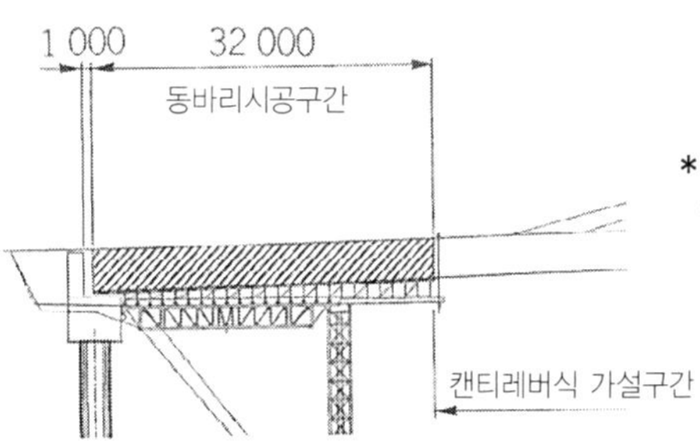

(a) 표준안

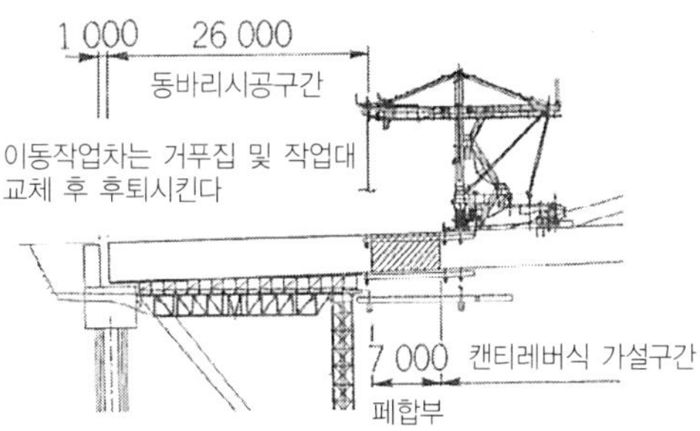

(b) VE제안

그림-8 측경간부의 폐합 요령

켄티레버식가설 종료후 초대형 이동작업차를 전진시키고 거푸집설비 및 하부작업대를 매달기식 동바리로 전용하여 측경간부를 폐합시킨다. 측경간 현장타설부의 선행시공은 켄티레버식가설 기간내 시공이 가능하게 되므로 상부공 전체공정 단축도 이루어지게 된다.

4-1-3 주탑부 철근의 기계이음

주탑 시공은 초대형 이동작업차를 이용한 켄티레버식가설 능력을 확대함으로서 켄티레버식가설로 케이블 정착Block에 도달하기 전에 케이블이 관통하는 Saddle Body가 배치되는 주탑 높이까지 시공기간을 더욱 단축시킬 필요가 있다. 그러므로 주탑 주철근(D51)의 이음방식에 날씨 등에 좌우되지 않는 기계이음을 적용하여 켄티레버식가설 공정에 영향을 주지않고 지체없이 케이블 긴장이 가능하게 되었다.

4-2 VE 설계

입찰시 VE제안에 의하여 초대형 이동작업차의 적용, Block분할 변경 및 가설단계를 표준안과 비교하여 대폭 변경함에 따라서 켄티레버식 가설계 및 완성계의 안정성을 재검토 하였다. 그리고 주형높이, 케이블 배치, 케이블 숫자 등 완성계의 기본구조를 크게 변경하지 않도록 경제성에도 충분한 주의를 기울였다.

4-2-1 가설시 하중

VE제안에 의하여 이동작업차의 켄티레버식가설 능력을 크게하기 위해 이동작업차의 중량이 표준안(850kN)에 비해 크게 증가하였다. 따라서 시공시 하중에는 현장에서 사용하는 초대형 이동작업차의 중량 2,000kN(P_1), 2,260kN((P_2) 등을 감안하여 켄티레버식 가설시 검토를 추가하였다. 또한 VE제안에 따라 시공일수를 단축해야 하므로 VE설계에서는 시공단계를 재검토하고 Creep · 건조수축 등의 부정정력을 정밀하게 산출하여 단면력을 추가로 계산하였다.

4-2-2 케이블의 도입장력

가설시 하중, 시공단계, 부정정력 등의 변경에 따라서 가설시 · 설계하중시 · 온도하중 작용시 · 지진시 등의 장력변동으로 발생되는 케이블 응력이 케이블 인장강도의 60% 이하가 되는 것을 확인하였다. 각 케이블의 설계 도입장력은 가설단계마다 발생되는 주형응력과 대비하여 설정하였는바 케이블 1개당 2,750~3,775kN으로 하였다. 그 결과 그림-9에 케이블마다 가설시 최대장력을 비교한 바와 같이 초대형 이동작업차의 선정과 大Block 가설 등의 영향으로 가설단계마다 케이블 장력은 발주시 케이블장력과 비교하여 커지기는 하였으나 허용치인 0.6Pu 이내에서 변동하고 있음을 확인하였다. 그리고 P_2의 S11에 대해서는 중앙경간의 매달기식 동바리 조립시 최대 0.599Pu의 케이블 장력이 발생하였으나 케이블 직경 및 배치에 변경이 없어 경제적인 설계가 이루어 졌다.

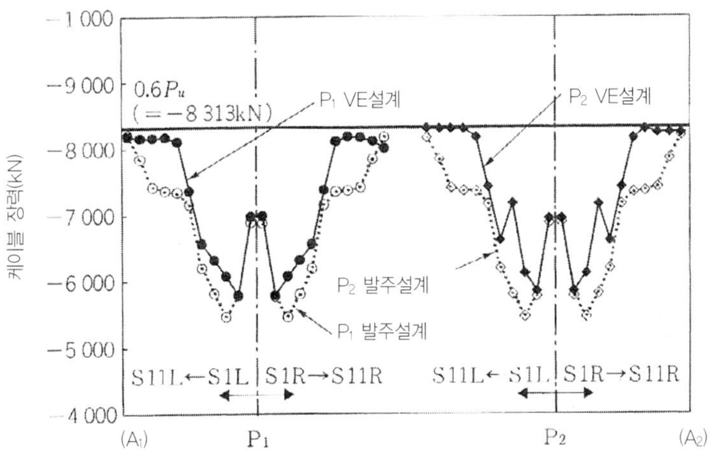

그림-9 케이블 가설시 최대장력 비교

4-2-3 PC강재의 배치

초대형 이동작업차의 선정에 따라 가설시 하중이 표준안에 비해 크게 증가되었으므로 가설시 상부바닥판에 허용치를 초과하는 인장응력이 발생되어 표준안에서 사용된 PC강재 배치가 허용치를 만족하지 않게 되었다. 이에 대해서는 설계 케이블 도입장력을 올려 주형에 주는 프리스트레스량을 증가시키는 것으로 대처하고 그럼에도 프리스트레스력이 부족한 단면부에 대해서는 상부 바닥판에 배치된 켄티레버 PC 강봉(ϕ32)의 수량을 증가시키는 방안을 강구하였으며 PC강봉의 수량 증가는 Block당 최대 8개였다. 그림-10은 강봉배치 단면도에 해당한다.

그리고 가설시 인장응력의 허용치는 처짐관리를 위해 주형 콘크리트의 탄성한계를 감안하고

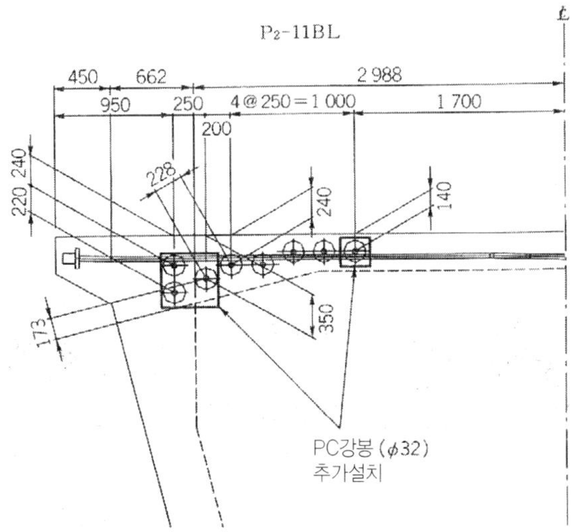

그림-10 PC강봉의 배치도

부재치수효과를 추가한 휨균열강도로 하였으며 가설시 인장응력이 허용치 밖으로 벗어나지 않도록 PC강봉의 배치수량을 조절하였다. 그림-11은 가설시 휨응력을 나타낸 것이다.

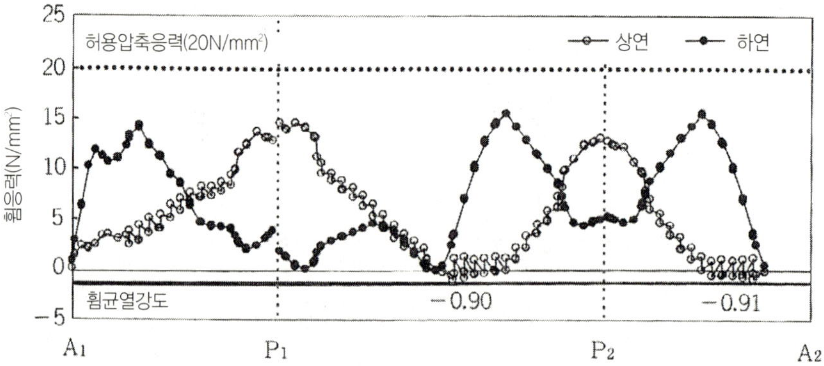

그림-11 가설시 휨응력

4-2-4 합성 응력

가설시 하중과 케이블 도입장력을 증가시킴에 따라서 완성계의 주형에 작용하는 합성응력에 대해 표준안과 VE설계를 비교하였다.

휨응력에 대해서는 주인장응력의 최대치는 VE설계 쪽이 크게 나왔다. 이것은 앞에서 설명한 이동작업차 하중의 큰 증가에 추가하여 케이블 도입장력을 올린 영향이 대부분인 것으로 판단된다. 인장응력의 허용치에 대해서 가장 여유가 없는 대표적인 Case로서 설계하중 최대+전체온도(−)의 합성응력을 비교한 것이 그림-12에 해당한다.

또한 전단응력에 대해서는 완성시 사인장응력의 최대치는 허용치 −1.20N/㎟에 대해 VE설계

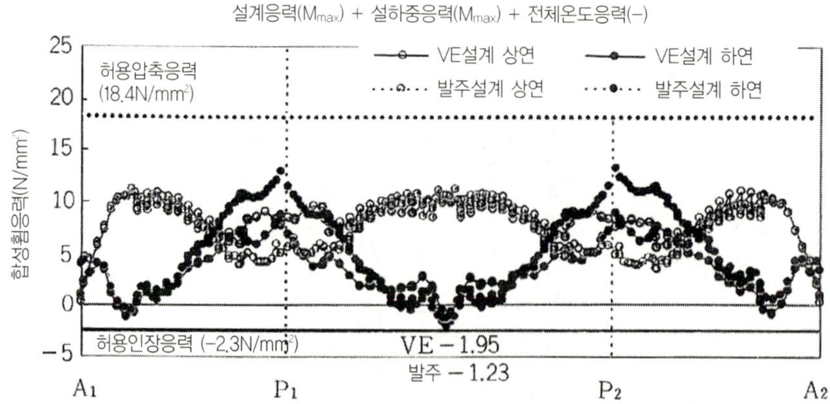

그림-12 합성휨응력

에서는 단지점부 근처에서 −0.78N/㎟, 표준안도 단지점부 근처에서 −0.66N/㎟으로 큰 차이가 없었다.

5. 가설

5-1 주두부

주두부는 교각부에 PC강봉으로 긴장고정시킨 강제브라켓식 동바리를 설치하고 콘크리트 타설량 · 주탑철근의 건입 및 공정측면에서 타설높이를 결정하여 두 번에 나누어서 시공하는 것으로 하였다.

콘크리트 타설에 대해서는 형고가 6.5m로 높고 단면형상이 경사진 Web를 갖고 있으므로 폭이 좁은 Web에 콘크리트를 타설할 때 재료분리의 우려가 있었다. 따라서 Web 내부에 미리 트레미관을 설치하여 낙하높이를 제한하고 콘크리트를 타설하였다.(사진-1) 또한 트레미관을 사용한 콘크리트 타설에 대해서는 켄티레버식 가설 Block에 대해서도 같이 적용하였다.

사진-1 주두부 콘크리트타설

주두부는 첫 번째 타설량이 160㎥, 두 번

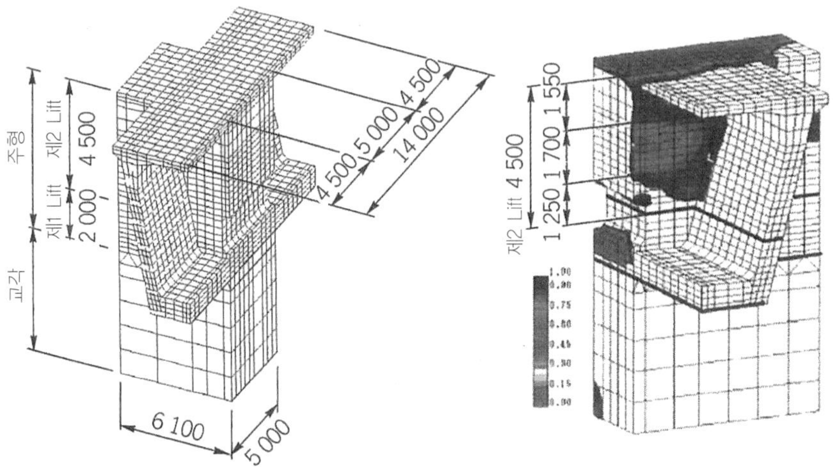

(a) 해석모델 (b) 균열지수분포

그림-13 온도응력해석

째 타설량이 $345m^3$로 메스콘크리트에 해당하므로 보통콘크리트를 사용하였다. 특히 가로보에 대해서는 온도응력으로 인한 균열발생이 염려되므로 Block길이의 변경 및 타설높이를 고려한 온도응력해석을 수행하였다.(그림-13) 유해한 균열의 발생을 더욱 억제하기 위해 거더 내부면에 대해서도 보강철근 배치와 거푸집 존치기간을 늘리는 등의 조치를 추가로 취하였다.

5-2 주형의 켄티레버식 가설

켄티레버식 시공은 2 Frame의 초대형 이동작업차를 각각 교각마다 사용하는 Cycle 시공을 시행함으로서 공기의 대폭적인 단축이 가능하게 되었지만 비 · 바람 등 기상조건이 가혹한 지역이고 동절기에는 상당량의 적설이 예상되므로 작업효율의 저하가 염려되는 상황 때문에 VE공정의 지연을 막기위해 켄티레버식 시공 Cycle에 다음과 같은 공정을 도입하였다.

초대형 이동작업차를 이용한 켄티레버식 가설

측경간의 폐합

초대형 이동작업차

Saddle Unit의 가설

이동작업차 후퇴장치

케이블 가설

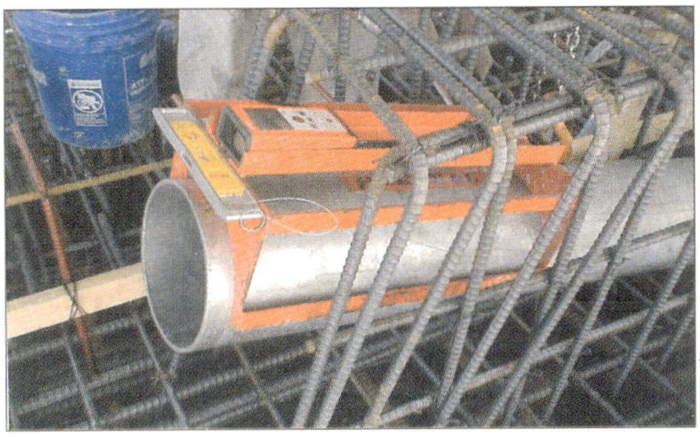

케이블 정착부 보호관

케이블 정착부 돌기 보강철근

주형콘크리트 타설

Web철근의 Prefabrication

5-2-1 Web철근의 Prefabrication化

콘크리트의 타설 · 양생 및 긴장작업중 현장 작업장에서 철근을 미리 조립하는 Prefabrication으로 작업의 효율화를 도모하였으며 사진-2는 Web철근의 지상조립 상황, 사진-3은 Web철근의 가설상황을 촬영한 것이다.

사진-2 Web철근의 지상조립

사진-3 Web철근의 가설

5-2-2 콘크리트의 배합

주형 콘크리트의 배합은 고성능 AE감수제를 사용하여 단위수량을 억제하며 Slump 유지성능을 높이고 더욱이 고교각 및 켄티레버식 가설길이에 적합한 장거리 압송에 따른 Slump loss와 보강철근이 밀실하게 배치된 케이블 정착 돌기부의 충진성을 고려하여 Slump를 18㎝로 하였다. 표-5는 콘크리트의 시방배합을 정리한 것이다.

▶ 표-5 주형 콘크리트의 시방배합

호칭강도 및 시멘트종류	최대 골재치수 (㎜)	Slump (㎝)	물시멘트비 W/C (%)	공기량 (%)	잔골재율 s/a (%)	단위량 (kg/㎥)				
						물 W	시멘트 C	잔골재 S	굵은골재 G	감수제 SP
50H(50N)	25	18±2.5	37	4.5±1.5	42	150	405	739	1,039	3.240

주) ( )안의 N은 주두부 및 측경간 현장타설에 적용

5-2-3 온도맞춤양생

주형에 사용되는 고강도콘크리트(σ_{ck}=50N/㎟)는 부재두께가 비교적 얇아도 수화로 인한 발열량이 커 콘크리트 온도가 상승하게 되므로 프리스트레스 도입시와 같이 초기재령의 압축강도 관리용 공시체의 양생이 기존방법처럼 구조체와 동일 양생조건(현장양생) 하에서는 구조물 본체와 압축강도 차이가 크게나 적절한 평가라고 하기 어렵다. 이것은 공시체 자체가 작아 자기발열로 인한 열량이 충분하지 않아 콘크리트 온도가 실제 구조물보다 낮게 되 공시체의 압축강도가 낮아지기 때문이다.[5] 이상의 여건을 감안하여 프리스트레스 도입시 압축강도 확인용 공시체의 양생은 다음 방법으로 간이 온도맞춤 양생을 시행하는 것으로 하였다.

① 상부 바닥판의 콘크리트 타설시 공시체를 4개 채취하고 그 중 1개는 온도측정용으로 사용한다.
② Sample위치로 선정된 켄티레버 바닥판 선단부에 熱電對를 매입, 구조물 본체의 콘크리트 온도를 측정한다. 이것은 구조체 중에서 마지막으로 콘크리트가 타설되는 부분이기 때문에 프리스트레스 도입시기까지 재령이 짧다는 점, 바닥판 횡방향 긴장재의 정착체가 있고 프리스트레스 도입시 지압응력의 관점에서 초기재령시 압축강도가 가장 가혹한 환경이라는 점을 감안하여 관리방법이 안전측이 되지 않도록 배려하였다.
③ 콘크리트 응결후 채취한 공시체를 켄티레버바닥판 위에 놓고 단열재로 덮어 공시체 온도가 구조물 본체의 온도를 상회하지 않도록 하여 프리스트레스 도입전까지 양생하였다.

그림-14는 간이 온도맞춤양생의 요령, 그림-15는 콘크리트 타설직후부터의 발열특성을 비교한 것이다.

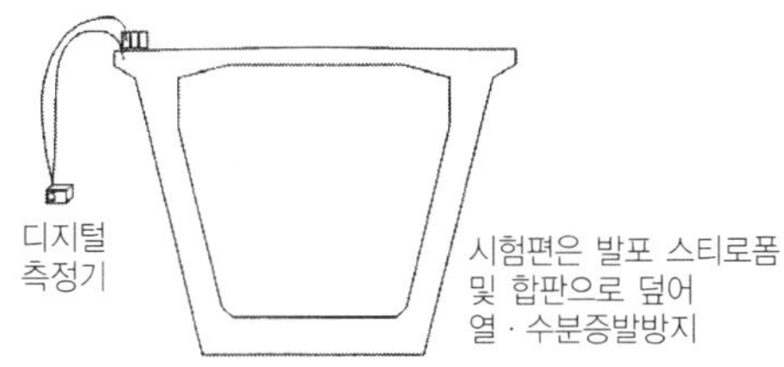

그림-14 온도맞춤양생 요령

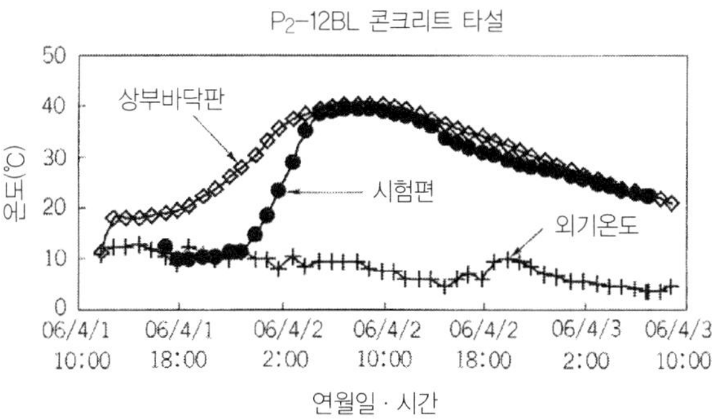

그림-15 발열특성의 비교

5-3 주탑

주탑은 높이 2.0~5.6m의 5Lift로 분할하여 시공하고 주탑기부 150mm는 거푸집의 초입부에 해당하므로 주두부 시공시 구축하였으며 그림-16은 시공이음부 위치를 나타낸 것이다.

3 · 4 Lift는 케이블을 관통고정시키는 Saddle을 포함하고 있으며 Saddle 본체는 3 piece unit로 공장제작하여 현장작업으로는 크레인으로 거치하기만 함으로서 Saddle 거치부의 정밀도 향상과 현장작업의 번거로움을 크게 줄였으며 사진-4는 Saddle unit의 가설상황을 촬영한 것이다.

그리고 Saddle 아래쪽 Lift에 대해서도 시공진도에 맞춰 철골작업대를 설치하여 철근조립의 정밀도를 향상시키고 띠철근 등의 Prefabrication으로 현장작업 공정을 크게 줄였다. 사진-5는

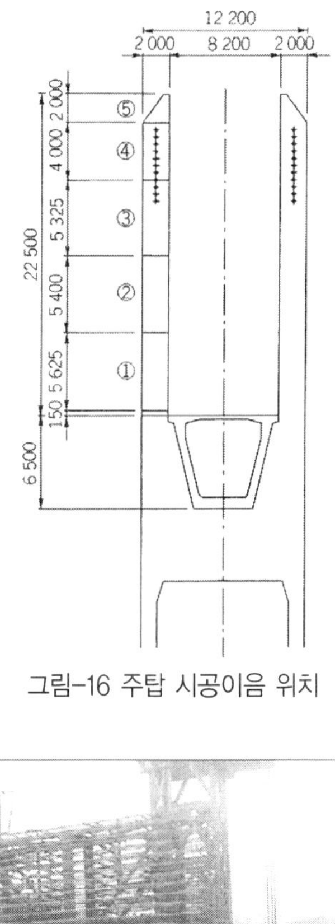

그림-16 주탑 시공이음 위치

사진-4 Saddle Unit 가설

사진-5 Prefabrication철근의 설치

Prefabrication 철근의 가설상황이며 거푸집에는 Beam type 대형강제거푸집(사진-6) 및 대구경 Seperater(PC강봉, φ23)를 사용하여 시공성 향상 및 현장작업 공정을 줄였다.

사진-6 Beam type 대형철제거푸집

5-4 케이블

5-4-1 케이블의 선정

케이블 가설공법은 다음 항목에 의거 현장제작 케이블인 '스프로 멀티 케이블(그림-17)' 을 채택하였다.

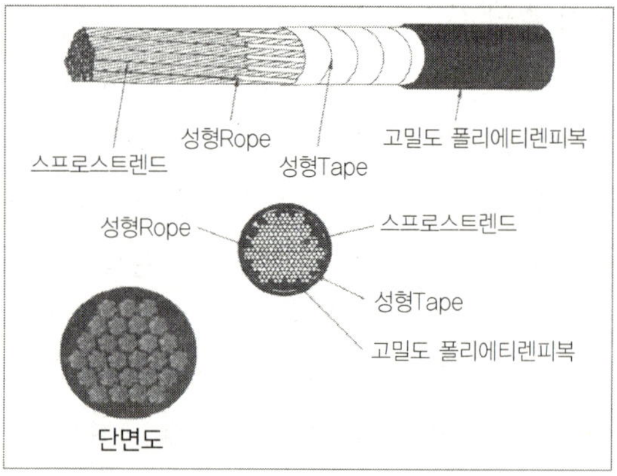

그림-17 스프로 멀티 케이블

① 품질면

PC강연선에 방식재충진 · 피복가공을 완벽하게 하고 외부를 고밀도 폴리에틸렌피복으로 처리하여 방청성능이 뛰어나다.

② 공정면

케이블 가설방법은 현장크레인을 이용한 일괄가설이 가능하여 케이블 가설용 비계가 필요 없으므로 현장공정을 대폭 절감시켜 켄티레버식 가설공정에 미치는 영향이 적다.

③ 안전면

현장도로 및 공사용 도로 상부에 가설작업구간이 위치하므로 비계 위에서의 낙하물, 비산물이 허용되지 않는다.

5-4-2 케이블 정착관의 거치

케이블 정착관은 장래 케이블 교환이 가능하도록 2중관구조의 External케이블 시스템을 채택하였다. Extrdosed교의 경우 사장교에 비해 주형강성이 크므로 일반적인 켄티레버식 가설단계에서 케이블의 긴장으로 충분한 시공정밀도를 얻을 수 있으므로 설계상 케이블의 장력조정은 하지 않는다. 케이블 긴장시에는 Wedge로 고정한 다음 내부트럼펫 안을 그라우팅하는 것이다.(그림-18)

본 교량의 케이블 정착관 거치각도는 완성시 및 거치시(콘크리트 타설전)의 켐버량을 감안하여 결정하였다. 거치작업은 케이블 정착관 위에 설치된 레이저 거리계에서 발사된 레이저광선을 Saddle 관통부의 Anchor plate에 비춰 각도를 조정하고 시공정밀도를 향상시켰다.(사진-7)

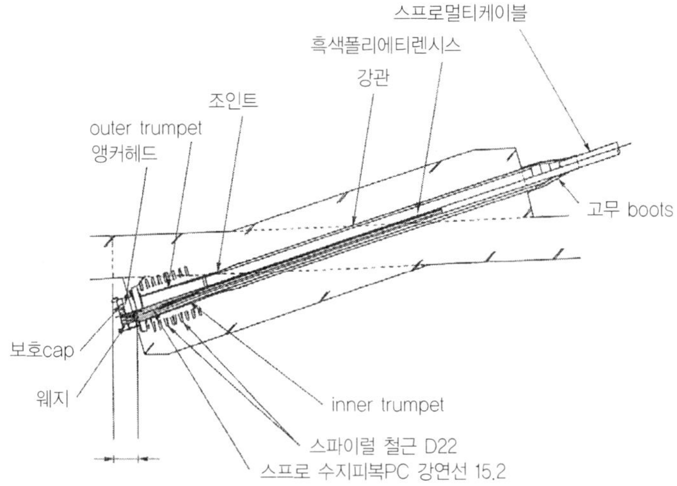

그림-18 케이블 정착체 일반도

사진-7 케이블 정착관 거치

사진-8 긴장 작업

5-4-3 케이블 긴장

케이블 긴장은 주형쪽에서 2개의 케이블을 동시에 긴장하여 주형의 비틀림변형 등을 방지하고 4대의 Jack을 설치하여 주탑을 중심으로 2면의 양쪽 케이블을 동시에 긴장하였다.

긴장시기는 주형 켄티레버식 시공의 공정을 표준Block과 같은 공정으로 시공하기 위해 케이블의 가설 및 긴장이 크리티컬패스가 안되도록 이동작업차를 이동시키고 거푸집을 Setting한 다음 시행하였다.(사진-8) 긴장관리는 마찰계수(μ)에 의한 긴장력의 손실영향이 작기 때문에 일반적인 External케이블과 같은 긴장관리방법을 채택하였고 늘음량은 자유장의 Sag영향을 포함하기 위해 계산값에 대해 ±5%의 관리목표치를 설정하여 나중까지 관리하였다. 그리고 긴장도입력의 관리는 긴장호스에 압력계를 부착하고 Pump의 눈금이 아닌 디지털지시계를 사용하여 정확한 긴장력도입이 이루어지도록 관리하였다.

5-5 주형의 폐합

측경간 폐합부의 시공은 험준한 지형이므로 이동작업차 부재를 매달기식 동바리부재로 전용하여 시공하였다. 본 교량에서는 측경간 현장타설부를 선행시공하여 폐합부 시공시 처짐이 측경간 쪽에서는 거의 발생하지 않았고 켄티레버식 시공부에만 발생하였으므로 케이블 온도차 · 바닥판 온도차 및 콘크리트 타설로 인한 처짐을 Control하고 계획고를 관리할 필요가 있었다. 이같은 과제에 대해 다음과 같은 대책을 수립하였다.

① 콘크리트 타설을 2회(하부바닥판 · Web 및 상부 바닥판)로 나누어 변위의 절대량을 저감시켰다.

② 콘크리트 타설중 발생되는 처짐에 대해서 이동작업차를 후퇴시켜 켄티레버식 시공부 선단의 처짐을 상쇄시키고 항상 켄티레버식 시공 선단부 높이가 변화되지 않도록 Control하였다.(그림-19) 그리고 콘크리트 타설은 저녁에 시작하여 케이블의 온도차로 인한 주형처짐의 회복(상승)과 콘크리트 타설량으로 인한 처짐(하강)을 상쇄시킴으로서 이동작업차의 후퇴

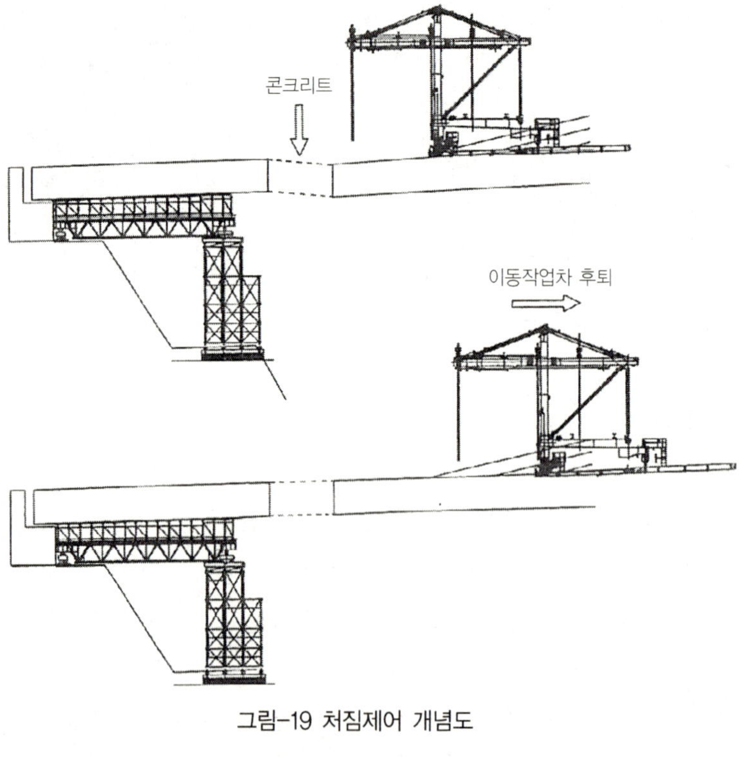

그림-19 처짐제어 개념도

거리를 단축하였다.

③ 타설하는 날의 날씨에 따라서 교면 위에 양생Mat 및 방염Sheet를 부설하고 상시 물을 뿌림으로서 바닥판 온도차에 의한 처짐변화를 저감시켰다(교대1에만 시행)

이상 시공방법은 통상적으로 시행되는 켄티레버식 가설 종료후 콘크리트의 처짐을 대형 H형강 등으로 구속하는 방법에 비해 교량 본체에 필요 이상의 부하를 주지않는 시공방법이라고 판단된다.

6. 실제 교량의 진동시험

본 교량은 댐의 호수를 통과하는 교량으로 고교각의 90% 정도 높이까지 수위가 변동되므로 유지관리시 육안점검이 곤란할 것으로 판단된다. 따라서 합리적인 유지관리를 하기 위해서는 구조물의 안전성을 정량적으로 평가하는 방법이 필요하다.

구조물이 지진과 장기간의 열화로 인한 손상이 인정되는 경우, 고유진동수 및 감쇄정수 등의 진동특성으로 손상개소 및 정도의 추정이 가능하게 되었고 최근에는 시험과 해석 사례가 늘어나고 있다.[6)7)]

이번 시험에서는 상부공의 각 시공단계에 따라서 구조물 완성시까지 각 단계마다 충격진동시험(그림-20)을 비롯한 진동시험을 시행하여 초기의 진동특성을 파악하고 공용후 유지관리, 지진시 재해도 판정에 도움이 되면서 설계 · 시공의 타당성을 검증하는 것이 목적이다.

충격진동시험(그림-20)은 작은 충격력으로 대규모 구조물에 진동을 줌으로서 얻어지는 효과의 정밀도가 확인될 수 있다면 유지관리에 유효한 시험방법이 될 것이다. 또한 충격진동시험의 측정 정밀도 검증으로 Tower crane의 관성력을 기진력으로 하는 진동시험과 상시미동측정을

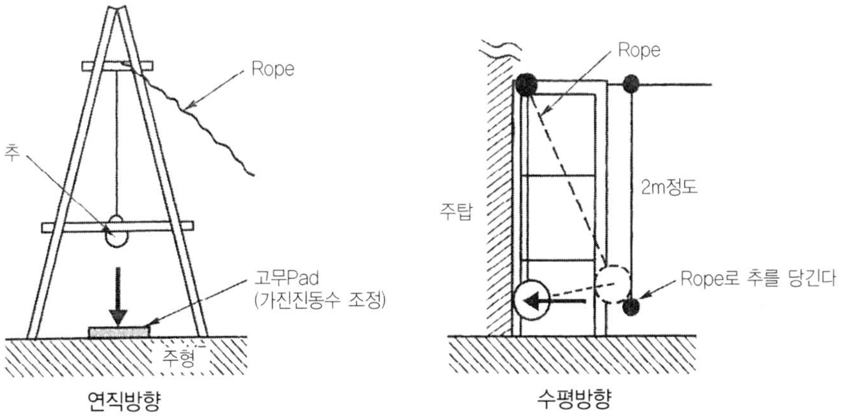

그림-20 중력추 낙하식 충격진동시험

병행하여 시행하였다.

진동시험은 그림-21의 진동시험단계와 같이 시공중부터 완성까지 각 시공단계마다 시행할 예정이며 2006년 7월 현재 3번의 진동시험을 마치고 결과에 대한 현상분석 및 진동해석을 시행중이다.

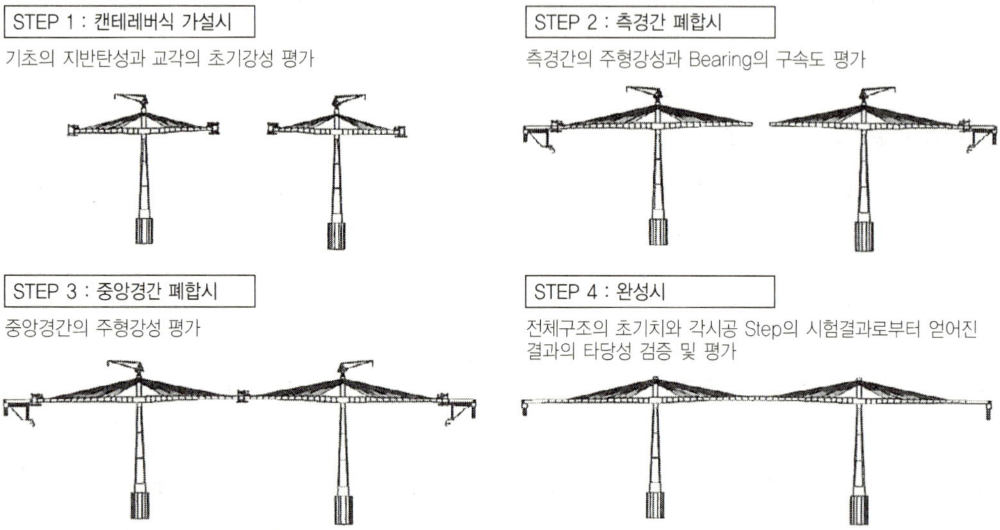

그림-21 실제교량 진동시험

7. 가교지점의 지형 · 지질

본 교량은 Dam Site에서 약 2.5Km 상류쪽에 위치하며 우안(A_1, P_1)쪽 지형은 30°~40° 정도, 좌안(A_2, P_2)쪽 지형은 45° 정도 경사진 험준한 V자 계곡을 이루고 있다.

가교지점의 지질조건은 고생대에 이루어진 기반암으로 이루어져 있으며 좌안쪽에는 Schalstein(휘록응회암)이 주체인 Chert · 점판암 등이 혼재된 암층을 나타내고 있다. 우안쪽에는 점판암이 주체인 Schalstein · Chert · 사암 등의 Block을 포함하는 암층을 나타내고 있다. 특히 A_2교대가 설치되는 좌안에는 제4기 단층인 이비가와단층이 분포되는 것으로 추정된다.

8. 하부공의 특징

가교지점의 지형은 험준한 V자 계곡을 형성하고 있고 하상에서 계획고까지 높이가 약 130m가 된다. 양안에 위치하는 도로에 영향을 주지않는 위치에 교각을 가설할 것, 이비가와하천 부지내와 우안의 소택지에 교각을 설치해서는 안되는 제약조건을 감안하여 교량형식 선정 및 경간분할을 검토하는 중에 교각높이를 가능한한 낮춰 중앙경간을 길게하는 것이 유리한 것으로 판단되었다. 따라서 중앙경간 220m(주형구조가 Prestressed만으로 구성되는 Extradosed교로는 2006년 완성된 강 · 콘크리트 복합구조를 제외하고 세계최대 경간장에 해당한다.)로 하고 교각구체의 높이는 P_1, P_2 모두 약 100m로 하였다.

본 교량은 고교각이므로 시공성 · 경제성을 감안하여 합리적인 설계 · 시공법을 검토한 결과 RC구조가 채택되었다. 좌안쪽에는 이비가와단층의 분포가 추정되는 지질조건으로 판단되며 상부공과 강결되는 교각은 100m 정도로 높고 고유주기가 3초 이상인 장주기 구조물에 더하여 사진-9와 같이 댐 수몰후에는 계획 최저수위에서 교각의 약 50%가 수몰되고 상시만수위에서는 약 90%가 수몰된다. 따라서 설계단계부터 지진시 동수압의 영향을 고려한 내진안전성 검토가 중요한 요소가 되었다. 중공교각 내부의 물과 부가질량(동수압의 질량환산) 등의 하중을 고려한 전체모델의 비선형 동적해석으로 내진검토를 시행하였다.

사진-9 만수위시 예상CG

9. 하부공의 설계

9-1 교각부재의 설계 개요

교각의 형상은 자중을 경감시키고 지진시 관성력을 저감할 수 있는 중공형식을 채택하였으며 부재두께는 철근조립 및 콘크리트 타설시 부재 안에서 인력작업을 할 수 있는 폭 700㎜정도가 확보 가능하도록 1.2m로 하였다.(그림-22) 기둥의 상하단부 소성힌지구간에 대해서는 상단에 5m, 하단에 10m 구간을 충실단면으로 함으로서 인성을 향상시켰다.

교각에 사용하는 철근은 인성을 확보하기 위해 SD345를 사용하고 최대주철근량은 D52@150㎜×2단으로 하였으며 콘크리트는 철근과의 응력균형을 고려하여 σ_{ck}=30N/㎟으로 하였다.

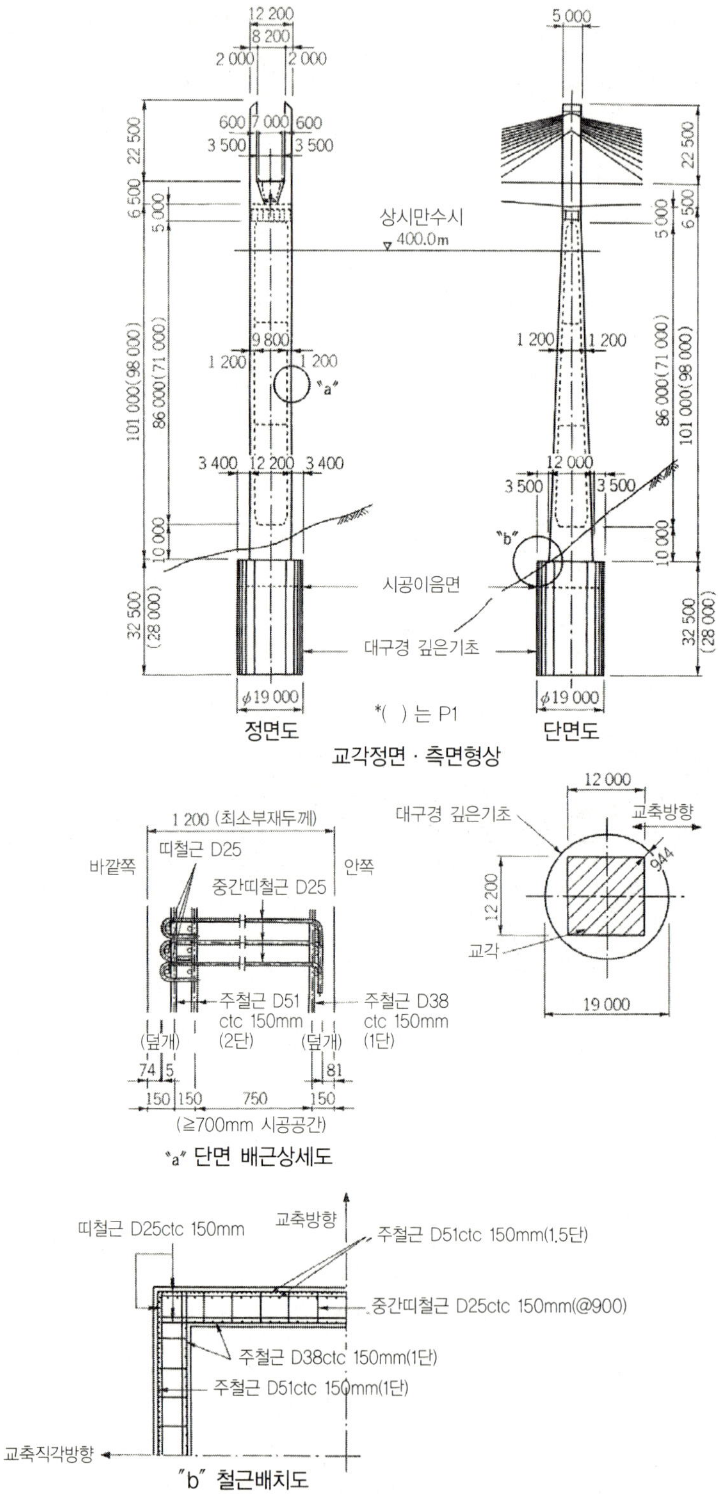

그림-22 교각형상과 강재배치도

본 교량은 Rigid Frame구조이므로 교축방향 지진시 교각 상하부에 휨모멘트가 발생되고 그 비율은 1 : 3~4 정도로 모멘트의 크기 차이가 상당히 크게 나타난다.

한편 교축직각방향에는 주탑으로부터 응력이 전달되 교각상단에 휨모멘트가 발생되지만 하단과 비율은 1 : 5 정도로 하단부의 모멘트가 교축방향에 비해 크다. 그러므로 하단에서 상단까지 단면을 일정형상으로 하는 것은 불합리하므로 교축방향에 경사를 두어 단면을 변화시켰으며 그 크기는 하단 12.2m×12.0m, 상단 12.2m×5.0m이다.

교각 높이 90%가 물에 잠기므로 중공단면 내부의 수위와 바깥쪽 수위를 일치시키지 않으면 상당한 수압과 부력을 받게되고 이에 견디도록 기둥단면과 기초를 결정하면 상당히 불합리한 설계가 된다. 그러므로 교각부에 통수용 Hole을 설치하여 교각 내외의 수위차가 발생하지 않도록 고려하였다. 통수구멍을 높이 10m 간격으로 교각 정면쪽에 설치하였고 주형 아래에는 같은 형태로 공기구멍을 설치하였다.

또 지진시 커다란 동수압이 교각에 발생하는 것과 교각 내부의 물이 진동 영향을 받는 특징을 가지고 있다. 이에 대해서는 다음 10.에서 상세히 기술하고자 한다.

9-2 대구경 깊은 기초의 설계 개요

깊은기초는 교각하단부에서 여유 1m 정도를 확보하여 직경19m로 결정하였다.(그림-22)

단면형식은 중공단면과 충실단면을 비교 · 검토한 결과 중공단면에서는 부력이 크게 작용하므로 기초가 떠오를 우려가 있어 이에 대비하고자 기초길이가 길어지게 되 시공성 · 경제성을 감안하여 충실단면을 채택하였다. 충실단면의 경우, Mass concrete가 일반적으로 불리한 경향을 보이므로 FEM해석으로 확인하였다. 그 결과, 중공단면과의 차이는 거의 없었으며 타설Lift 높이를 조절하면 큰 문제는 발생하지 않는 것으로 판명되었다. 철근배치는 주철근 D51@150mm×2단으로 하였다.(그림-23)

본 교량에 적용된 대구경 깊은기초는 직경 19m로 상당히 규모가 큰 경우에 해당하므로 시공시 흙막이공(깊은기초 연직NATM)에 대해서 지반과 NATM지보를 모델링한 FEM해석으로 안전성을 검토하였다. 대구경 깊은 기초의 천단위치는 산쪽 절토경사면과 계곡쪽 성토 · 흙막이공의 구조 및 경제성을 검토하여 최적위치가 되도록 결정하였다. 그리고 절토경사면은 호수의 수위변동으로 인한 지반의 활동하중에 견딜수 있는 구조로 설계하여 교각에 지반의 활동하중이 직접 작용하지 않도록 고려하였다.

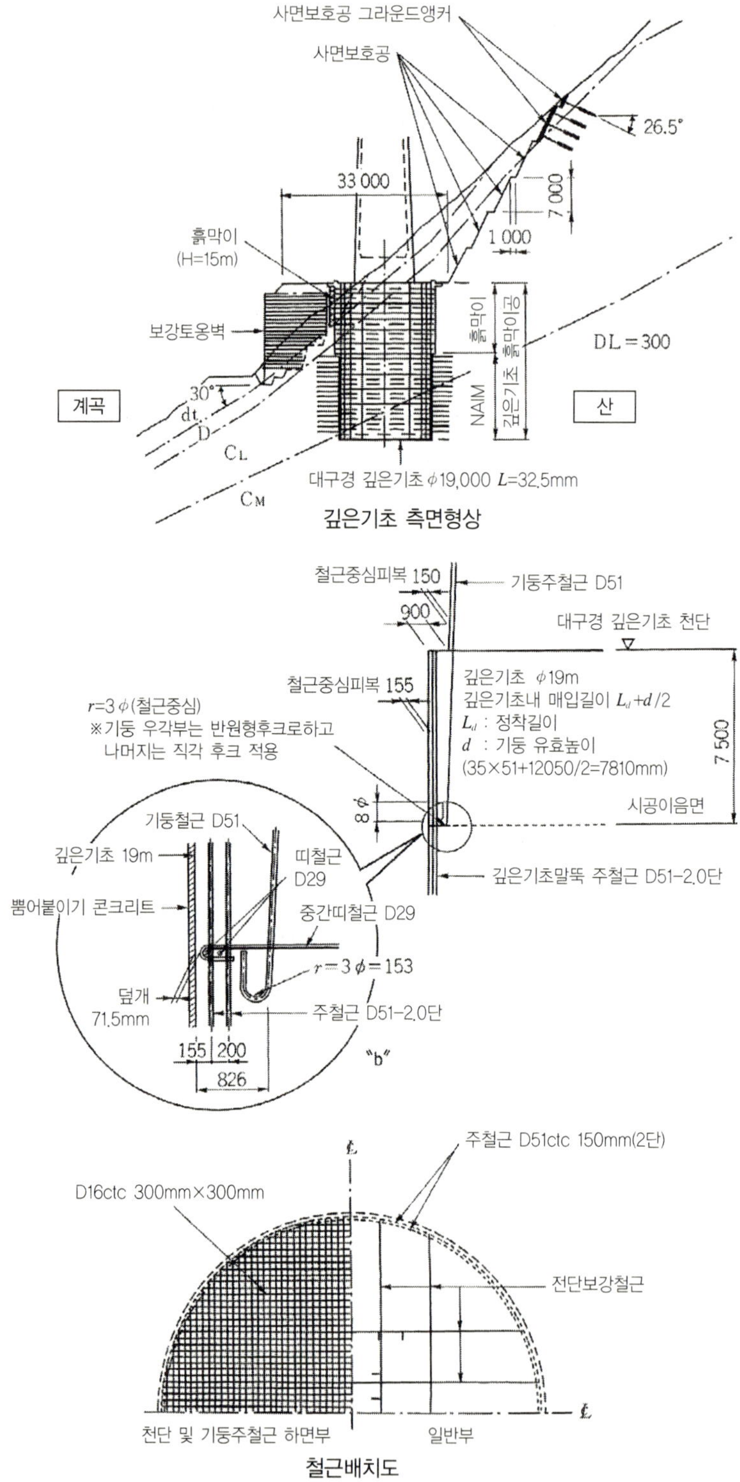

그림-23 깊은기초 형상과 강재배치도

10. 지진시 동수압의 영향을 고려한 내진설계방법

10-1 개 요

교각 높이 약 100m 중에서 60~90m가 항상 물에 잠겨 있으며 고유주기가 약 3sec 이상되는 장주기 구조물이므로 지진시 동수압의 영향을 크게 받을 것으로 예상된다.

그러나 1996년 일본 도로교시방서에는 이 경우와 같이 대부분이 물에 잠기는 경우, 지진시 동수압의 설계방법이 언급되 있지 않았다. 그래서 본 교각과 같이 길고 상대적으로 가는 구조에 대한 물의 부가질량은 사쿠라이(櫻井)式[9] (세장 원기둥에 대한 근사식)을 이용한 간이법으로 파악하는 것이 알려져 있었다. 이것을 이용하여 영향해석을 시행할 경우, 동수압(물의 부가질량)의 유무에 따라서 진동Mode의 卓越狀況이 변화되 교각의 발생단면력이 동수압을 무시한 경우에 비해 최대 90%까지 증가하는 것으로 판명되었다. 사쿠라이식의 경우 지형의 변형 및 교각 강성의 영향을 가미할 수 없었으나 이번에 그 영향을 무시할 수 없었다. 그래서 설계시 지반과 구조물을 입체FEM요소, 물을 유체요소로 모델링한 동적FEM해석을 시행하여 물의 부가질량을 검토하였다.

10-2 동수압의 발생원인

수중에 구축된 교각에는 기초를 통해 지반으로부터 지진동이 전달되어 진동이 발생한다. 한편 교각 주변의 물에는 전단저항이 없으므로 호수 바닥이 평평하면 수평지진동은 수중으로는 전달되지 않으며 그 차이가 동수압으로 교각에 작용하게 된다. 구조물에 작용하는 동수압은 물의 압축성 · 점성의 효과를 무시하면 구조물의 응답가속도에 비례하여 관성력의 방향과 같아진다. 따라서 지진시 동적해석에서는 동수압을 가속도로 나누어 부가질량으로 작용시켰다.

동수압 = 부가질량 × 응답가속도

10-3 해석 모델

10-3-1 모델링 요소

그림-24는 이번 검토에 사용된 FEM해석의 모델을 나타낸 것이며 동수압은 교각과 물, 지반의 지진시 상호작용의 효과로서 얻을수 있으므로 형상을 가능한한 원형에 가깝도록 모델링할 필요가 있다. 그리고 댐과 같이 장변방향으로 연속된 구조물의 경우에는 2차원모델로도 근사해석이 가능하지만 수중 교각의 경우에는 3차원 모델링이 필수적이다. 그래서 교각, 물(유체), 지반 및 기초는 입체Solid요소로 모델링하고 직접 물과 접하지 않는 주형, 주탑 및 케이블은 3차원 Beam

요소로 모델링하였으며 모델링 설정방법은 다음과 같다.

- 지간 중앙에 대해 구조물 및 지반의 기하학적 조건이 거의 대칭이므로 P_2교각까지 고려한 1/2모델링을 채택하였다.
- 수위는 상시만수위(EDL=400m)로 하였다.
- 지반의 수평방향 모델링 범위는 기초와 지반의 연성해석의 경우에는 경계면에서 반사의 영향이 적은 것이 기존 원자력 시설 등의 해석을 통해 명확하게 알려져 있으므로 교축방향은 기초중심에서 기초폭의 10배 이상과 300m로 하였다.
- 교축직각방향의 범위는 기초직경의 10배 이상과 200m로 하였다.
- 입력지진동은 설계지반면에 입력시키며 이번 FEM해석에서는 하상이 대구경 깊은기초 저면보다 밑에 있으므로 편의적으로 대구경 깊은기초 저면보다 아래에 기반면을 두는 것으로 하였다.

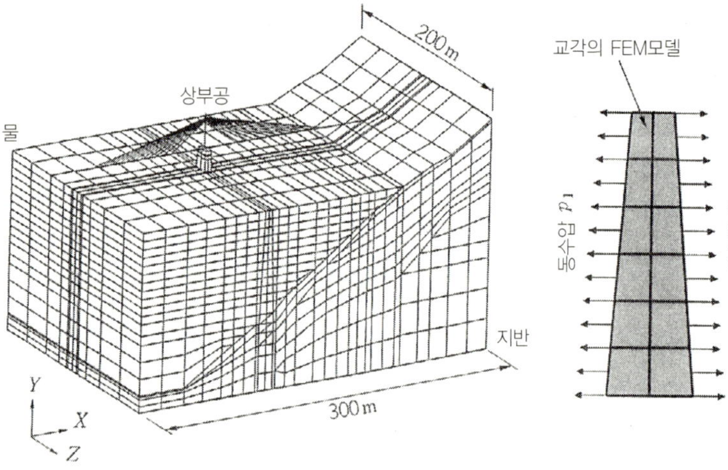

그림-24 해석 모델

10-3-2 자유도 및 경계조건

교각, 기초 및 지반은 병진 3자유도(수평 2방향, 연직방향)를 갖는 요소에 해당한다. 유체의 FEM요소는 압력만 있는 1자유도 요소이며 자유수면에는 Sloshing(液面動搖)의 자유도를 주는 것으로 하였다. 그리고 상부구조는 병진 3자유도(수평 2방향, 연직방향), 회전 3자유도(병진회전의 회전방향)의 총 6자유도를 주었으며 모델 경계부의 경계조건은 다음과 같다.

- 교축방향 가진시 : 교축방향에 대해서는 1/2모델을 사용하였으므로 경계면에서는 연직방향 변위를 고정하는 구속조건을 채택하였다.
- 교축직각방향 : 교축직각방향 모델의 양단면은 동일단면이 연속적으로 존재하므로 교각의 진동외에는 동수압이 발생할 요인이 없다. 따라서 교각에서 상당히 떨어진 곳에서는 동수압

Zero, 자유수면 변위도 Zero가 되므로 양단면의 수압과 자유수면 변위를 Zero로 하였다.

10-4 입력 지진동

사쿠라이식을 이용한 Pre Analysis에서 휨보다 전단에 미치는 영향이 크므로 이에 따라서 단면이 결정된다는 것이 밝혀졌다. 그리고 Type I 보다 Type II를 입력하는 경우가 발생전단력이 커지는 결과를 나타냈다. 따라서 FEM 해석에 이용하는 입력지진동은 Type II 파형을 이용하는 것으로 하였으며 그림-25는 입력지진파형을 나타낸 것이다.

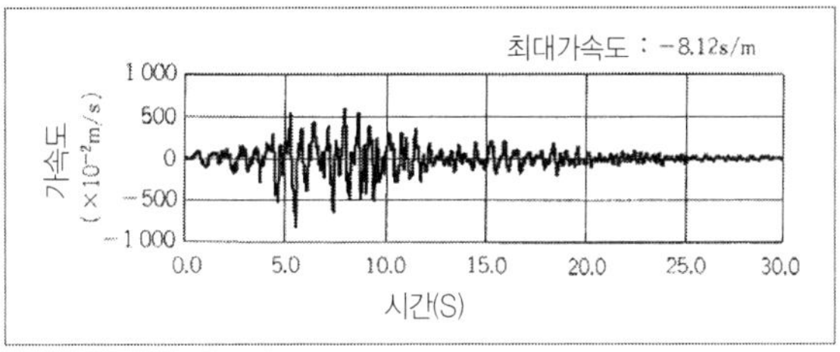

그림-25 입력 지진동(Type II-1)

10-5 물의 Modelling

교각 주변의 물은 일반적으로 물의 압축성이 동수압에 미치는 영향이 작으므로 비압축성 유체요소로서 모델링하였으며 단위체적중량은 $\gamma_w = 10\text{kN/m}^3$으로 하였다.

그리고 액체요소는 방향성이 없는 압력을 변수로 취하나 교각과 지반요소는 모델의 좌표축마다 응력을 변수로 다루게 되므로 물과 교각, 물과 지반의 접촉면에는 물의 압력과 교각 · 지반의 응력이 match가 되도록 '액체 · 구조물 경계요소'를 설치하였다.

10-6 부가질량의 평가

교각의 단위길이당 물의 부가질량 M_v는 다음 식으로 산정했다.

부가질량 $M_v = \dfrac{p_1 - p_2}{a} \times B(\text{kN} \cdot \text{s}^2/\text{m}^2)$ ------------------------------(1)

여기에서, $p_1 - p_2$: 교각의 양쪽에 작용하는 동수압의 차이(kN/m^2)

a : 교각중심 위치의 가속도(m/s^2)

B : 압력을 받는 폭(m)

식(1)의 부가질량 산정식을 이용하여 다음 세가지 방법으로 부가질량 평가를 시행하였다.

① 동수압과 가속도의 시각력 파형을 이용하는 방법

그림-26은 FEM해석으로 얻어진 동수압과 가속도의 시각에서 부가질량M_v를 식(1)을 이용하여 산정한 결과를 정리한 것이다. 곳곳에 있는 해의 발산은 분모인 응답가속도의 진폭이 매우 작을 때의 결과치이다. 이와 같은 현상은 이번에 시행한 FEM해석에서 실제 구조물을 모델링한 점과 반무한성에 근사하는 경계조건을 설정한 점 때문에 동수압과 가속도파형에 약간의 위상차가 발생했기 때문이다. 따라서 부가질량을 적절하게 평가하려면 위상차의 영향을 제거할 필요가 있다.

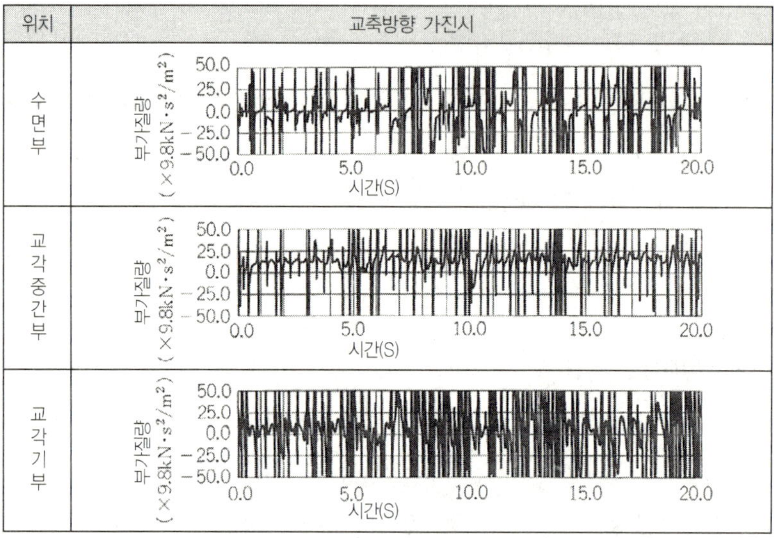

그림-26 부가질량의 시각력파형(교축방향)

② 동수압과 가속도 궤적의 경사에서 구하는 방법

교각 양단에 작용하는 동수압의 차분과 교각중심의 가속도 궤적이 그리는 형상 즉 경사를 이용해 부가질량을 평가한다. 그림-27에 동수압과 가속도의 궤적을 이용한 부가질량의 산정결과를 정리했다. 교축방향에는 Data의 분산정도가 커 부가질량의 산정오차도 클 것으로 판단된다. 그리고 이 방법에서는 계산값이 발산하는 경우는 없으나 위상차의 영향은 제거 불가능하다.

③ 동수압, 가속도파형의 Fourier Spectrum을 이용하는 방법

①의 위상차에 의한 영향을 제거하기 위해 동수압의 차분파형 및 가속도파형에 Fourier변환을 시행하고 스펙트럼진폭을 이용하여 식(1)로 부가질량을 평가하였다. 그림-28은 Fourier Spectrum과 주파수마다 구한 부가질량을 나타낸 것이다. 수면부 이외에는 교축, 교축직각방향 모두 가속도와 동수압의 탁월진동수가 거의 일치하고 있다. 그리고 10Hz까지 부가질량의 크기는 약간 변동이 있기는 하지만 거의 일정한 값을 나타내고 있다. 본 교량의 고유주기가 3초 이상인 장주기 구조물인 점을 감안하면 10Hz를 초과하는 진동성분이 지진시 응답에 미치는 영향은 적을 것으로 판단되므로 부가질량은 10Hz까지의 진동수 영역의 값을 단

순평균하여 이용하는 것으로 하였다. 한편 수면부에 대해서는 자유수면의 상하진동 변형으로 다른 부위와는 경향이 다르게 나타나는데 가속도가 탁월한 2~8Hz의 성분은 동수압에서는 볼 수 없다. 부가질량은 기본적으로 동수압이 발생하지 않으면 존재하지 않으므로 수면부에 대해서는 동수압이 발생하는 2Hz까지의 부가질량을 평균하여 평가하는 것으로 하였다.

이상과 같이 설계에서 고려한 부가질량의 평가는 위상차의 영향을 제거한 Fourier Spectrum을 이용한 산정법으로 하는 것으로 결정하였다.

위치	교축방향	위치	교축방향
수면부	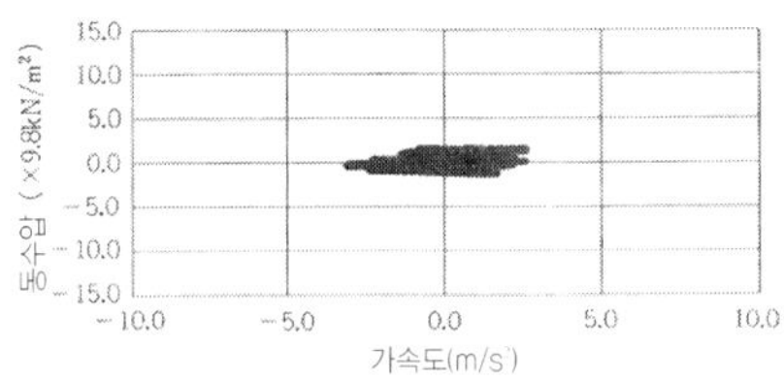 근사치선의 기울기에서 산출한 부가질량 0.55t · S²/m²	교각중간부	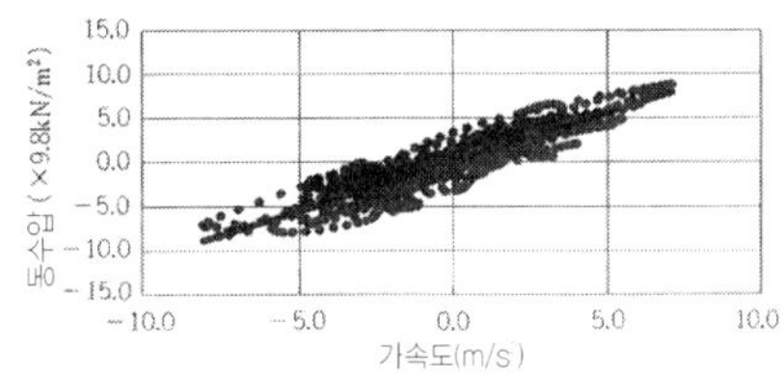 근사치선의 기울기에서 산출한 부가질량 13.49t · S²/m²
교각기부	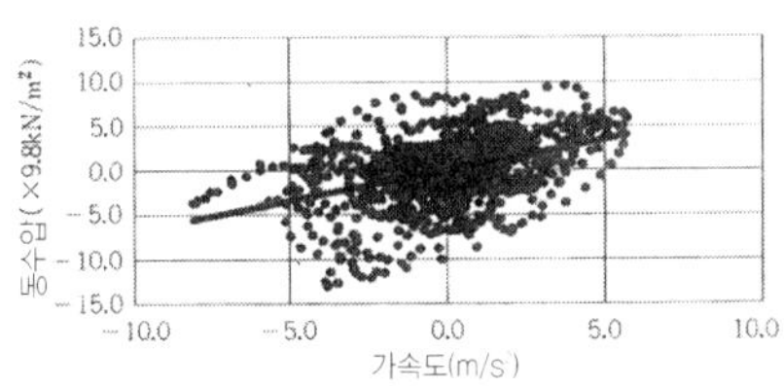 근사치선의 기울기에서 산출한 부가질량 8.43t · S²/m²		

그림-27 동수압차-가속도 관계에서 구한 부가질량(교축방향)

퓨리에스펙트럼단위 가속도 ····· : ×10⁻²m/s, 동수압 ▬ : ×9.8kN/m² · s, 부가질량 —— : ×9.8kN · s²/m²(교각단위길이당 값)

	교축방향 가진시	비고	교축직각방향 가진시	비고
수면부	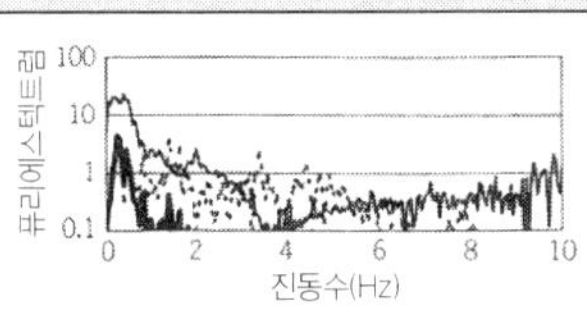	2Hz까지 평균치 63.1kN · s²/m²	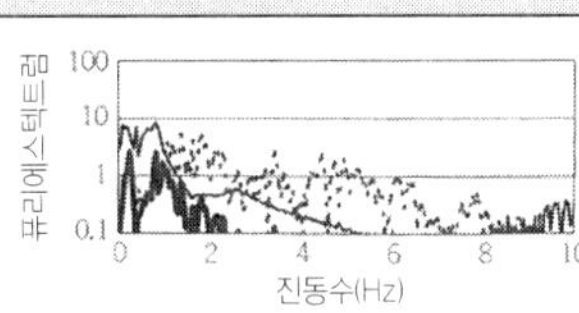	2Hz까지 평균치 30.6kN · s²/m²
교각중간부	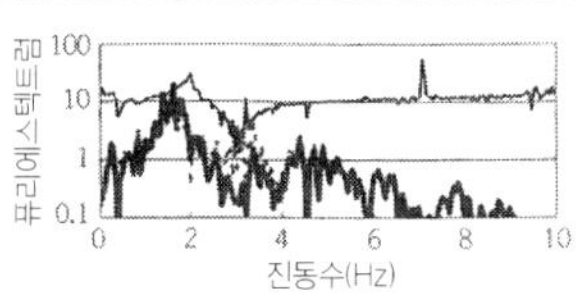	10Hz까지 평균치 113.1kN · s²/m²	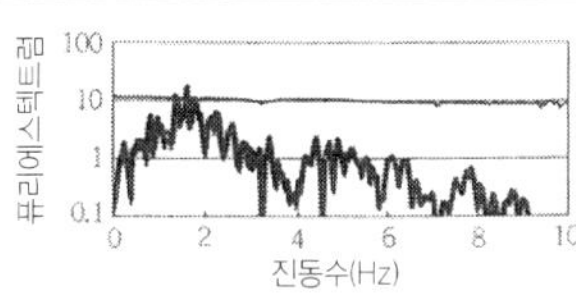	10Hz까지 평균치 98.2kN · s²/m²
교각기부	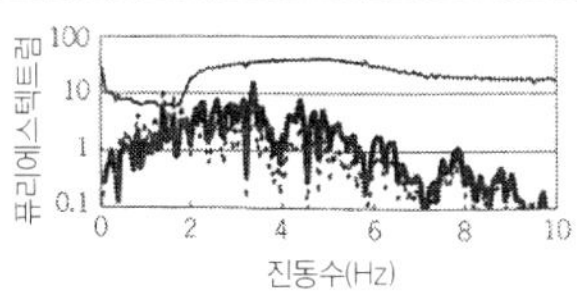	10Hz까지 평균치 229.4kN · s²/m²	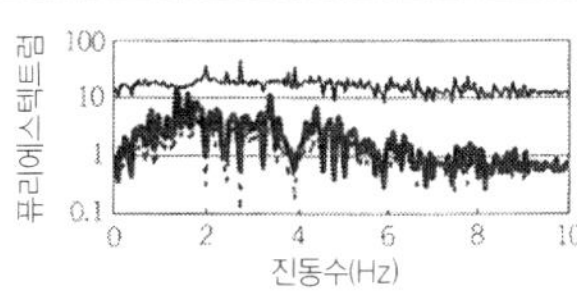	10Hz까지 평균치 179.2kN · s²/m²

그림-28 퓨리에스펙트럼으로 산출된 부가질량

10-7 이론식에 의한 부가질량과의 비교

FEM해석으로 의한 부가질량분포(Fourier Spectrum으로 산출)와 사쿠라이식으로 구한 동수압분포를 나타낸 것이 그림-29(a), 그림-30(a)이다. 이 그림에서 교축방향에 대해서는 상부와 基部에서 사쿠라이식에 비해 큰 부가질량이 된다는 것을 알 수 있다. 교축직각방향에 대해서는 거의 교각 전체에 걸쳐 사쿠라이식보다 작은 부가질량을 얻을 수 있다. 이제부터 FEM해석과 사쿠라이

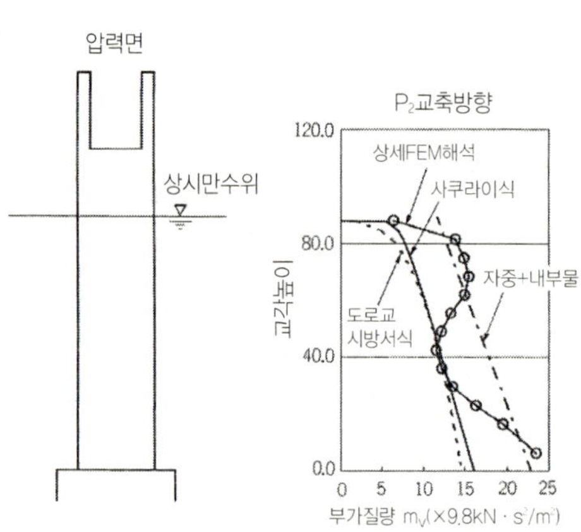

(a) 부가질량분포도

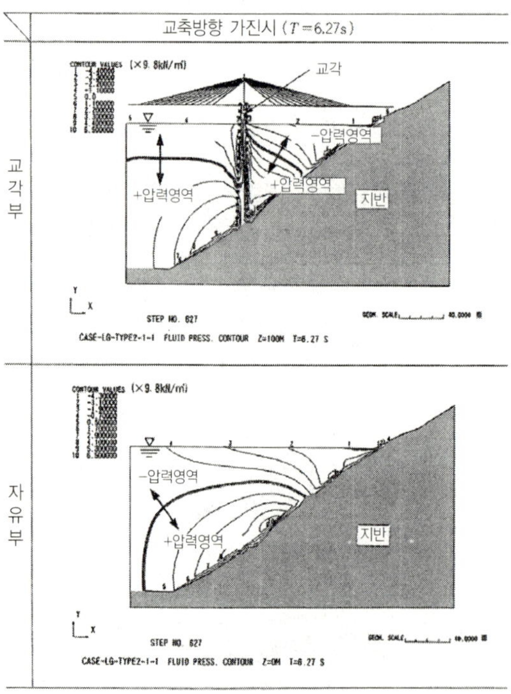

(b) 유체압력분포도(최대시)

그림-29 교축방향 부가질량과 압력분포도

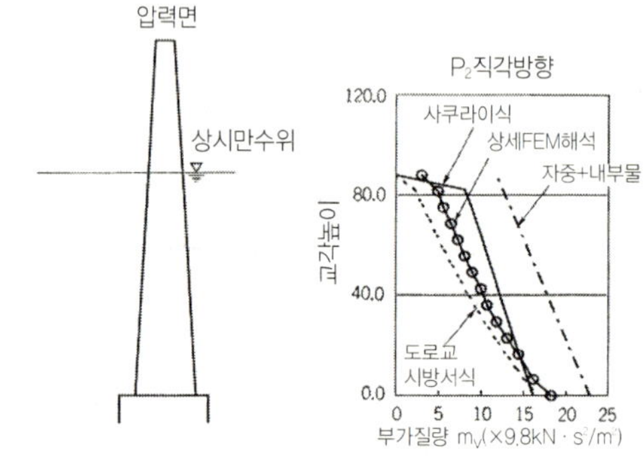

(a) 부가질량분포도

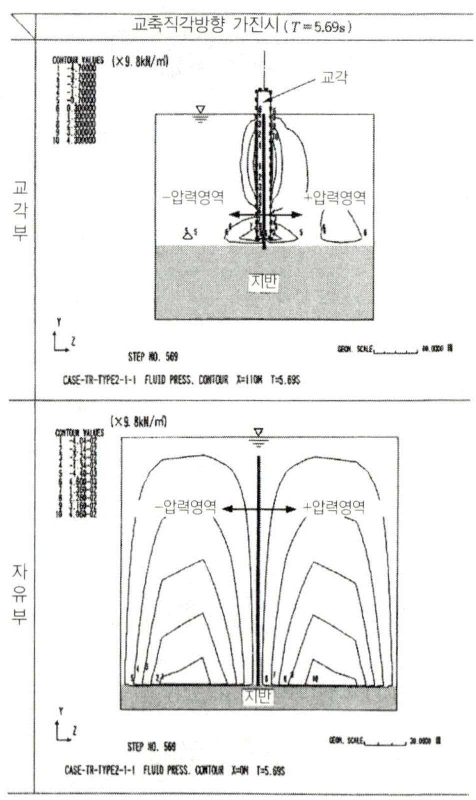

(b) 유체압력분포도(최대시)

그림-30 교축직각방향 부가질량과 압력분포도

식을 사용한 부가질량 분포의 차이에 대해서 살펴보기로 하자. 사쿠라이의 부가질량 평가식은 다음과 같다.

$$m_v(z) = \gamma_w \pi a^2 (1 - \frac{z}{H})^{a/H} \quad \text{--(2)}$$

여기에서, $m_v(z)$: (z)에서의 구조물 단위길이당 불의 부가질량(kN · s^2/m^2)

z : 호수 바닥에서부터 높이(m)

γ_w : 물의 단위중량(kN/m^3)

a : 구조물 단면의 반경(m)

H : 수심(m)

사쿠라이식은 원형단면을 대상으로 유도되었지만 각주(정방형단면)의 경우에는 πa^2을 b^2(b는 장변)으로 치환하면 된다. 본 교량의 경우에는 단면이 정방형이 아니므로 단면적이 같은 원형단면으로 치환하여 사용하였다.

10-7-1 교축방향의 부가질량 분포

그림-29(a)와 같이 교축방향으로 진동을 줄때 FEM해석에 의한 부가질량은 교각 상부에서 基部까지 단순하게 증가하지 않고 상부에서 최대가 되었다가 중간부에서 줄어들고 다시 基部에서 증가하는 분포를 나타낸다. 그리고 부가질량 자체는 상부와 基部에서 사쿠라이식에 의한 평가값보다 커지게 된다. 그 원인은 교각의 진동에 의한 영향 외에 지형(사면)의 영향인 것으로 판단된다.

그림-29(b)는 교각 높이의 1/4지점에서 교각 양쪽의 동수압 차이가 최대가 되는 시간의 동수압 분포를 나타낸 것이다. 교축방향으로 진동을 줄 때는 자유부에도 지형의 영향으로 동수압이 발생되며 압력분포는 일정하지 않고 수면근처에서는 −압력, 호수바닥 근처에서는 +압력이 발생하며 경사면에서 멀어질수록 압력이 작아진다. 그리고 교각부의 동수압 분포는 상당히 복잡하며 측경간쪽은 교각 전체높이에 걸쳐 정압력이 분포하지만 중앙경간쪽은 교각 높이의 1/2을 경계로 위쪽은 −압력, 아래쪽은 +압력의 분포를 나타낸다.

그림-29(a)는 일본 도로교시방서식의 값을 정리한 것으로 사쿠라이식과 차이는 거의 없는 것으로 판단된다. 그리고 교각의 자중(내부 물 포함)도 같이 표기하였으나 FEM해석에 의한 동수압의 부가질량은 거의 같은 정도를 보여 가장 큰 원인은 질량인 것으로 분석되었다.

10-7-2 교축직각방향의 부가질량 분포

그림-30(a)와 같이 교축직각방향으로 진동을 주면 FEM해석에 의한 부가질량은 사쿠라이식과 같이 교각 상부에서 基部를 향해 단조롭게 증가한다. 다만 부가질량 자체는 사쿠라이식의 평가치가 크게 나온다. 그림-30(b)와 같이 교축직각방향으로 진동을 줄 때 교각이 없는 자유부의 동수압은 매우 작기 때문에 물 자체의 진동에 의한 영향은 고려하지 않는다.

사쿠라이식은 원형단면을 대상으로 유도되었지만 각주(정방형단면)의 경우에는 πa^2을 b^2(b는 장변)으로 치환하면 된다. 본 교량의 경우에는 단면이 정방형이 아니므로 단면적이 같은 원형단면으로 치환하여 사용하였다.

본 교량의 교각단면은 교축직각방향의 폭은 12.2m로 일정하지만 교축방향의 폭은 상부에서 基部까지 5m에서 12m로 변한다. 그러므로 기부는 정방형에 가까운 단면이지만 상부는 비율이 1:2.4의 장방형이 된다.

교축직각방향으로 진동을 줄 때 동수압을 받는 폭에 대해서 한쪽이 길게되면 면적等値를 할 경우 계산상 받는 폭이 실제구조물 폭보다 상당히 커지게 된다. 예를 들면 수면에서 1/4깊이는 교각폭이 7.4m이지만 면적등치 $\pi a^2=7.4\times12$로 얻어진 원주의 직경은 2a≒10.7m가 되 실제보다 큰 폭으로 압력을 받는 것으로 계산된다.

이상과 같이 교축직각방향으로 진동을 줄 때 FEM해석 결과가 사쿠라이식을 사용한 평가치를 밑도는 것은 사쿠라이식을 적용함에 있어 단면형상의 변환방법 때문인 것으로 판단된다.

그림-30(a)에 도로교시방서식 및 자중영향을 병기하였으나 FEM해석에 의한 동수압 값은 두 개의 중간치 정도라는 것을 알 수 있다. 그리고 교축방향 만큼 동수압의 영향은 크지 않으나 질량이 약 60% 정도 원인임을 알 수 있다.

10-8 검토 결과

FEM해석의 부가질량은 사쿠라이식을 이용한 평가치와는 수치, 분포형상(교축방향) 모두 차이가 있었다. 그러므로 현장의 지형조건, 지질조건 및 구조물 조건 등을 면밀히 반영하고 있는 FEM해석으로 산출된 물의 부가질량을 이용하고 지진시 동수압의 영향을 고려하여 내진설계를 시행하였다. 그리고 교각 내부에 채운 물에 대해서는 다음 식과 같이 장방형 수조의 동수압 산정식으로 계산하였다.

$$M_o = M - \sum_{n=1,3,\cdots}^{\infty} M_n$$

$$M_n = M\frac{16b}{\pi^3 H}\frac{1}{n^3}\tanh(\frac{n\pi H}{2b})$$

단 $M=\gamma_w 2bH$, $2b$: 가진방향의 교각내부 폭, H : 수심

M_0는 Sloshing(액면요동)에 관계없이 항상 일체로 작용하는 액체 질량, M_n은 Sloshing에 관한 n차의 액체 질량으로 두 개의 합이 전체액체질량이 된다. 따라서 안전측으로 교각내 물의 전체질량을 부가질량으로 고려하였다.

11. 교각의 시공

11-1 시공 계획

도쿠노야마 핫도쿠(徳之山八徳)교의 가설위치는 험준한 V자형 계곡이며 하상으로부터 계획고까지 높이가 130m에 이르며 양안의 도로에 영향이 없는 위치에 교각을 둘 것, 하천(이비가와) 내에 교각을 설치해서는 안되는 제약조건과 교각 공사는 도쿠야마댐의 치수, 이수의 문제와 댐의 시험담수 이전에 교량공사를 마쳐야 하는 긴급성, 중요성을 감안 동절기 중지기간을 제외하고 8개월에 완료해야하는 상황이었다.

공정단축과 품질확보를 위해 그림-31과 같이 콘크리트를 분할타설하는 계획을 수립하였다. 교각 基部는 충실단면으로 하여 1,400㎥인 Mass concrete가 되므로 균열발생의 우려가 있어 3분할(3.0+3.0+4.0m)하는 것으로 하였으며 중공단면부는 시공사례를 참조하여 타설높이를 최대 6.0m를 표준으로 하였다.

레미콘의 압송높이가 100m에 달하므로 고성능AE감수제를 첨가하고 Slump값을 8㎝에서 15㎝로 올려 압송성능 향상 및 Slump loss에 대비하였다. 하역설비는 교각측면에 36m의 Boom을

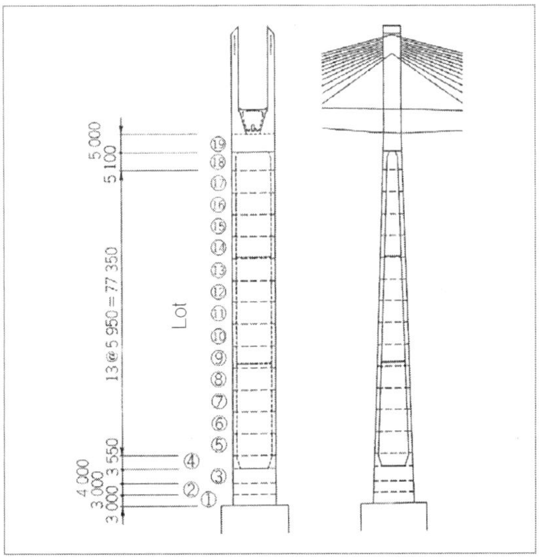

그림-31 콘크리트타설 LOT분할

사진-10 클라이밍비계

가진 타워크레인(230t · m)을 설치하여 작업장 전체를 Cover하도록 하였다.

승강설비는 교각면에 쐐기결합식 비계를 설치하여 엘리베이터설비 및 타워크레인의 Stay 부착과 작업용비계를 겸용하였다. 나머지 3면과 교각 내부에는 비계와 구체의 간격을 일정하게 유지하는 클라이밍비계를 채택하고 구체의 단면변화에 대응할 수 있도록 하였다.(사진-10) 크라이밍비계는 브라켓에 폭6.0m, 높이 12.0m의 비계가 고정된 구조로 미리 소정위치에 앵커로 고정시킨 부착대에 타워크레인으로 끌어올린 비계Unit을 고정시키는 방식이다. 1번의 크라이밍(12m)으로 2 Lot분의 시공이 가능하여 크라이밍회수를 시공 Lot수의 절반으로 줄일수 있었다. 거푸집은 스테인레스폼으로 청소, 조립을 지상에서 시행하였다.

주철근인 D51, D38의 인양작업은 5~9개씩 묶는 Jig를 채택하여 인양회수를 줄이고 철근의 이음방식을 기상조건에 구애받지 않는 기계이음(커플러이음)으로 하였다. 그림-32는 시공흐름도를 나타낸 것이다.

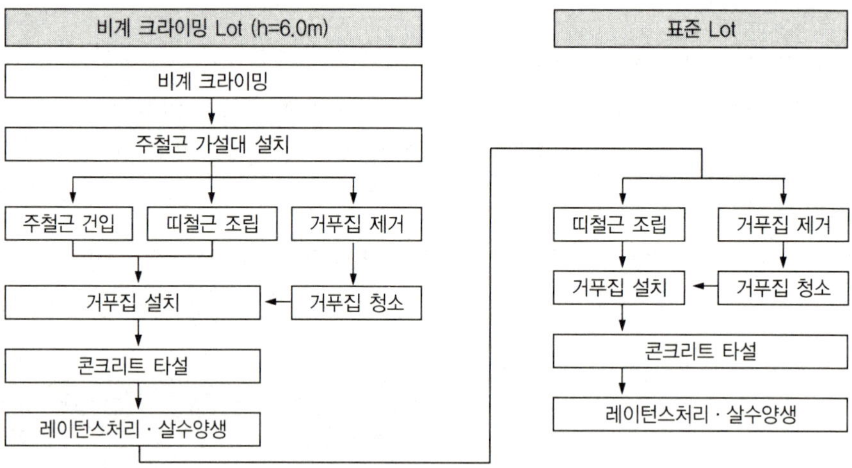

그림-32 시공 흐름도

11-2 철근조립 공정의 합리화

시공Lot높이, 거푸집의 Setting, 비계, 철근의 인양, 크라이밍 회수의 절감 등에 따른 각종 시설을 고안하였다.

크라이밍비계에 대해서 비계Unit의 크라이밍 소요시간은 30분 정도이며 비계의 고정 · 정비시간을 포함하여 크라이밍작업에 1.5일이 필요하였다. 1995년 한신대지진이후 설계기준의 변경으로 철근량이 많아져 철근조립공정의 효율화를 도모할 필요가 있어 비계에서 독립된 철근조립 가설대 및 띠철근의 부분적인 Prefabrication을 채택하였다.

▶ 표-6 철근 수량

Lot	Lot 높이(m)	콘크리트(m³)	D51(t)	D38(t)	D25(띠철근)(t)	합계(t)
19	5.0	325.6	38.6	6.0	31.4	76.0
18	4.1	82.4	0	0	24.0	24.0
17	6.0	227.7	54.7	11.9	31.4	98.0
16	6.0	235.0	0	0	31.7	31.7
15	6.0	241.1	60.0	10.7	31.7	102.4
14	6.0	247.3	0	0	32.7	32.7
13	6.0	252.5	63.2	11.4	32.7	107.3
12	6.0	258.7	0	0	35.8	35.8
11	6.0	264.8	65.4	12.1	35.8	113.3
10	6.0	271.0	0	0	36.2	36.2
9	6.0	278.2	67.6	12.5	36.2	116.3
8	6.0	284.4	0	0	39.5	39.5
7	6.0	290.6	69.8	13.3	39.5	122.6
6	6.0	296.8	0	0	39.5	39.5
5	6.0	303.0	72.0	13.9	39.7	125.6
4	3.9	243.2	0	3.9	39.7	43.6
3	4.0	555.7	0	0	43.6	43.6
2	3.0	422.7	0	0	43.6	43.6
1	3.0	440.0	74.4	14.8	58.2	147.4
계	101.0	5,520.7	565.7	110.5	702.9	1379.1

11-2-1 비계에서 독립된 철근조립 가설대

P1교각 시공시 주철근조립 가설대는 비계에 버팀목으로 버티는 구조였으므로 거푸집 건입 작업시 버팀목을 일시 철거할 필요가 있어 가설대 위치를 조정하는 등 시공에 시간이 소요되는 단점이 있었다. 그래서 비계에서 떨어진 곳의 주철근을 기둥부재로 하는 독립된 가설대를 설치하도록 하였다.(사진-11)

사진-11 주철근조립 가설대

우선 기둥부재로 12개의 주철근을 세우고 가설대용 받침을 2개의 커플러를 이용, 사이에 끼워 넣고 지상에서 미리 치수에 맞게 조립 · 제작한(H-200) 가설대에 올려 고정시켰다. 가설대의 위치결정은 앵커로 Blacing member(환봉φ15㎜)와 Lever Block을 사용하고 나머지 D51철근을 순차적으로 건입하는 방법을 사용하였다. H-200 가설대에는 주철근의 배치가 설계치수 간격대로 용이하게 시공될 수 있도록 박스형태의 Cage를 부착하였고 주철근 나사산에 맞추기 위해 주철근 사이에 3㎜의 베어링을 둠으로서 커플러의 부착이 용이하도록 하였다. 주철근조립 가설대를 채택함으로서 비계를 유지하기 위한 설비가 생략되고 중간띠철근과 거푸집의 설치, 제거가 용이하게 되었다. 시공사례에서 주철근조립 가설대를 설치하는 경우와 하지않는 경우를 비교하면 주철근의 건입능력은 120EA/일이 되어 약 170%의 작업효율이 개선된 것으로 나타났다.

그리고 주철근조립 가설대는 철근조립 완료후에도 5㎝정도의 위치조정이 가능해 세밀한 주철근의 피복관리도 가능하게 되었다.

11-2-2 띠철근의 부분적인 Prefabrication

띠철근의 건입 및 조립시간의 단축을 위해 한번에 여러개의 띠철근을 소정 위치에 설치할 목적으로 부분적인 Prefabrication을 고안하였는데 건입용 Jig로는 Angle을 사용한 1열형 일괄건입방식(사진-12)과 H형강을 사용한 2열형 일괄건입방식(사진-13)의 두가지를 고안하였다.

그림-33의 띠철근 개략도와 같이 교축방향의 D51은 2단배근이므로 중간띠철근 ②, ③은 2열형을 적용하고 중간띠철근 ④, 배력근 ⑤는 1열형을 적용하도록하여 주철근의 설계위치에 따라서 2열형과 1열형을 나누어서 시공하였다. 양쪽 모두 일괄건입방식이나 사전에 작업장에서 1Lot분량을 조립하고 한번에 거치하는 것으로 하였다.

1열형 일괄건입 Jig는 필요한 길이의 Angle을 볼트 접합시킨 구조로 주철근 D51이 2단 배치되는 비좁은 공간에서도 용이하게 건입이 가능하여 겹쳐서 지상조립할 수 있고 그에 따라서 지상작업장 면적도 절약되었다. 이 건입용 Jig를 사용함으로서 한변에 4~8회 필요하던 건입회수를 1회로 줄일 수 있었다.

2열형 일괄건입 Jig는 H형강에 필요한 간격으로 볼트를 설치한 구조로서 H형강 양면에 띠철

사진-12 1열형 일괄건입방식

사진-13 2열형 일괄건입방식

근을 볼트 고정시킨 다음 일괄건입하는 방법이다. 이 Jig의 사용으로 개소당 8회 필요하던 건입회수를 한번에 마칠 수 있게 되었다.

이와 같이 건입용 Jig를 사용하는 경우와 사용하지 않는 경우를 비교해 보면 띠철근, 간격유지철근의 건입회수를 90회/Lot에서 40회/Lot로 대폭 줄일 수 있게 되었다. 그리고 중간 띠철근은 비계 위와 구체 안에 임시 저장하지 않고 직접 소정위치에 건입, 조립할 수 있게 되어 시공성을 크게 개선하였다.

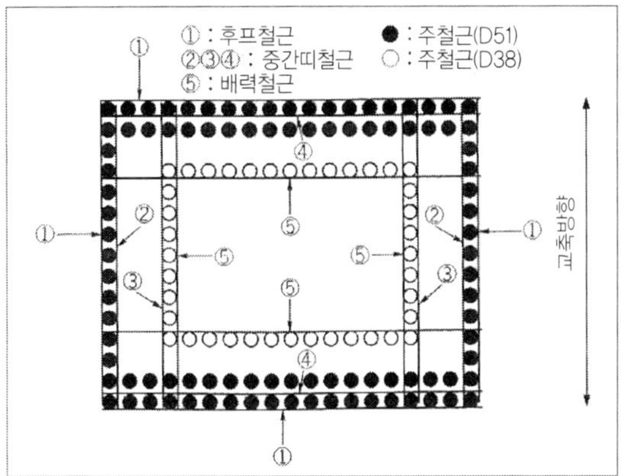

그림-33 띠철근 개략배치도

11-3 공정 단축

표-7은 비계 크라이밍Lot의 Cycle, 표-8은 표준 Lot의 Cycle을 표시한 것이다.

주철근 조립 가설대 및 일관건입 Jig 등의 고안, 활용으로 여러 사람의 병행작업이 가능하게 되어 Cycle을 단축할 수 있게 되었다. 2 Lot 분량의 Cycle 일수는 개선전(점선)의 29일에서 개선후(실선) 19일로 10일간 단축(단축율 35%)할 수 있었으며 실제 시공공정은 표-9와 같다.

▶ 표-7 클라이밍 LOT의 사이클공정

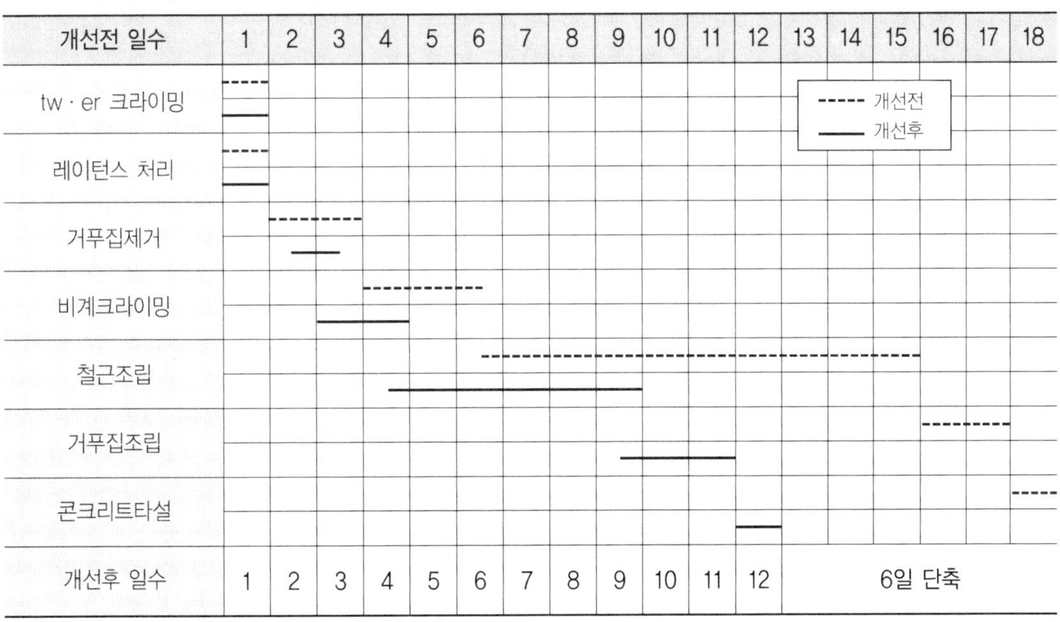

주) tw · er 타워크레인, 크라이밍크레인

▶ 표-8 표준 LOT의 사이클공정

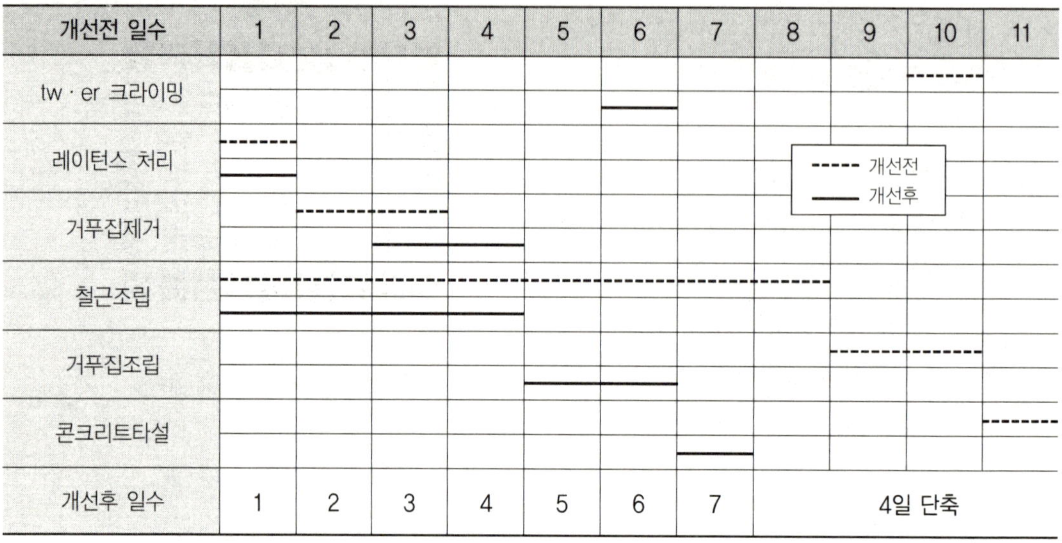

주) tw · er 타워크레인, 크라이밍크레인

점선은 주철근조립 가설대 및 일괄건입 Jig 등을 채택하지 않고 시공한 경우의 추측공정으로 19th Lot(최종Lot) 시공완료시를 비교하면 P_2교각의 시공은 약 5개월이 단축되었다.

P_1교각은 도중에 개선방안을 시행한 공정, P_2교각은 착수시부터 모든 개선책을 도입한 공정에 해당한다. 단 공정에는 동절기 중지기간은 고려하지 않고 가동실적만 비교한 것이다. 본 공사에서 P_1교각을 시공하면서 공정단축을 목적으로 개선책을 고안 · 채택함으로서 P_2교각의 시공을 약 8개월만에 마칠 수 있었다.

12. Mass concrete의 시공

P_1 및 P_2 교각의 基部(제1~제3 Lot)는 소성힌지구간이므로 충실단면으로 계획하였으며 Block 분할 및 공정상 하절기에 콘크리트를 타설하므로 Mass concrete가 된다.(그림-34) 통상 Mass concrete 구조물에서는 시멘트의 수화열로 인한 온도응력 때문에 내구성 등에 유해한 영향을 미치는 것으로 판단되는 온도균열의 발생이 문제가 된다. 그러므로 본 교각의 시공에 앞서 온도응력을 해석, 온도균열 발생의 검증 및 온도균열 제어에 관한 검토를 시행하였다.

▶ 표-9 공정표

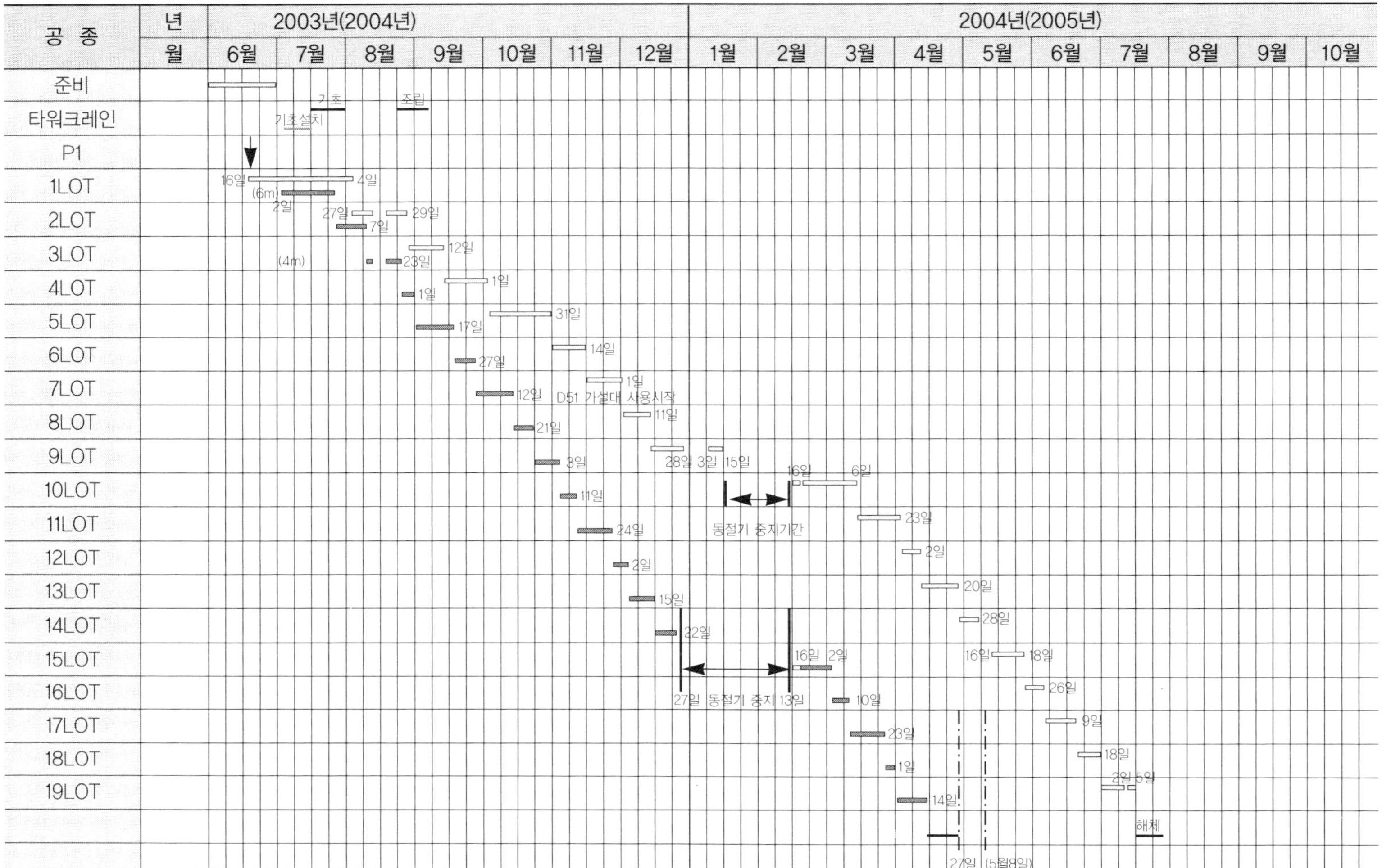

주) 상단 : P_1 교각 실적공정
상단 : P_2 교각실정골정 *날짜는 콘크리트 타설일

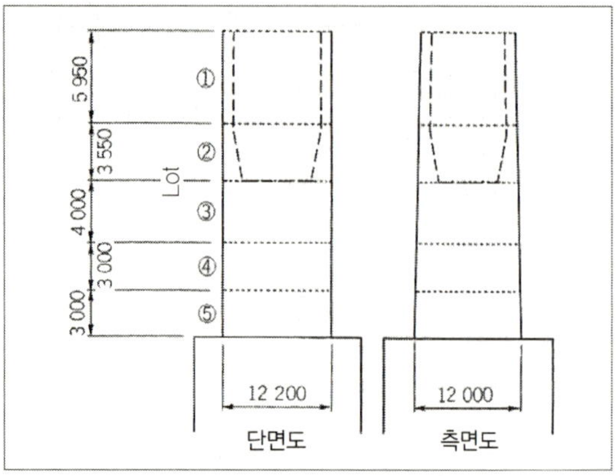

그림-34 교각기부의 LOT분할

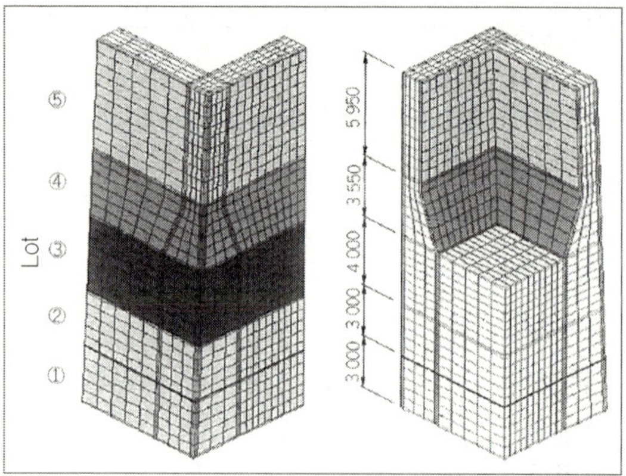

그림-35 케이블 정착체 일반도

12-1 온도응력 해석

12-1-1 해석 조건

표-10은 해석조건을 정리한 것이며 그림-35는 3차원 온도응력 해석을 이용한 요소분할도를 나타낸 것이다. 요소분할은 구조체 단면의 대칭성을 감안, 단면의 1/4을 모델링하였다.

▶ 표-10 해석조건

Type Name		N-30
시멘트의 종류		보통포틀랜드시멘트
배합	물(W) / 시멘트(C)	153kg/m^3 / 330kg/m^3
콘크리트 강도		30N/mm^2
타설온도 / 외기온도		30℃ / 25℃
열전도율	λ_C	2.7W/m℃
밀도	ρ	2316kg/m^3
비열	$C_c = 3.03 \times 10^3/\rho$	1.308kJ/kg℃
단열온도 상승특성	$Q = Q_\infty(1-e^{(-rt)})$	Q_∞ =48.3 / r =1.657
압축강도	$fc'(t) = t/(a+bt) \cdot fc'(28) \cdot d$	a =4.5 / b =0.95 / $f_c'(28)$=44.2 / d =1.11
인장강도	$ft(t) = C\sqrt{fc'}(t)$	c =0.44
포아슨비 / 선팽창계수		0.167 / 10μ/℃
건조수축		고려 (ε_{cu} =150μ)
	상애습도(RH) / 체적표면적비(V/S)	62.9% / 300mm
자기수축		고려하지 않음

12-1-2 해석 결과

그림-36은 해석결과를 정리한 것이며 그림-36(c)와 같이 교각 구조체 내부의 온도는 충실단면인 제1 Lot에서 최대온도 78℃를 정점으로 75℃정도에 이르며 중공단면인 제4, 5 Lot에서는 최대온도가 70℃ 이하가 된다. 특히 충실단면에서는 내부 발열량이 크고 다음 Lot 발열까지 큰 온도하강경사가 발생하므로 내부의 균열지수 저하가 발생된다.[그림-36(a)]

한편 표면부에는 각 Lot 내부의 발열시 온도는 모두 40℃ 전후가 된다. 따라서 그림-36(c)와 같이 구조체 내외 온도차는 충실단면의 각 Lot에서 35℃ 정도가 되고 이 시점에서 표면의 균열발생지수는 약 0.6[그림-36(b)]에 이르므로 구조체의 내부와 표면의 온도차로 인한 내부구속으로 온도균열발생이 우려되었다.

12-2 온도균열의 제어

제1~제3 Lot의 충실단면부는 그림-36(d)와 같이 표면부에 콘크리트 인장강도(2.2N/㎟) 이상의 온도응력이 발생되고 이에 대해서 배치된 띠철근에 123.3N/㎟의 응력이 발생된다. 이 응력을 기준으로 균열폭을 산출한 결과, 허용균열폭 이내임이 확인되었다. 그러나 허용치 이내의 값이지만 균열폭을 더욱 줄이기 위해 내부발열량을 저감시키고 구조체 내외의 온도차를 줄일 목적으로 Pipe heat cooling을 시행하는 것으로 하였다.

12-2-1 Pipe heat cooling의 원리

Pipe heat cooling은 시멘트의 수화열로 고온이 되는 구조체 중심부의 열을 파이프내의 물을 매개로 구조체 표면부까지 분배시켜 타설Lot 전체를 등온상태에 가깝게 하여 구조체 내외의 온도차로 인한 내부구속에 따른 온도응력을 저감시킬 목적으로 시행하는 온도균열 제어공법이다. 따라서 구조체 중심부는 통상 냉각수를 사용하여 Cooling하지만 표면부에는 구조체 내부의 경화열로 따뜻해진 온수를 구조체 표면부까지 순환시키고 배수하는 과정을 반복하므로 양생기간동안 언제나 구조체 내외의 온도차를 관리하는 것이 중요한 특징이다.

이 방법에 대해서는 다음과 같은 효과가 기대된다.

① 내부온도를 낮추는 효과(냉각효과)

② 표면부의 급격한 온도하강경사를 제어하는 효과

③ 표면부의 강도발현을 촉진시키는 효과(거푸집 제거시기의 단축효과)

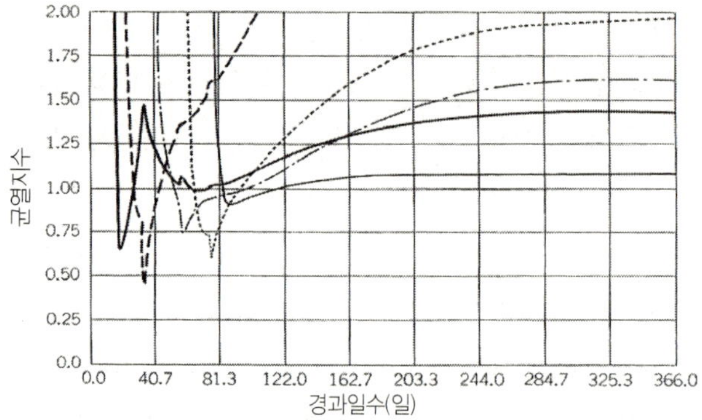

(a) 균열지수이력(내부)

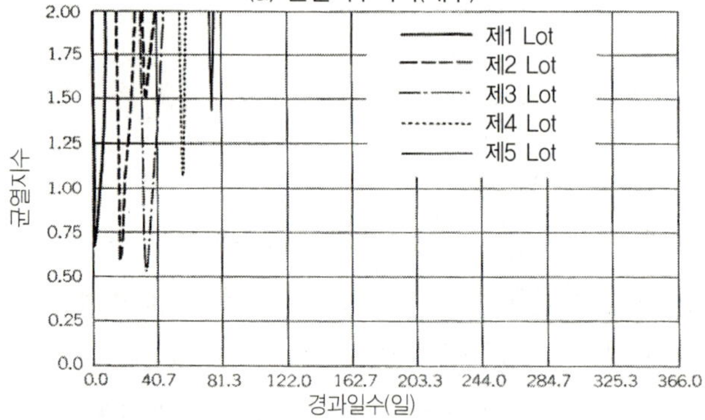

(b) 균열지수이력(표면부)

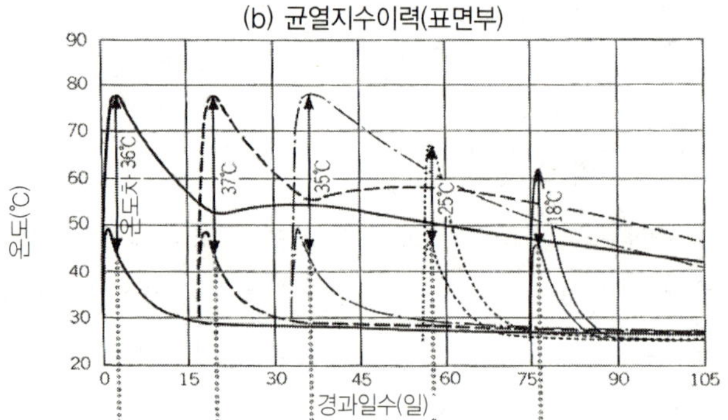

(c) 내외온도차이력

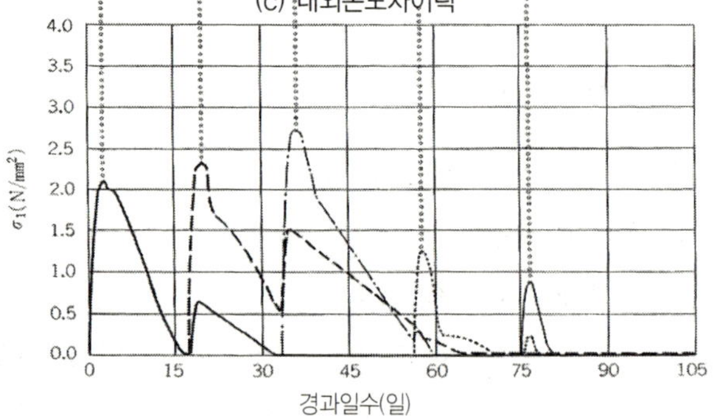

(d) 주응력이력

그림-36 해석결과

12-2-2 Pipe heat cooling의 시행

Pipe heat cooling의 시행범위가 12.0m×12.0m로 넓으므로 4분할 4계통의 파이프를 설치하였으며 그림-37은 Pipe heat cooling의 설치도를 나타낸 것이다.

충실단면부의 제1 Lot에서 제3 Lot까지도 철근량은 고밀도로 배치되어 있어 구조체 내부의 열을 효과적으로 순환시키려면 강관에 비해 Flexibility가 높은 파이프가 필요하게 되었다. 그래서 파이프는 내경 15㎜의 폴리에틸렌파이프(사진-14)를 사용하였으며 수조에서 유량조절이 가능한 몰탈펌프를 사용하였다. 1대의 펌프를 사용하고 4계통 각각에 조절밸브를 설치하여 동량의 냉각수 순환을 유도하였다.

Pipe heat cooling은 콘크리트 타설 종료 3시간 후부터 시행하였으며 종료의 기준은 시공사례등을 참고하여 내부의 최고온도가 60℃ 이하 또는 내외의 온도차 20℃정도로 하였다. 충실단면부의 제1 Lot에서 제3 Lot에는 그림-38과 같이 熱電對를 매설하여 구조체의 온도를 엄격하게 관리하였다.

사진-14 폴리에틸렌파이프 설치

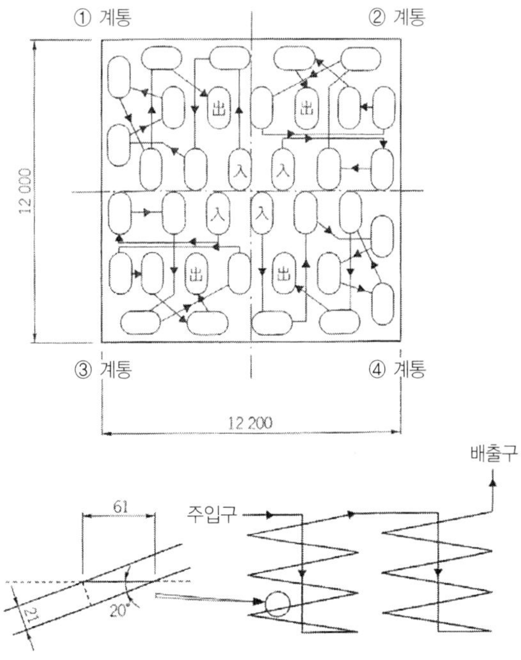

그림-37 Pipe Heat Cooling 설치도

Pipe heat cooling 종료후에는 구조체 내부에 순환시킨 파이프로 인한 단면결손을 우려하여 파이프 안을 시멘트그라우팅하였다.

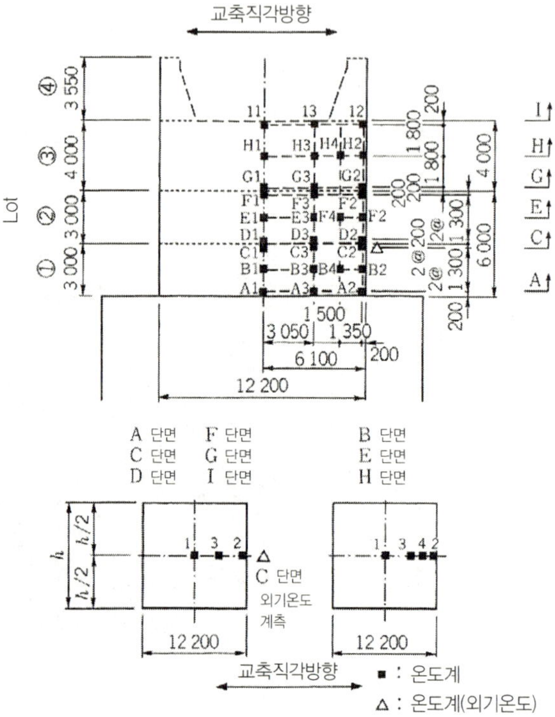

그림-38 온도이력 측정위치

12-2-3 Pipe heat cooling의 효과

그림-39는 제1 Lot 각 단면의 온도이력에 대한 계측값과 해석값을 비교한 것이다. 중심부에서 계측된 발열량은 해석값에 비해 계측값이 B단면의 최대 13℃ 정도를 비롯하여 각단면에서 낮아졌기 때문에 Cooling효과는 확보되었으며 표면부에서 계측된 발열량은 해석값에 비해 계측값이 B단면에서 최대 10℃ 정도를 비롯, 각단면에서 높은 값을 나타내므로 Heating효과가 얻어진 것으로 판단되어 중심부의 최대발열시 구조체 내외의 온도차는 크게 저감되었음이 확인되었다. 그리고 온도하강시, 계측된 중심부와 표면부의 온도추이는 해석값의 추이와 거의 같은 양상을 나타내며 구조체 내외의 온도차도 저감되었기 때문에 Pipe heat cooling을 마친 후에도 구조체 내외의 온도차의 지속적인 저감을 확인할 수 있었다.

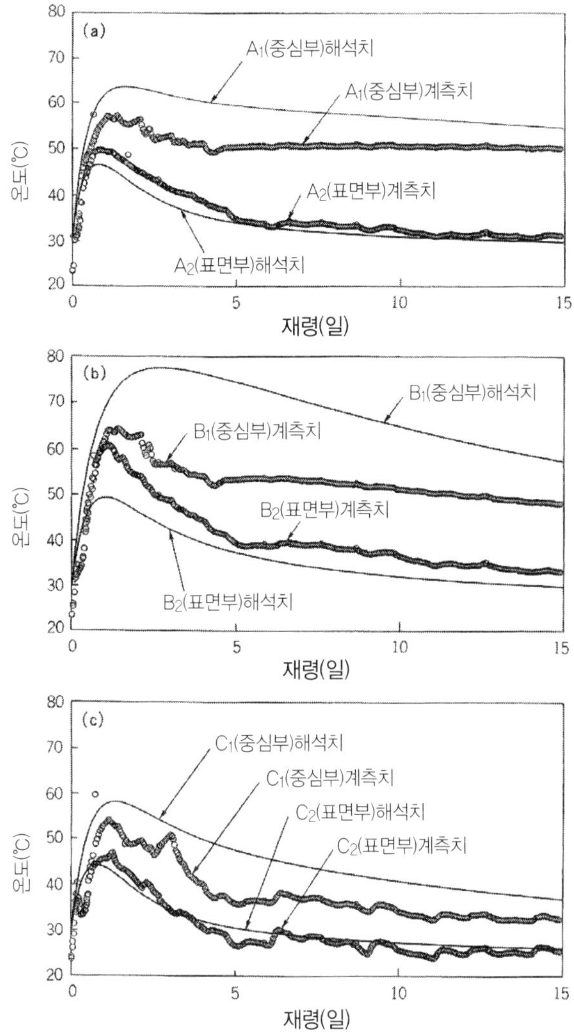

그림-39 온도이력 해석값과 실측값의 비교

【参考文獻】

(1) 日本道路協會：道路橋示方書・同解說Ⅰ～Ⅴ(1996. 12)

(2) 自閑, 西村, 廣瀨, 鈴木, 長屋, 林：德之山八德橋下部工の設計, 橋梁と基礎(2006. 5)

(3) (財)土木研究センター：斜張橋ケーブルの耐風性檢討(1993. 3)

(4) 吉澤, 鈴木, 向後, 安永, 高城, 鹽出：德之山八德橋下部工の施工, 橋梁と基礎(2006. 6)

(5) 中須, 佐々木, 手塚, 鈴木：高强度コンクリートにおけるテストピース養生方法について, プレストレストコンクリート協會 第9回シンポジウム論文集, pp.719～724(1999. 10)

(6) JCI中部支社・支援機構：平成16年度岩々池横斷構造物檢討委員會報告書(2005. 3)

(7) 田中, 關, 下村, 中野 ：ラーメン高架橋の健全度に關する柱の剛性評價法の研究, 土木學會構造工學論文集, Vol.47A, pp.1019～1025(2001. 3)

(8) 土木學會：土木技術者のための振動便覽(1985)

(9) 櫻井：水中に立てられた柱狀構造物の振動, 土木技術, Vol. 11, No. 6 (1961)

(10) 道路橋示方書Ⅴ耐震設計編改定のポイントおよび設計計算例 '地震時動水壓' , 基礎工, Vol. 18, No. 6 (1990)

(11) コンクリート標準示方書 施工編 (2002)

PART 2 파형강판Web 광폭원 Extradosed교

Design and Construction of Extradosed Bridge at Aramakihonzawa Area

파형강판Web 광폭원 Extradosed교

Design and Construction of Extradosed Bridge at Aramakihonzawa Area

머리말

아라마키혼자와(荒巻本澤)지구 교량의 주변은 주택단지 근처의 주택밀집지역이며 시내도로를 입체교차하므로 가교조건에 따라서 교량형식을 파형강판Web PC 2경간 연속Extradosed교로 결정하였다.(그림-2, 3)

케이블의 주탑쪽 정착부

주형단면과 주탑

동바리 설치

파형강판 WEB 설치

2차시공부의 파형강판 WEB 설치

주탑의 케이블 정착부(STEEL CAGE) 설치

하부도로의 동바리 설치 전경

주형의 1차시공 완료

2차 시공부의 상부바닥판 콘크리트 타설

케이블 가설

케이블 가설 완료

그림-1 위치도

그림-2 완성 예상도(1)

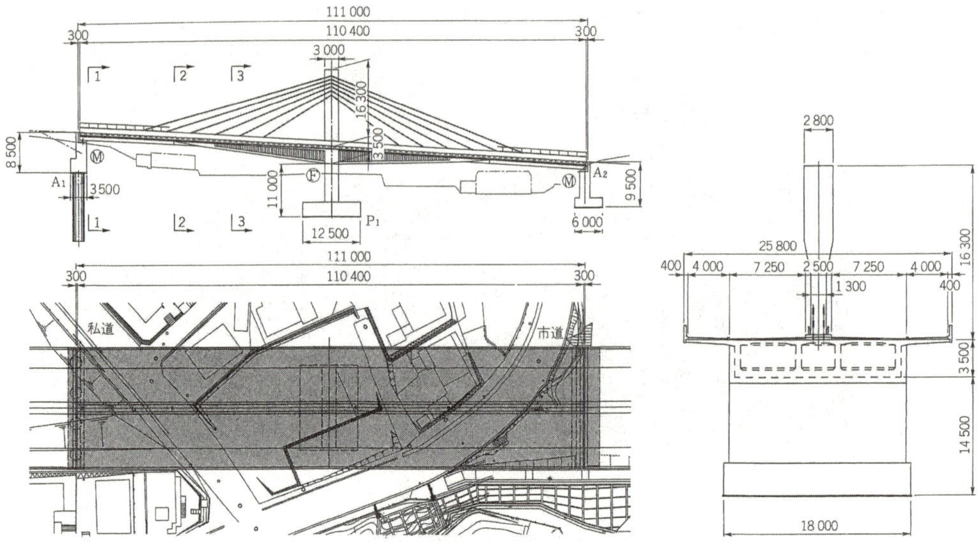

그림-3.1 일반도

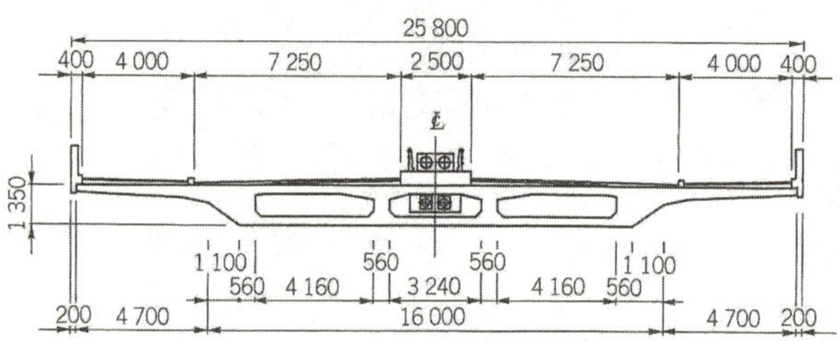

단부단면도 (1-1단면)

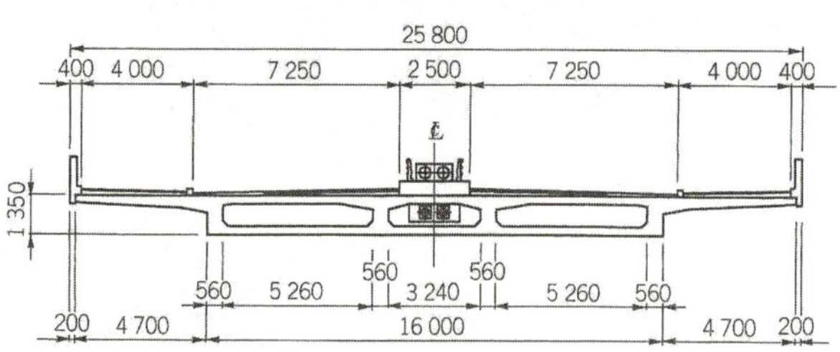

지간중앙부 (콘크리트웨브) (2-2단면)

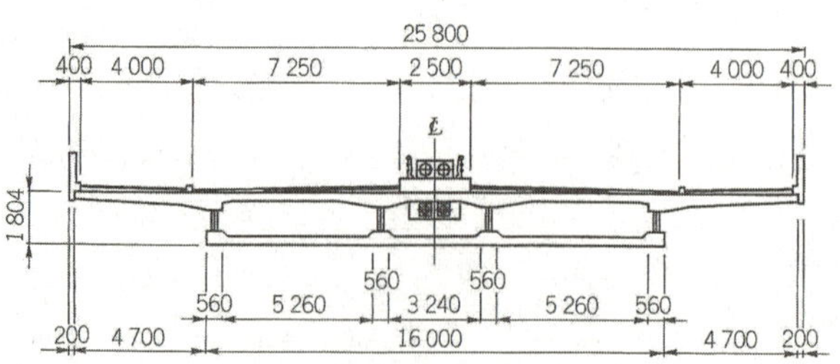

지간중앙부 (파형강판웨브) (3-3단면)

그림-3.2 주형 일반도

1. 교량의 개요

1-1 교량의 제원

설계속도 : V=60㎞/h	계획교통량 : 43,400대/일
평면선형 : R=3,000m~∞(직선)	종단, 횡단경사 : i=2.5~-6.0%, 2.0%양면
교량연장 : 2@55.5=111.0m	횡단구성 : 4.0+7.25+2.5+7.25+4.0=25.0m
상부구조 : PC 2경간연속 Extradosed교	하부구조 : 역T형교대, 벽식교각
가설공법 : FSM(고정식 동바리공법)	기초형식 : 깊은기초, 직접기초

1-2 사용 재료

주요 사용재료는 표-1과 같다.

▶ 표-1 사용 재료

		콘 크 리 트	철 근
상부공	주형	40N/㎟	SD295A
	주탑	40N/㎟	SD490
하부공	교대 · 교각	24N/㎟	SD345
기초공	깊은기초	24N/㎟	SD345
파 형 강 판			
3 Cell Box Girder	외측 Web	내후성강재	SMA570W
	중간 Web	보통강재	SM570
PC 강 재			
Internal Cable	주방향	12S12.7	SWPR7BL
	횡방향	12S15.2	SWPR7BL
External Cable(Part bonding)		19S15.2	SWPR7BL
Cable		27S15.2	SWPR7BN
바닥판 횡방향 긴장재		1S28.6	SWPR19L
가로보 횡방향 긴장재		1S28.6	SWPR19L
케이블 정착용 보강Cable		1S28.6	SWPR19L
연직긴장강재(NAPP공법)		SBPR930/1080	

2. 상부공의 설계

2-1 주방향 설계

2-1-1 주형의 설계

(1) 주형의 구조

본 교량은 왕복 4차로와 양측 보도로 구성된 광폭원교량이므로 주형단면 계획시 켄티레버 바닥판의 길이를 늘리고 Box Girder폭을 줄인 3Cell Box Girder 단면을 채택하여 주형자중의 경량화를 도모하였다.

Web의 간격은 상부바닥판 중앙부가 케이블 장력의 영향을 받으므로 중앙부 상부바닥판 지간장의 응력을 감안하여 중간Web 간격이 좁은 부등간격을 채택하였다.

형고는 지간중앙부를 구조검토하여 3.50m로 하고 측경간부는 하부도로의 건축한계를 감안하여 1.35m(1/40)로 하였다. 그리고 형고가 약 1.50~3.50m인 구간에 파형강판Web를 채택하여 주형자중의 경량화를 도모하였다.(그림-5)

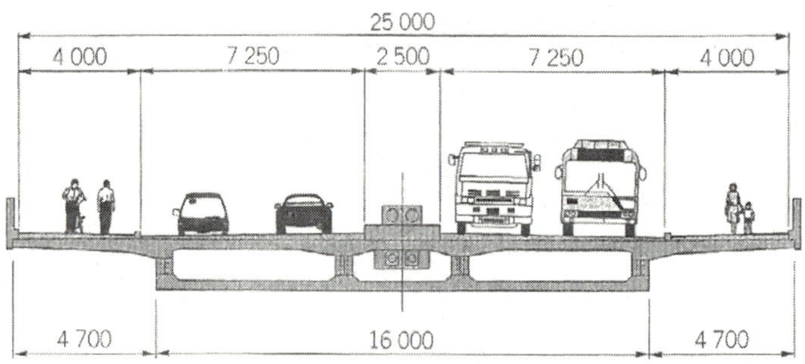

그림-4 주형 단면도

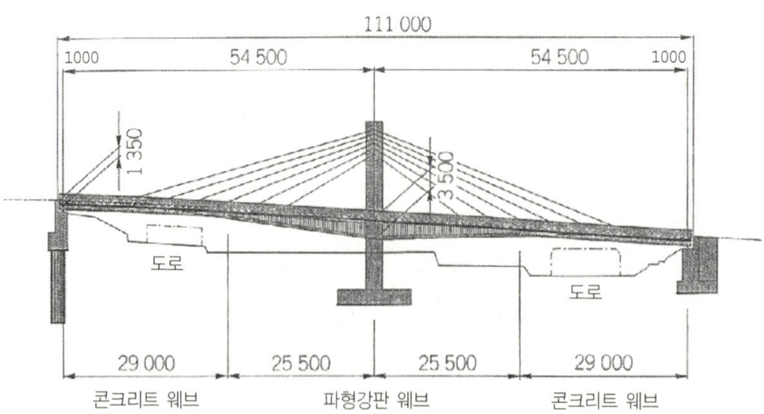

그림-5 주형 측면도

PC강재는 Internal Cable에 12S12.7, External Cable에 19S15.2를 사용하였으며 콘크리트 Web 구간의 External Cable은 편심량을 크게 확보할 목적으로 하부바닥판에 배치하는 Bond cable을 채택하였다.

(2) 파형강판구조

파형강판은 외측Web에 내후성강재, 중간Web에는 보통강재를 사용하고 외측Web 바깥쪽은 화성처리, 외측Web 안쪽과 중간Web 양쪽에 타르에폭시수지를 도포하여 녹을 방지하도록 하였다. 파형의 형상은 가장 시공사례가 많은 높이 0.22m, 길이 1.60m를 기본형상으로 하고 Pannel의 길이는 1.60m의 배수를 채택하였다.(그림-6)

파형강판과 상하바닥판의 접합은 광폭원이므로 접합부에 상당한 힘이 작용하기 때문에 플렌지 강성이 충분히 발휘될 수 있는 Angle Stud를 채택하는 것으로 하였고(그림-7) 파형강판간 접합은 경제성과 시공성, 시공실적을 고려하여 겹침이음의 연속필렛용접방식을 채택하였다.

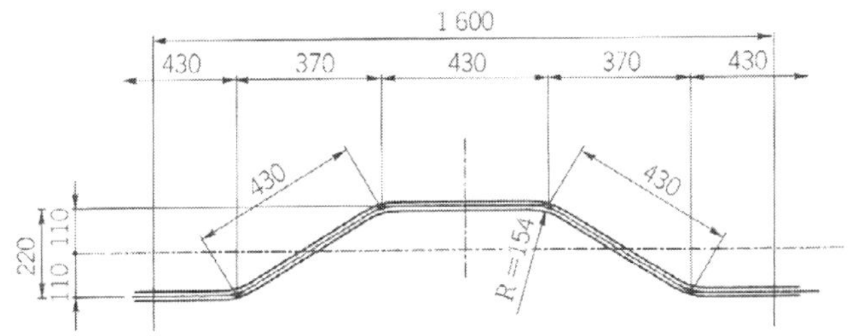

그림-6 파형강판의 기본형상

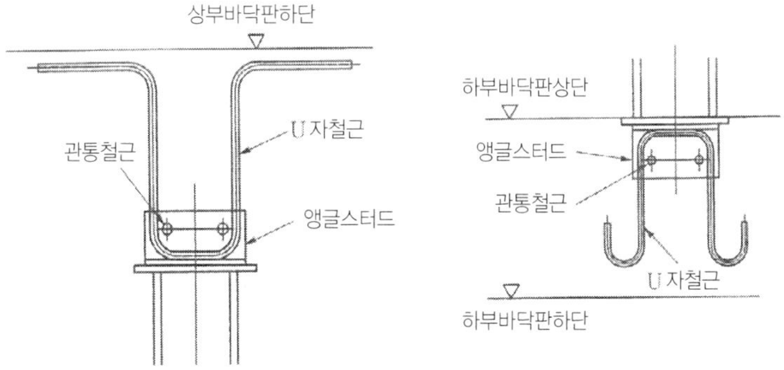

그림-7 ANGLE STUD 접합

(3) 구조 검토

주방향의 단면력은 평면골조해석으로 구하고 안전성을 검토하였다. 전단력에 대해서는 부등간격의 Web가 전체 전단력을 균등하게 부담할 수 있는지 여부에 대해 입체유한요소해석으로 각 Web의 분담율(표-2)을 구하고 전체 전단력에 이 분담율을 곱해 각 Web의 설계 전단력을 결정하였다.

▶ 표-2 각 Web의 전단력 분담율

	콘크리트 Web			파형강판 Web		
	지점부	1/4 지점	2/4 지점	2/4 지점	3/4 지점	주두부
외측 Web	0.771	0.500	0.525	0.500	0.500	0.724
중간 Web	0.500	0.608	0.502	0.539	0.553	0.500

주) 외측 Web 2개와 중간 Web 2개의 분담비율로 각 Web의 최대값을 나타냄.

그리고 분담율은 각 Web의 최대값을 채택하고 최소값은 0.5로 하였다.

콘크리트 Web의 경사진 외측Web에 대해서는 전단력의 분포상태를 입체유한요소해석으로 검토한 결과, Web 안쪽에 비교적 큰 전단응력이 작용하므로 경사진 외측Web의 전단력에 대해서는 Web 안쪽의 사각단면 만을 유효단면으로 설계에 반영하였다.(그림-8, 9)

추가로 비틀림모멘트에 대해서는 상하행선 일체구조이며 1면매기구조로서 활하중의 편재하가 예상되므로 입체골조해석으로 편하중 편재하로 인한 비틀림모멘트를 구해, 각각의 Web가 부담하는 것으로 하였다.

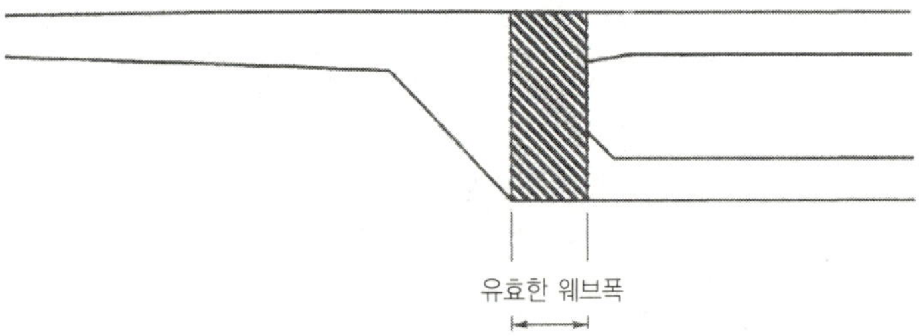

그림-8 유효단면

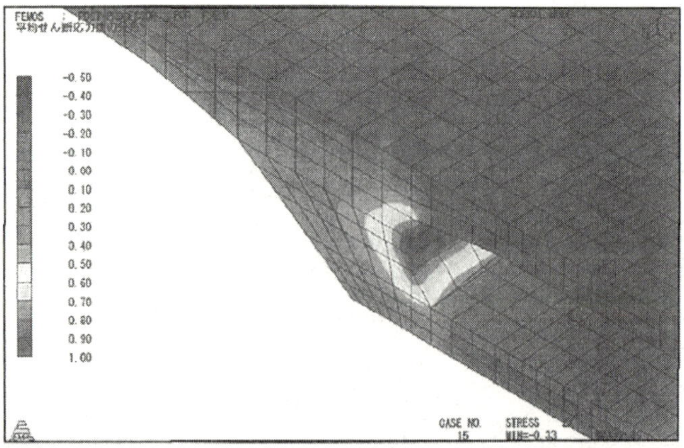

그림-9 전단응력의 분포상태

2-1-2 주탑의 설계

(1) 주탑 구조

주탑은 RC구조로서 중앙분리대의 공간을 이용한 1주형 주탑이며 높이는 종단경사에 의한 케이블 장력의 영향과 정착 등을 감안하여 16.3m(1/6.7)로 하였다. 주탑의 직각방향 폭은 주탑 두부를 정착구조체의 상세를 감안하여 2.80m, 基部는 동적해석 결과를 반영하여 1.30m로 결정하였다.(그림-10)

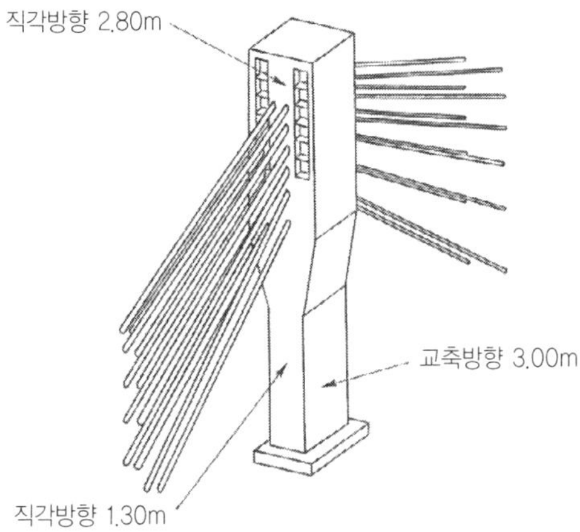

그림-10 주탑 형상

(2) 구조 검토

주탑 면내방향의 단면력 계산은 주방향과 같이 평면골조해석을 사용하여 각 부재의 안전성을

▶ 표-3 휨파괴에 대한 안전도

		주탑폭 변화점		주탑 基部	
		Mmax	Nmax	Mmax	Nmax
휨모멘트	kN · m	6,626	5,025	12,425	10,051
파괴저항휨	kN · m	68,413	69,849	69,436	70,771
안전도	–	10.325	13.899	5.588	7.042

▶ 표-4 축압축력에 대한 안전도

		주탑폭 변화점		주탑 基部	
		Mmax	Nmax	Mmax	Nmax
축력	kN	35,810	37,484	36,992	38,618
축압축력 上限	kN	114,879	114879	114,879	114,879
안전도	–	3.208	3.065	3.106	2.975

검토하였다. 그리고 주탑은 Extradosed교를 구성하는 부재 중에서 가장 중요한 부재이므로 종국하중시 휨파괴와 축압축력에 대한 안전도 검토(표-3, 4)와 케이블 장력으로 인해 큰 축압축력을 받게 되므로 탄성좌굴해석으로 좌굴(1차~10차)에 대한 안전도를 검토하였다.(그림-11)

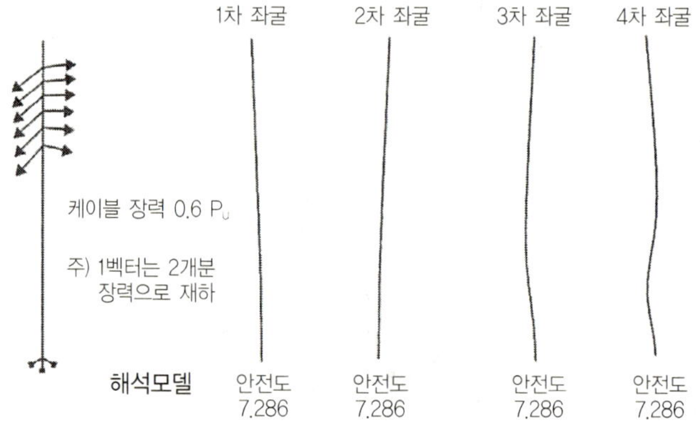

그림-11 좌굴에 대한 안전도

2-1-3 케이블의 설계

(1) 케이블의 구조

케이블에는 에폭시수지와 폴리에틸렌피복으로 2중방청 처리된 27S15.2를 사용하고 배치형식은 Fan type이다. 케이블은 형고 1.35m에서는 긴장이 곤란하므로 주탑을 긴장단, 주형을 고정단으로 하였으며 주탑에는 Steel Cell로 교차정착시키는 분리고정방식을 채택하였다.

주형의 상부바닥판에는 동바리설치 때문에 가설용 강재가 없으므로 중앙분리대($\sigma ck = 40N/㎟$)를 주형부재로 이용하고 케이블 정착부 보강용 케이블을 배치하였다.

(2) 구조 검토

L하중의 편재하로 인한 변동응력을 평면골조해석으로 구하여 사용한계상태를 검토하였으며(그림-12) 설계장력 작용시 케이블 응력의 제한값($0.6\sigma pu$)을 검토하였다.(그림-13)

2-2 횡방향 설계

2-2-1 바닥판 구조

상부 바닥판은 교축직각방향을 PC구조, 교축방향을 RC구조로 하고 하부바닥판은 RC구조로 설계하였다.

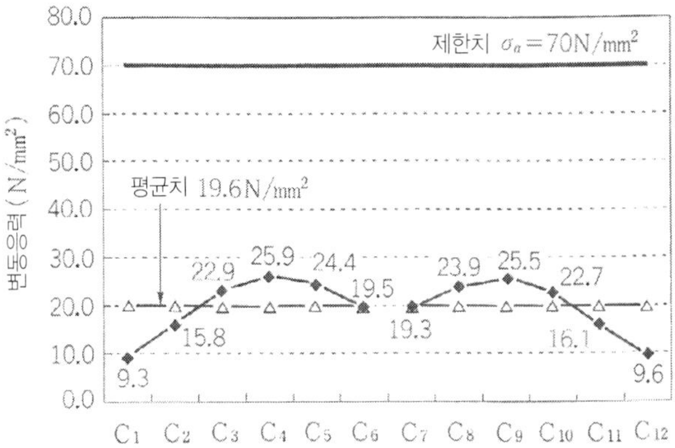

그림-12 변동 응력

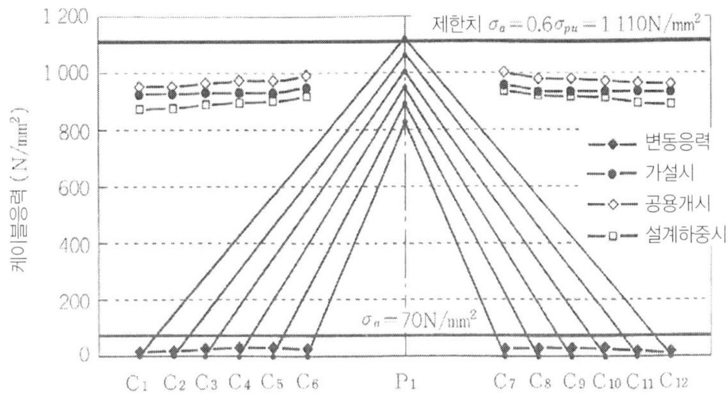

그림-13 케이블 응력

2-2-2 구조 검토

고정하중으로 인한 단면력은 3Cell Rigid Frame 구조를 해석모델로 하여 평면골조해석으로 구했으며 각 부재의 안전성을 검토하였다.

상부 바닥판의 활하중으로 인한 휨모멘트는 일본 도로교시방서를 따르고 그 외 파형강판Web 단면에는 파형강판의 횡방향 강성저하를 고려하여 단순판의 90%를 적용하였다.

하부 바닥판의 활하중에 의한 휨모멘트는 도로교시방서 식에서 산출한 단면력을 해석모델에 외력으로 작용시켜 구하였다.

3. 주탑의 내진설계

내진설계는 주탑과 교각을 비선형 Beam요소모델(강성저하형 Tree linear model)로 하고 상부공은 선형 Beam요소모델(항복강성)로 동적해석을 시행하여 내진성능을 검토하였다.

3-1 내진성능의 목표

주탑은 Extradosed교의 가장 중요한 부재로 주탑 基部가 소성화된 경우 동적특성을 현재 기술로는 충분히 파악할 수 없기 때문에 본 교량의 설계에서는 안전성의 관점에서 주탑기부를 소성화되지 않는 것으로 하였다.

따라서 내진성능의 목표를 '응답치가 초기항복 휨모멘트 및 초기항복 곡률이하, 전단 내하력이하' 로 하였다.

3-2 내진성능의 검토

교축직각방향 주탑의 기부폭은 중앙분리대에서 방호책을 설치하기 위한 공간 1.5m 이내로 한정되므로 그에 맞도록 내진성능을 검토하였다.

3-2-1 철근재질의 검토

주탑의 기부폭을 일정하게 하고 철근의 재질을 SD345에서 SD490으로 변경하는 것을 검토한 결과 재질향상으로 초기항복 휨모멘트는 커지고 응답치(ϕ)는 작아지므로 철근의 재질향상이 유효한 것으로 판단되었다.

그리고 철근의 재질이 SD345인 경우에는 응답치가 초기항복을 크게 상회하므로 철근재질을 SD490으로 설정하였다.

3-2-2 주탑 기부폭의 검토

철근재질은 SD490, 주탑의 기부폭은 1.30m, 1.40m 1.50m인 경우를 검토한 결과, 초기항복 휨모멘트는 주탑의 기부폭에 정비례하고 초기항복 곡률은 반비례하는 경향을 나타냈다. 한편 응답치(M, ϕ)는 기부폭에 정비례하는 경향을 보였다.(그림-14)

3-2-3 검토결과의 정리

이상의 검토결과를 정리하면 본 교량에는 철근의 재질향상으로 항복내하력을 높이면서 주탑기부의 변형성능까지 높인 점이 응답치를 줄여서 주탑기부가 소성화되지 않는 구조가 된다는 것을 확인하였다. 이상의 결과를 감안하여 목표하는 내진성능을 만족하는 철근재질은 SD490, 주탑 기부폭은 1.30m를 채택하였다.

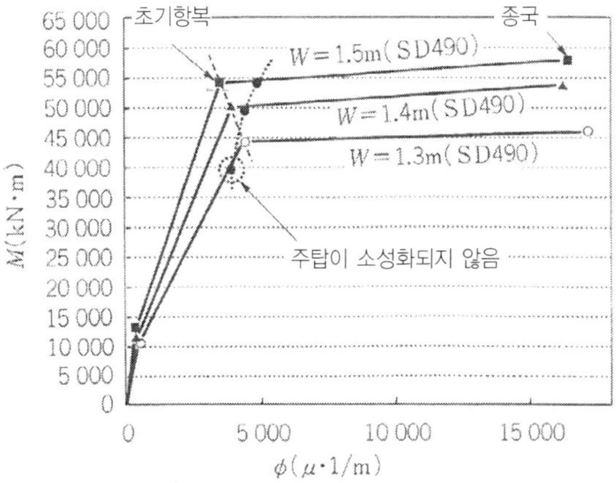

그림-14 주탑 基部의 M-ϕ 곡선도

4. 상부공 가설계획

4-1 주형의 가설계획

주형의 가설은 시공시 하부도로에 형하공간 등의 제약이 있으므로 고정식 동바리를 설치하였다. 그리고 주형을 일괄가설하면 설치된 동바리로 인해 자재반출입로와 제작장의 확보가 곤란하고 하부도로의 동바리 설치기간이 길어지므로 주형의 시공을 주탑 중앙부와 측경간부로 나누어서 두 번에 시공하였다.

1차시공은 중장비와 트럭의 최소배치 및 파형강판의 접합위치 때문에 주탑 중앙부 22.2m로 하여 자재반출입로와 제작장을 확보하였으며 하부도로의 동바리로 인한 압박감, 통행제한을 피하도록 하였다.(그림-15)

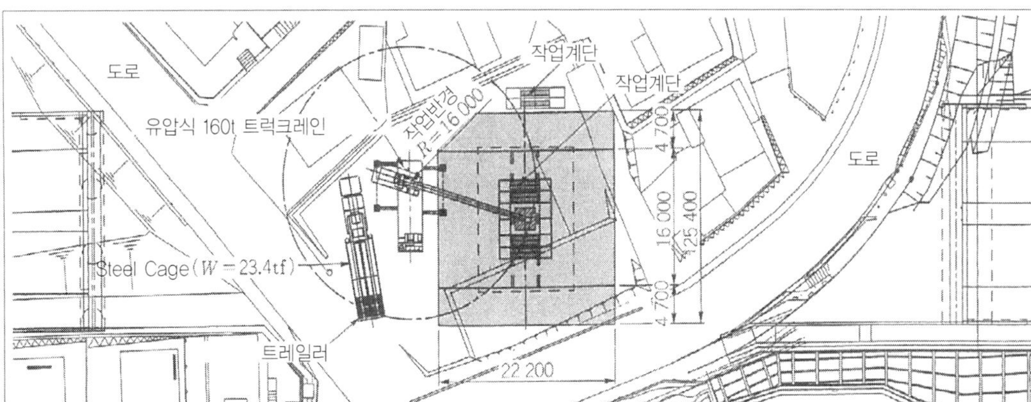

그림-15 1차 시공 Yard

4-2 형하공간의 검토

시공시 형하공간은 동바리를 최소의 높이로 처리하여 市道 3.80m, 기타 도로 2.5m로 하였다. 이에 따라서 기타 도로에는 소방차량의 통행이 불가능하게 되 우회로를 확보하도록 하였다.

5. 공사의 특징

공사의 특징은 다음과 같다.

① 주형단면에 파형강판 Web구조를 채택한 1면매기 Extradosed교이다.

② Extradosed교로서는 사례가 드문 Full Staging Method 공법을 채택하였다.

③ 하부도로의 형하공간으로 인한 형고제약으로 지간 중앙부 형고가 1.35m로 Box Girder 단면으로는 형고가 매우 낮다.

④ 주형의 케이블 정착부는 형고가 낮고 긴장작업이 곤란하므로 케이블의 정착은 주탑에 Cross 정착시키는 방식을 채택하였다.

⑤ 교통량이 많은 도로를 교차하고 시가지 공사이므로 주변환경, 공사로 인한 부가적인 재해에 대비해 면밀한 시공계획이 필요하다.

그림-16 교량 완성 예상도(2)

6. 시공

6-1 시공 개요

가설지점은 시가지 도로 및 주변주민의 통행이 많은 도로를 교차하고 있으며 주변은 주택이 밀집된 지역을 이루고 있다. 따라서 최소한의 공사용지만 확보할 수 있는 여건이므로 분할시공을 계획하였다. 그림-17은 시공순서도이다.

우선 주형의 1차 시공은 P1교각을 중심으로 22.2m 구간을 먼저 시공하고 주탑을 구축한 다음 도로교차부에 해당하는 구간의 2차시공, 케이블 가설 및 90% 장력 도입후 장력조정을 겸해 잔류응력을 도입하고 동바리 철거, 포장 등을 시공하였다.

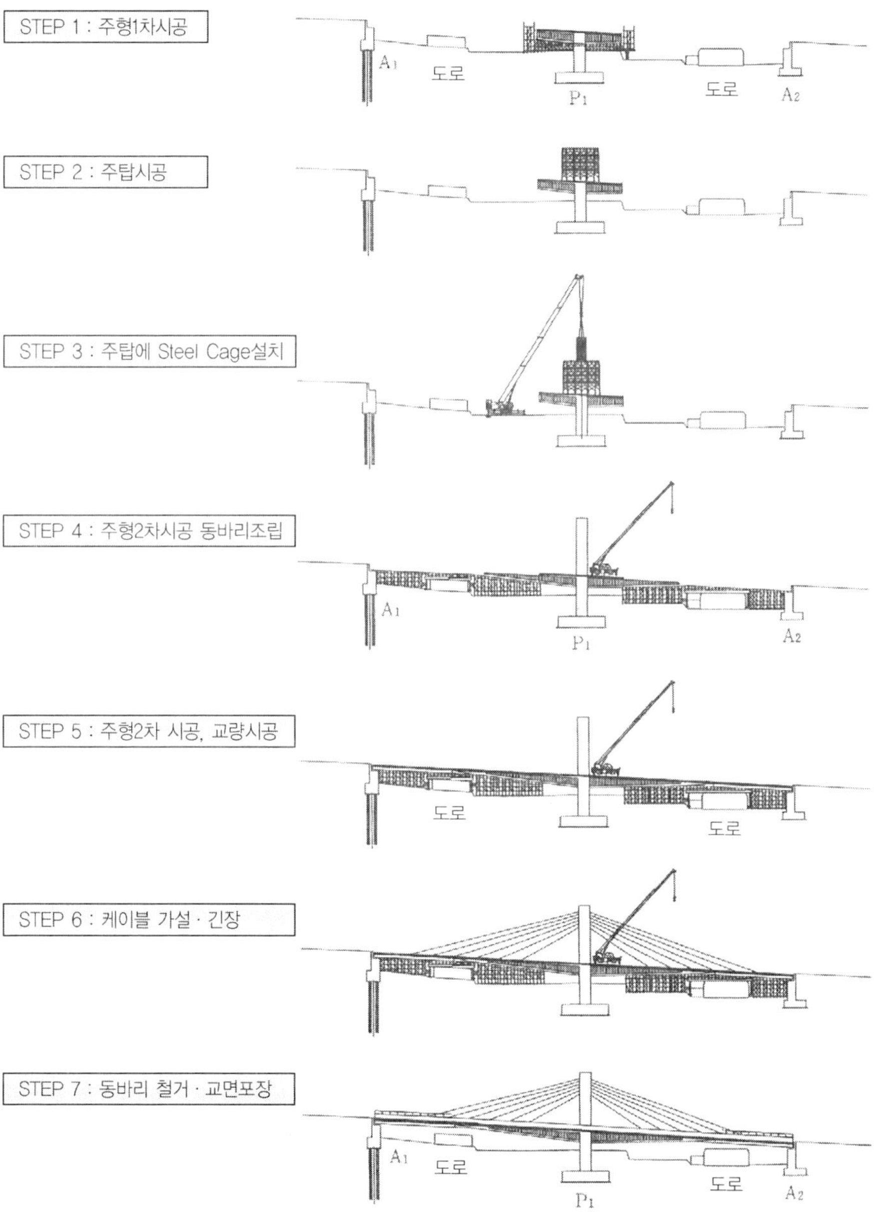

그림-17 시공 순서도

6-2 주형의 1차시공

주형의 1차시공에서 P_1교각을 중심으로 22.2m 구간을 먼저 시공하였으며 동바리형식은 지주식 동바리를 변용한 쐐기식 동바리를 사용하였다.

주변에는 주택이 밀집되어 충분한 작업공간의 확보가 곤란하므로 펌프카 배치공간이 좁아 하루 타설량에 제한이 있었다. 따라서 하부바닥판은 두 번, 가로보와 상부바닥판을 각 한번씩 총 네 번으로 나누어서 타설하였다.

그리고 가로보에 대해서는 폭 17.0m, 높이 3.5m의 Mass concrete이므로 발열량의 저감을 고려한 보통포틀랜드 시멘트를 사용하였다. 타설된 콘크리트의 온도상승을 제어할 목적으로 횡방향 긴장재의 Hole에 냉각수를 흘려보내는 방법을 채택하였다.

6-3 주탑의 시공

주탑의 높이는 16.3m이며 상부에 케이블의 정착체가 설치되는 Steel Cell을 배치한 합성구조를 채택하였다. 주탑내부에는 철골가설대를 설치하여 철근 및 거푸집의 시공 정밀도를 확보하면서 Steel Cell의 배치정밀도를 확보하기 위해 Anchor Frame을 제작하고 그 위에 Steel Cell을 배치하여 위치를 결정하였으며 그림-18은 주탑 상부의 구조를 나타낸 것이다.

주탑은 基部의 콘크리트를 약 3m씩 3Lift로 나누어서 타설하였다. 이 부분에는 균열방지를 위해 Seperater를 사용하지 않고 Wide pannel beam을 거푸집에 고정시켰으며 가로보와 같이 발열량의 저감을 위해 보통 포틀랜드 시멘트를 사용하였다. 온도균열의 발생을 억제하기 위해 각

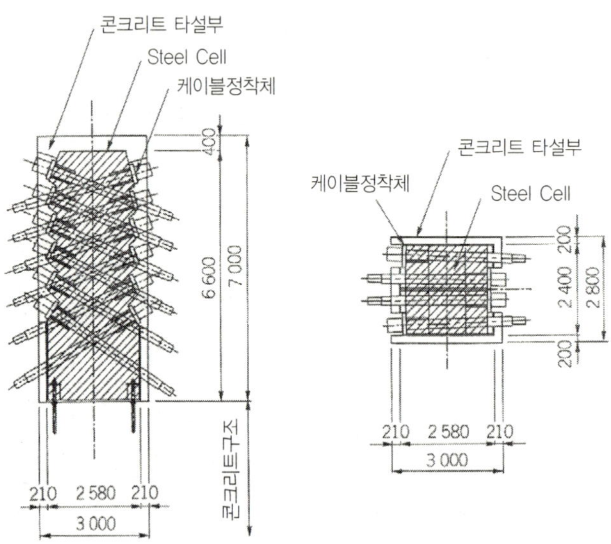

그림-18 주탑 상부 구조 일반도

Lot 타설후 거푸집을 3 Lift 완료시까지 존치시켰다.

상부의 Steel Cell은 공장에서 좌우로 2등분하여 제작 · 운반하고 200t 크레인으로 가설한 다음, 현장에서 고장력볼트로 Steel Cell을 고정시켰으며 사진-1은 설치상황을 촬영한 것이다.

Steel Cell의 접합후 케이블의 정착체를 삽입시키고 Steel Cell 내부에 충진콘크리트를 타설하였다. 충진콘크리트는 복잡한 Steel Cell 내부에 확실하게 콘크리트가 채워지도록 고유동 콘크리트를 사용하였다.

사진-1 주탑 STEEL CELL 설치

6-4 주형의 2차시공

주형의 2차시공 부분은 시가지도로 및 주변도로를 횡단하기 위해 H형강을 도로 위에 설치하고 그 위에 동바리를 설치하였으며 H형강의 설치는 야간을 이용하였다.

교차도로에서 H형강의 형하공간은 발주당시, 시가지도로가 3.8m, 주변도로가 2.5m였으나 발주자와 협의하여 도로교통량 및 공사용 차량의 진입을 감안, 각각 4.5m, 3.8m를 확보하였다.

사진-2는 H형강의 설치가 완료된 상황이다.

작업장의 면적에 따른 제약으로 인해 주형의 1차시공부 주변에 크레인을 설치할 수 없으므로 1차시공 완료후 교면 위에 25t 크레인을 작업용으로 설치하여 2차시공시에도 사용하였다.

본 교량의 양단부는 형고가 1.35m로 매우 낮게 되어 있으므로 Box Girder 내부의 동바리는 시공성을 감안하여 발포스티로폼으로 만든 매설형을 채택하였다. 매설형 거푸집은 시공시 내부에 들어가 작업할 필요가 없는 콘크리트Web 구간의 바깥쪽(긴장 및 고정작업이 없음)에 사용하였으며 발포스티로폼의 윗면은 고인성 시멘트보드를 부착하여 철근 등의 하중을 충분히 견디도록 하였다.(그림-19)

콘크리트의 타설은 시공상의 제약조건 때문에 하루 타설량이 제한되므로 A_1, A_2를 각각 하부바닥판 2회, 가로보와 상부바닥판은 1회씩 총 네 번으로 나누어 타설하는 것으로 하였다.

사진-2 공중에서 본 H형강 설치전경

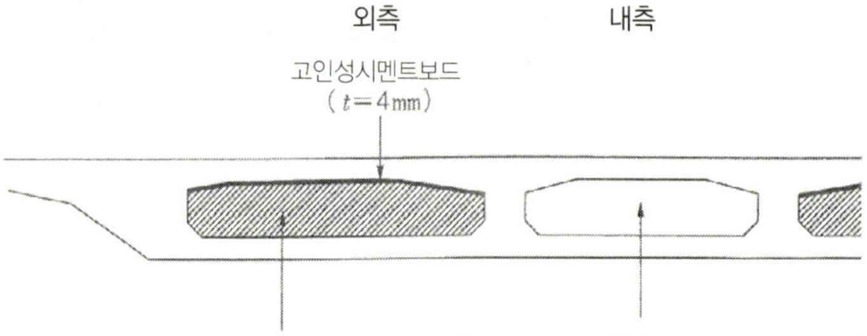

그림-19 매설형 거푸집의 설치도

6-5 파형강판의 가설

파형강판의 가설은 주형의 1차 시공부에 대해서는 P_1 교각부 근처에 설치된 160ton 크레인을 사용하였으며 2차 시공부에 대해서는 교면 위에 설치된 25ton 크레인을 사용하였다.

가설된 파형강판은 동바리 위에 설치된 H형강에서 강봉을 사용하여 밑으로 내려 고정시켰으며 임시고정시킨 사진이 사진-3이다. 파형강판은 길이 9.6m, 및 4.8m를 조합하여 3Block으로 분할, 현장으로 운반하고 현장필렛용접하고 파형강판과 상하 바닥판의 연결은 Angle stud를 사용하였다.

사진-3 파형강판의 임시고정

6-6 케이블의 시공

케이블은 그림-20과 같이 Semi Presfabrication type의 멀티 에폭시 케이블을 사용하였다. 이 케이블은 에폭시수지피복 PC강연선을 사용하고 바깥쪽에 고밀도 폴리에틸렌을 연속압출 성형시킨 Non grout type의 케이블로 특징은 다음과 같다.

① 에폭시수지피복, 폴리에틸렌피복의 이중방청으로 보다 우수한 내구성을 갖는다.

② 공장제작 케이블이므로 일괄가설로 공기단축, 현장제작의 생력화가 가능하다.

③ 정착체까지 공장제작된 Full Presfabrication 케이블에 비해 길이관리가 용이하다.

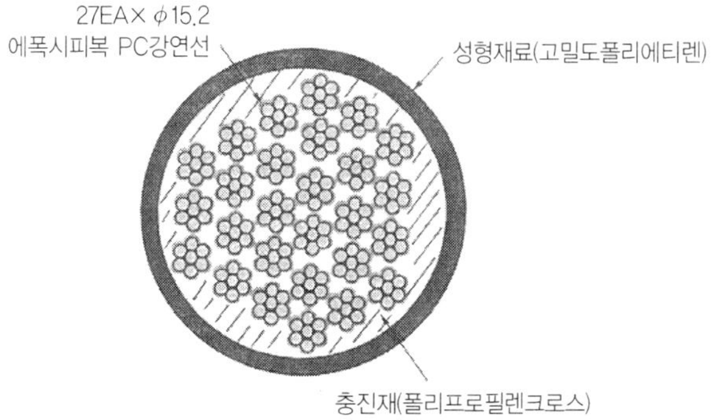

그림-20 멀티에폭시 케이블

그리고 본 교량에 사용된 케이블 모두 주형쪽 정착위치에는 가로보가 설치된 정착돌기에 정착되는 구조로 되어있다.(사진-4)

케이블 정착체의 거치는 Transit으로 정착체 위치를 결정한 다음, 주탑쪽 정착체와 일직선이 되게 조정하면서 Level 및 경사계로 각도를 조정하였다. 케이블 정착부의 가로보 및 돌기는 하부 바닥판 콘크리트 타설후 시공함으로서 케이블 정착체의 고정이 확실하게 보장되었다.

사진-4 주형에 케이블 정착체 설치

6-7 케이블 장력 관리

본 교량은 Extradosed교로서 경우가 드문 FSM(Full Staging Method)공법으로 시공되었다. 케이블 장력도입시에는 동바리의 구속 유무에 따라서 처짐량이 영향을 받으므로 먼저 모든 케이블을 90%까지 긴장하고 동바리의 구속을 없앤 다음 잔류응력시의 장력을 조절한다. 그러므로 케이블 긴장시에는 동바리의 반력을 Load cell로 측정하고 케이블 긴장시에는 동바리의 구속유무를 확인하도록 하고 Load cell을 양쪽 또는 바깥Web 바로 밑에 배치하였다.

그림-21은 Load cell의 배치위치도이며 설치상황을 촬영한 것은 사진-5이다.

그리고 케이블 장력에 대해서는 고정단 정착체에 Load cell을 설치하고 2열 배치된 케이블의 편측 1열씩 총 12개소를 측정한다. 케이블 장력도입시 측정항목은 Pressure guage를 이용한 긴장펌프의 압력, 케이블 장력, 온도(주형, 주탑 및 케이블), 주탑응력, 주탑의 경사각, 동바리 반력 등이며 계측시스템을 이용, 일괄관리하도록 하였다.

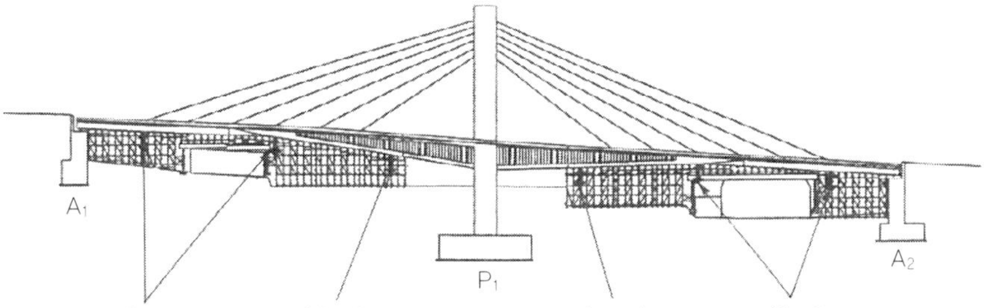

그림-21 지보공 반력계측 LOAD CELL의 설치위치

사진-5 지보공 반력계측 LOAD CELL의 설치

7. 시공시 설계내용 검토

시공에 앞서 변위(캠버량), 케이블 장력, 주형, 주탑에 대하여 검토한 결과는 다음과 같다.

7-1 검토 해석 단계

그림-22는 시공시 검토에 사용한 해석단계를 나타낸 것이며 그림과 같이 케이블의 번호는 A_1(왼쪽)부터 순서대로 제1~제12번 케이블로 호칭하였다.

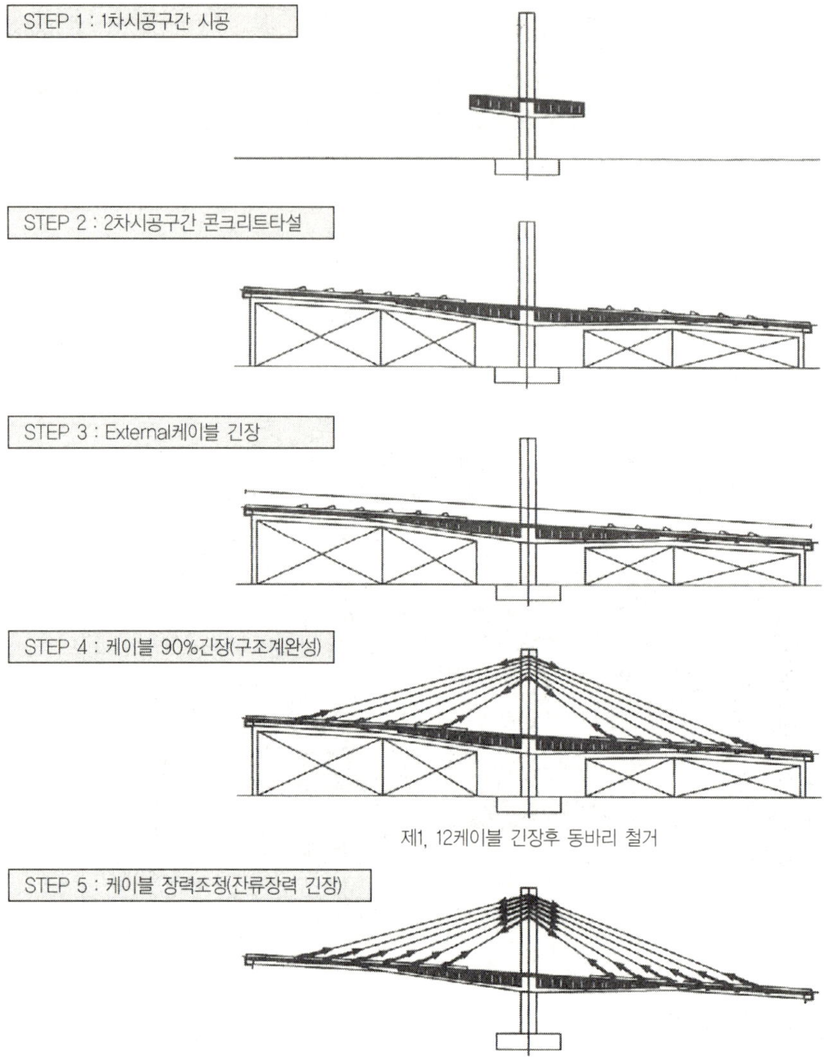

그림-22 시공시 검토단계의 개요

7-2 켐버량의 검토

지금까지 Extradosed교의 대부분 시공법은 켄티레버식 가설이었으나 본 교량과 같은 FSM은 매우 드물다. 그리고 동바리 설치후 주형의 켐버량 보정은 불가능하여 형상관리가 매우 중요하다. 그래서 켐버량 산출은 동바리의 유무를 정밀하게 표현할 필요가 있는 것으로 판단하여 그림-23과 같이 동바리를 탄성부재로 사용하는 평면골재모델로 산출하였다.

동바리를 표현한 탄성요소는 자중, 프리스트레스 및 케이블 장력으로 인한 동바리와 주형의 접촉 유무를 반영할 수 있도록 압축에 대해서는 Spring Element, 인장에 대해서는 구속이 없는

Gap Spring Element로 처리하였다. Gap Spring Element의 Spring값은 동바리와 지반의 변위를 고려하여 설정하는 것으로 하였다. 또한 Web에 파형강판을 사용하였으므로 전단변형의 영향도 고려하도록 하였다.

그림-24는 동바리의 영향을 반영한 모델로 산출된 캠버량과 동바리의 영향을 반영하지 않고 산출된 캠버량을 비교 · 분석한 것이다.

동바리의 영향을 반영하는 경우가 반영하지 않는 경우에 비해 약 50%가 되 동바리의 영향이 큰 것을 알 수 있다. 이것은 동바리를 모델에 반영하지 않는 경우, External 케이블 및 케이블 긴장력에 의한 아랫방향으로 발생되는 변형이 구속되지 않음에 비해 동바리를 모델에 반영하는 경우에는 변형을 구속함으로서 윗방향의 탄성변형량이 작아지므로 캠버량이 감소하게 되는 것이다.

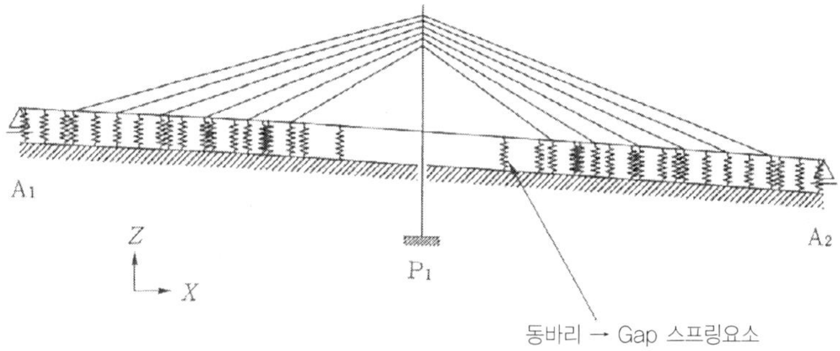

그림-23 해석 모델

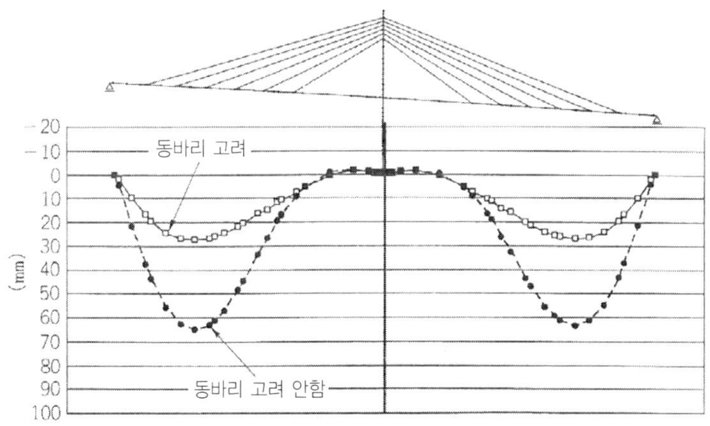

그림-24 캠버량

7-3 케이블 장력의 도입

FSM으로 시공되며 주형내부 케이블을 긴장하는 시점에서 주형은 자립하는 상태가 아니고 동바리에 하중이 작용하는 상태로 되어 있다. 따라서 그 상태에서 케이블에 장력을 도입하는 경우,

동바리의 영향으로 인해 각 케이블에 작용되는 장력의 균형은 설계에서 케이블 장력시 가정한 동바리가 없는 상태와는 달라지게 된다. 그래서 케이블의 장력 도입은 1차장력 도입시와 2차장력 도입시로 나누어서 도입하는 것으로 하였다. 1차장력의 설정치는 동바리 위에 주형이 자립하기까지 긴장력으로 케이블 설계장력의 90%로 하였다. 그림-25는 케이블 1차장력 도입시 Gap Spring Element에 작용되는 압축력을 나타낸 것으로 제1, 제12 케이블 긴장시 압축력은 작용하지 않아 자립된 상태라는 것을 알 수 있다.

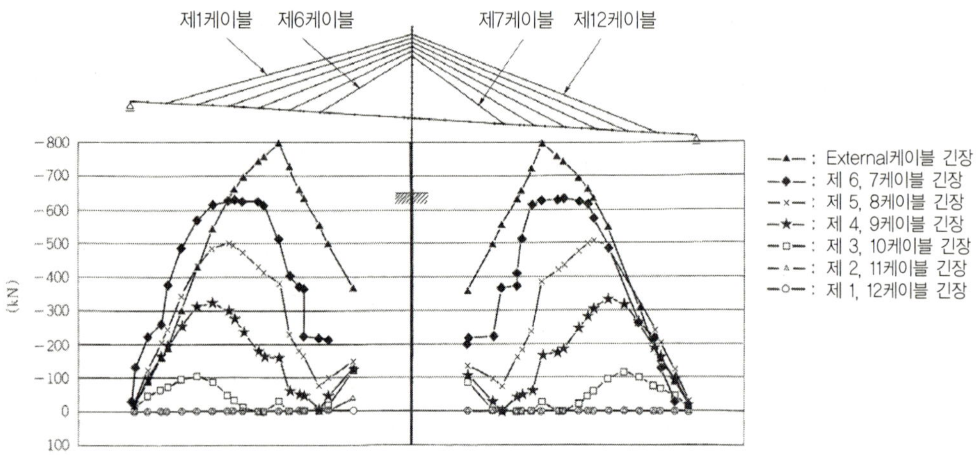

그림-25 GAP SPRING ELEMENT에 작용하는 압축력

실제 시공시에는 6-7에서 언급한 바와 같이 동바리 위에 Load cell을 배치하여 주형의 장력을 관리하는 것으로 하였다.

케이블의 2차장력 도입은 1차장력 도입후, 동바리를 철거하여 구속이 없는 상태에서 설계값을 나타내도록 도입하는 것으로 하였다. 더욱이 그 때의 긴장력은 케이블의 온도, 주형의 온도, 바닥판 온도차 및 주탑의 온도차 영향도 고려하여 보정하는 것으로 하였다.

7-4 주탑 Unbalance Moment에 따른 케이블의 응력 검토

종단경사가 6%로 다소 커 케이블의 배치 각도가 각각 다르게 되어 있으므로 동일한 장력을 케이블에 도입할 경우, 주탑에는 Unbalance Moment가 작용하게 된다. 그리고 주탑에는 케이블 장력으로 인해 상당한 축압축력을 받으므로 좌굴에 대해서도 충분한 안전성을 확보할 필요가 있다. 따라서 고정하중 상태에서 주탑에 상당한 Unbalance Moment가 작용하고 그로 인하여 탄성 및 크리프변형이 발생하는 상태가 되는 것은 좌굴에 대한 안정성 확보에 바람직스럽지 않게 된다. 그러므로 주탑에 대해 좌우 케이블의 장력균형을 조정함으로서 Unbalance Moment가 작용하지 않도록 조치하였다.

Unbalance Moment에 대한 대처법으로는 케이블을 긴장할 때 응력을 반드시 확인할 필요가 있다. 그러므로 케이블의 장력을 증가시키는 비율은 주탑의 Unbalance Moment와 케이블 응력 모두를 감안하여 결정하였으며 그림-26은 케이블의 응력그래프를 나타낸 것이다.

검토 결과, 케이블의 강재응력은 허용응력 $0.6f_{pu}$=1,110N/㎟ 및 활하중으로 인한 변동응력의 허용치인 $\Delta\sigma L$=70N/㎟을 각각 만족하고 있음을 확인하였다.

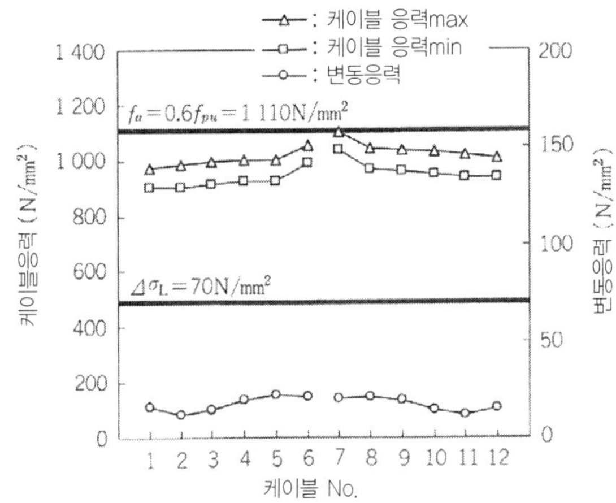

그림-26 케이블의 응력

7-5 단면에 인접하는 케이블의 장력조정

본 공사의 특징은 이미 언급한 바와 같이 케이블을 1면매기 2열 교차배치하는 것으로 케이블의 긴장은 시공시 주탑에 작용하는 Unbalance Moment를 발생시키지 않도록 제5, 제6 케이블부터 제1, 제12 케이블까지 순차적으로 2개를 동시에 긴장하는 것으로 하였다. 그러나 주탑부의 케이블 정착위치(그림-27)는 그림과 같이 A_1방향 케이블의 정착간격이 450㎜로 좁기 때문에 긴장용 Jack 4대를 동시에 긴장하는 것은 곤란하다. 그래서 케이블의 긴장은 Jack 2대를 사용하고 각 부재에 나란한 좌우 한쪽씩 장력을 도입하는 것으로 하였다.

이와 같은 경우, 먼저 긴장시킨 케이블의 장력은 나중에 장력을 도입한 케이블의 탄성변형의 영향으로 장력이 감소하게 된다. 따라서 먼저 장력이 도입된 케이블이 소정의 장력을 유지하도록 케이블의 탄성변형으로 인한 손실량을 감안한 장력을 추가하여 도입하는 것으로 하였고 이 손실량에 해당하는 장력은 평면골조해석으로 단위장력에 따른 영향치해석으로 산출하였다.

평면골조해석 모델의 경계조건은 7-2의 해석모델과 같은 조건을 사용하였으며 그림-28은 산출에 사용된 모델의 개요를 나타낸 것이다.

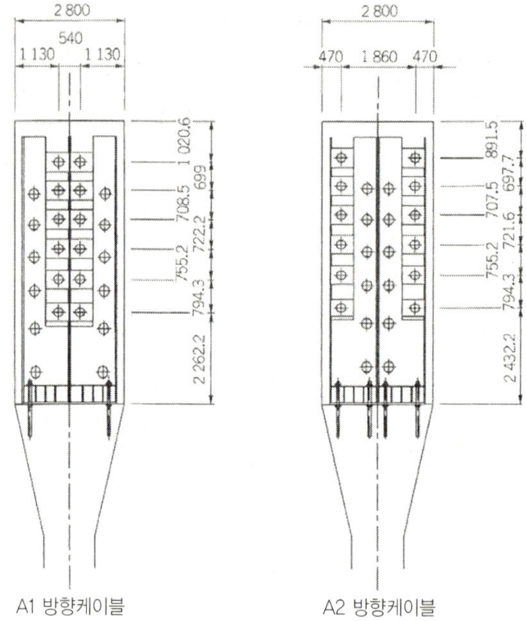

그림-27 주탑부 케이블의 정착위치

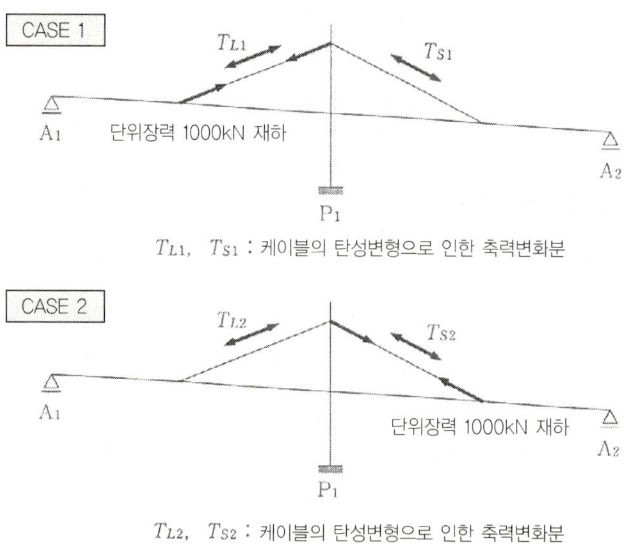

그림-28 장력으로 인한 탄성변형 손실량의 산출개요

A_1방향 케이블의 탄성변형 손실량을 ΔT_L, A_2방향 케이블의 탄성변형 손실량을 ΔT_S라고 하면 손실 장력은 다음 식 (1), (2)로 구할 수 있다.

$$\Delta T_L = -\frac{1}{2} \cdot \left(\frac{T_L}{1,000} \cdot T_{L1} + \frac{T_S}{1,000} \cdot T_{L2}\right) \quad \cdots\cdots (1)$$

$$\Delta T_S = -\frac{1}{2} \cdot (\frac{T_L}{1,000} \cdot T_{S1} + \frac{T_S}{1,000} \cdot T_{S2}) \quad \cdots\cdots (2)$$

여기에서 T_L : A_1방향 케이블의 도입장력, T_S : A_2방향 케이블의 도입장력

나란한 케이블에 앞서 장력을 도입하는 케이블의 손실량을 감안한 도입량은 다음 식 (3), (4)로 산출한다.

$$T_L' = T_L + \Delta T_L \quad \cdots\cdots (3)$$

$$T_L' = T_L + \Delta T_L \quad \cdots\cdots (4)$$

여기서 T_L' : 먼저 긴장하는 케이블의 도입장력(A_1방향 케이블)

T_S' : 먼저 긴장하는 케이블의 도입장력(A_2방향 케이블)

【参考文獻】

(1) (社)プレストレストコンクリート技術協會：PC斜張橋・エクストラドーズド橋設計施工基準(案)(2000. 11)

(2) 波形ウェブ合成構造研究會：波形鋼板ウェブPC橋計劃マニュアル(案)(1998. 12)

(3) (財)高速道路技術研究センター：波形鋼板ウェブPC橋設計・施工マニュアル(案)(2001. 6)

(4) (財)高速道路技術研究センター：外ケーブルを用いたPC橋梁の設計マニュアル(1996. 8)

(5) 矢野, 佐々木, 青野, 有馬：荒巻本澤地區橋梁(上部工)の計劃・設計, 橋梁と基礎(2006. 3)

(6) 日本道路協會：道路橋示方書・同解説Ⅲコンクリート橋編, pp.294～300(2002)マ

3 PART 고속철도의 4경간연속 Extradosed교

Design and Construction of Extradosed Bridge at Shinkansen

고속철도의 4경간연속 Extradosed교

Design and Construction of Extradosed Bridge at Shinkansen

머리말

본 교량은 일본 아오모리(靑森)시에 위치하며 도호쿠신칸센(東北新幹線)이 국도를 Skew 45도로 횡단하는 일본에서 최대규모를 자랑하는 콘크리트철도교로서 고속열차가 고속주행하므로 변위의 제한이 매우 중요한 요소이다.

1. 구조 계획

본 교량의 제원은 다음과 같다.

교량형식 : 4경간연속 PC Extradosed교	경간구성 : 75.0+2@150.0+75.0=450.0m
궤도의 수 : 복선	하중 : P-17하중 및 N-16하중
주탑 형식 : 독립 2주탑 H=17.5m	주형 형식 : 2Cell Box Girder(H=3.8~8.0m)

본 교량의 경간구성은 다음 사항을 고려하여 결정하였다.

① 국도7호선과 교차부로서 시공시 특별한 보호공이 필요없도록 교각기초를 국도에 근접시키지 않을 것

② 오키다테가와의 취수원에 교각은 1기만 건설할 것.

검토 결과 최대경간장은 150m가 되었으며 경간 구성은 75.0+2@150.0+75.0=450.0m로 하였다. 그리고 교차조건을 고려한 시공성 측면에서 교면 위에서만 작업하는 켄티레버식 가설이 가능한 콘크리트교량으로 결정하였다.

콘크리트 신칸센 철도교량으로 경간장 150m는 일본에서도 최대규모에 해당하며 경간장 150m가 가능한 콘크리트교의 구조형식으로는 사장교, Extradosed교, 사판교, PC Box Girder

교를 들 수 있다. 그 중에서 사판교는 사판에서 궤도 위로 눈이 떨어지면 고속주행하는 고속철도에서는 위험하므로 제외하였다.

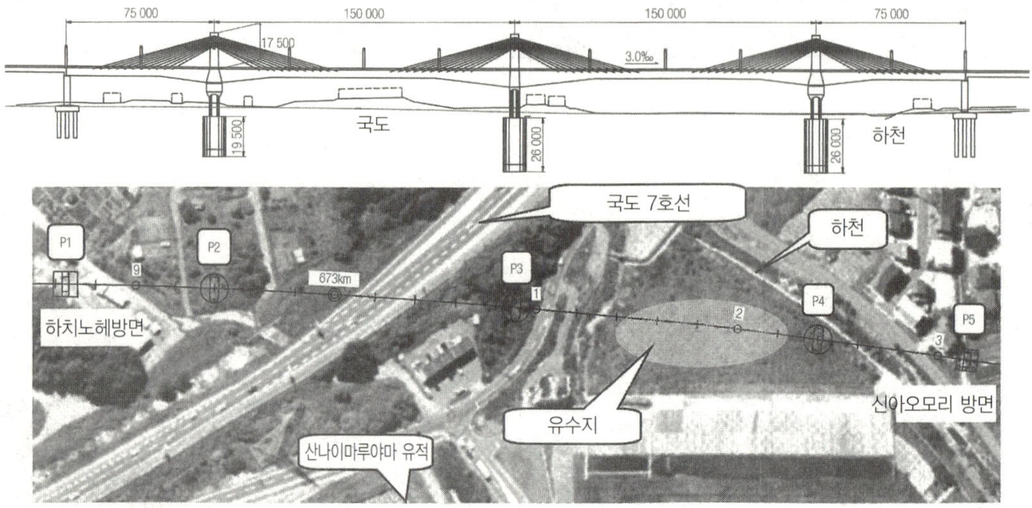

그림-1 위 치 도

본 교량은 주위 경관을 고려할 것, 특히 산나이 마루야마 유적에서 교량이 눈에 띄지 않도록 설계하는 것이 중요한 포인트였다. 이에 따라 과거 비슷한 형식의 사례를 검토한 결과 사장교를 채택하면 주탑높이가 40m에 이르러 유적에서 주탑이 잘 보이게 된다. 그리고 PC Box Girder교를 채택하면 형고가 11m에 이르고 3m 높이의 방음벽을 설치하게 되므로 근처가 매우 답답하게 느껴진다. Extradosed교를 적용한 경우 경관시뮬레이션 결과는 산나이 마루야마 유적에서 교량이 거의 보이지 않는 다는 것을 확인할 수 있어 Extradosed교를 적용하는 것으로 하였다. 전체적인 형상에서 주형, 주탑, 교각은 콘크리트 자체의 색감을 살리고 케이블은 콘크리트에 가까운 색으로 하는 것으로 결정하였다. 그리고 PC Extradosed교를 신칸센고속철도에 적용한 사례로는 호쿠리쿠(北陸)신칸센의 야시로(屋代)교가 있다.

주탑은 주형과 강결시킨 독립 2주식이며 그 이유는 눈이 많은 곳이므로 주탑의 가로보에 눈이 쌓였다가 궤도 위에 떨어져 고속주행하는 열차에 부딪히면 매우 위험하기 때문이다. 케이블은 Semi Harp type으로 양면매기방식이며 케이블 정착부는 Saddle 정착방식을 채택하였다.(그림-2)

본 교량의 주형단면 형상은 2 Cell Box Girder단면이며 해당구간의 일반적인 교량, 고가교의 폭원은 보수용통로 등을 감안하여 곡선부에서 11.84m로 결정되었다. 본 교량은 케이블(ϕ =200 ㎜) 및 주탑배치상 건축한계 밖에 여유 100㎜ 이상을 확보하여 케이블과 주탑 바깥쪽에 보수용통로를 두는 폭원구성을 검토하였다. 표준부 폭원은 13.85m로 하고 주탑부 폭원은 확폭하여 16.08m로 결정하였다.(그림-3)

적설대책으로는 해당지역의 10년간 확률적설량이 1.2m이내 구간은 열차로 인해 배제된 눈을 구조물 안에 적치하는 방식을 채택하지만 본 구간은 확률적설량이 1.2m를 초과하여 물을 뿌려서 제거하는 방식(散水消雪)을 적용하는 것으로 계획하였다.

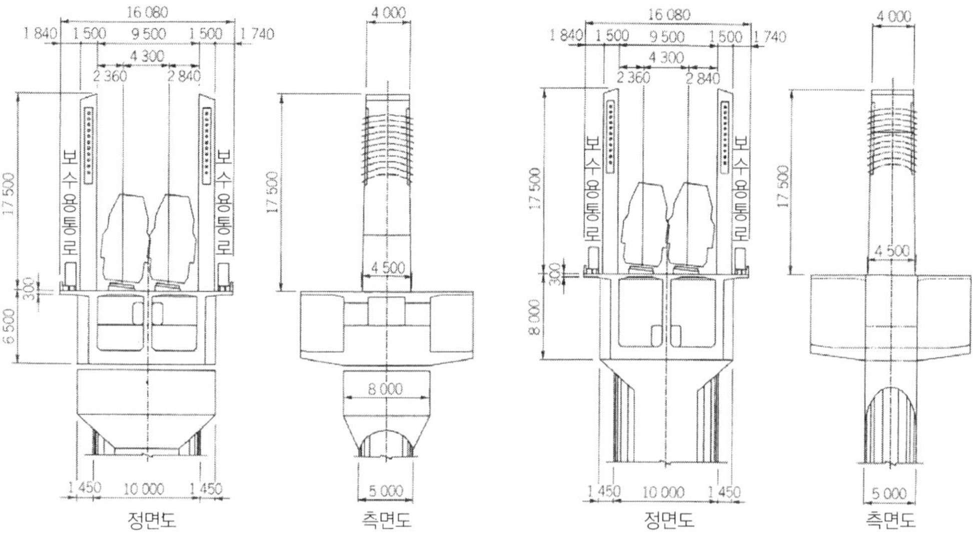

(a) P2, P4교각 (b) P3교각

그림-2 주탑 일반도

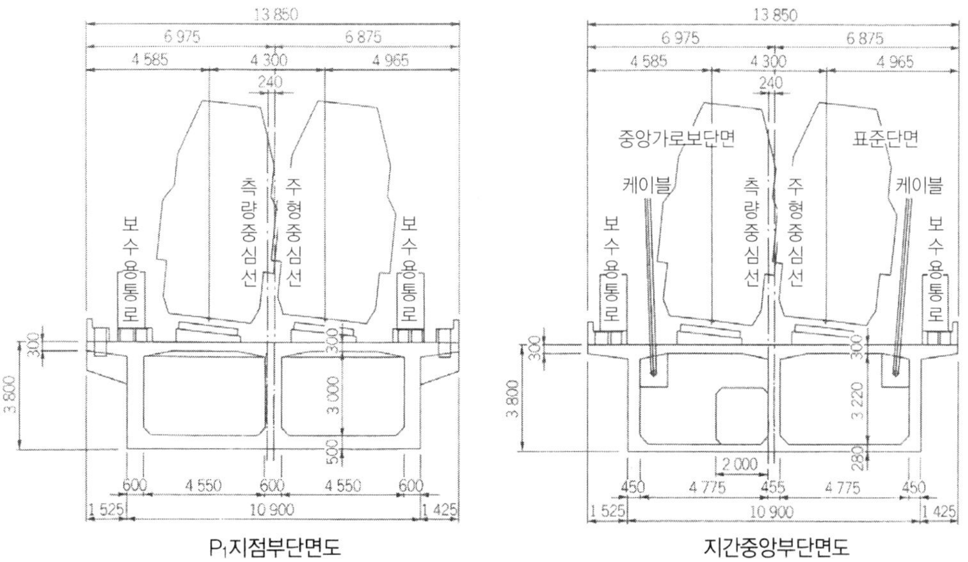

P₁지점부단면도 지간중앙부단면도

그림-3 주형 횡단면도

2. 변위제한에 대한 검토

2-1 변위제한의 개요

본 교량의 구조물은 콘크리트 철도교로 일본에서 최장지간이며 신칸센 열차가 고속주행하고 유지 · 보수에 인력과 장비를 최소화할 수 있는 Slab궤도로 계획하였기 때문에 장기적인 변형의 영향을 경감시켜 궤도관리가 쉬운 구조가 되도록 하였다. 그리고 열차의 주행안전성 및 승차감에 관련되는 변위를 '철도구조물 등 설계표준 · 동해설 콘크리트구조물'[1](이하 '콘크리트 표준')에 근거하여 검토하였다.

2-2 장기변형의 경감

크리프변형과 온도변화로 인한 구조물의 장기변형은 궤도의 평활성에 영향을 미친다. 본 교량의 경우에는 다경간 장대교이고 케이블이 있는 구조이므로 온도변화로 인한 구조물의 장기변형이 궤도의 평활성에 비치는 영향이 클 것으로 예상된다. 그리고 사용시 궤도정비에 따라서 구조물과 궤도 사이의 상대적인 변위관계는 변동이 발생하므로 구조물 변위량의 응답값으로부터 궤도 변형량의 응답값을 산정하여 궤도의 정비기준치를 한계값으로 검토하는 것은 곤란하다. 따라서 교각, 케이블의 형식선정시 온도변화로 인한 주형의 솟음 · 처짐이 적은 구조로 하여 궤도의 평활성에 미치는 영향을 최소화하였다.

교각은 중간교각을 모두 강결(Fix)로 하면 연간 온도변화로 인한 주형의 신축으로 교각에 휨이 발생하고 교각의 휨변형으로 인하여 주형에 솟음 · 처짐이 발생된다. 그러므로 P_2, P_4 교각은 Bearing을 두는 구조로 하였다.

- 케이블은 그라우팅을 하지만 보호관에서 케이블까지 피복을 크게 함으로서 케이블의 온도상승을 최소화한다. 그러므로 PC강연선 27S15.2를 채택하는 경우 보호관 직경은 통상 사용하는 ϕ140mm보다 큰 ϕ200mm를 사용하였다.(그림-4)
- 보호관의 색은 가능한한 흰색에 가까운 것으로 하여 케이블의 태양광 흡수를 줄인다.

추가로 케이블의 온도변화상황을 확인하기 위해 현장에서 Dummy 케이블의 온도를 측정하도록 계획하였다.

2-3 열차의 주행안전성 및 승차감 검토

열차의 주행안전성 및 승차감 검토는 열차 하중을 재하할 때 처짐의 최대값을 검토한다. 열차하중은 주행안전성 검토시 최대적재중량으로 복선하중을 재하시키고 승차감 검토시에는 정원승

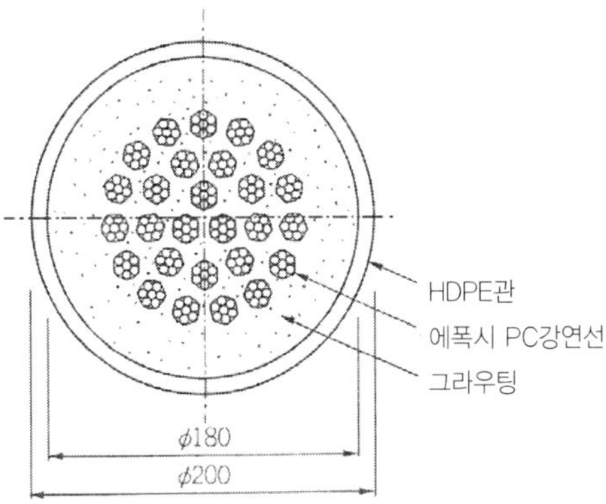

그림-4 케이블 단면도

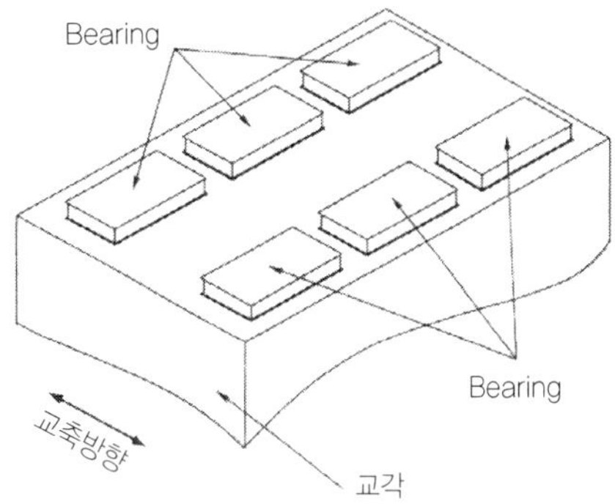

그림-5 Double Bearing 구조

차중량을 단선분량 만큼만 재하시킨다.

표-1은 처짐 검토시 결과를 정리한 것이며 Bearing구조를 채택한 연속보의 중간Bearing은 통상 고무Bearing을 1열로 배치한 구조를 설계에 적용하고 있다. 일반적인 Bearing구조로는 처짐이 커져 이에 따른 대책이 필요하다는 것을 확인하였으며 교축방향으로 Bearing을 2열배치하는 Double Bearing(그림-5)을 채택하여 형고를 늘리지 않고 효과적으로 처짐량을 줄였다.

▶ 표-1 처짐검토 결과

	Single Bearing	Single Bearing	
	안전성	안전성	승차감
응답치(㎜) : P17하중	116	96.6	43.1
한계치(㎜):	107	107	88.2
260km/h, 複數連	Lb/1,400		Lb/1,700
결과	1.1 OUT	0.90 OK	0.49 OK

* P_3-P_4 경간장 Lb=150m

3. 주형 설계

주형의 형고는 최소 3.8m, 강결인 교각부에서는 8.0m, Bearing구조인 중간교각부에서는 6.5m인 변단면이며 '콘크리트표준'에 따라서 안전성, 사용성, 보수성에 대해 검토하였다.

사용성 검토시 주형의 응력제한치는 다음 개념에 기초하여 설정하였다.

- 시공시 : 부재에 균열이 발생해서는 안됨.
- 영구하중 작용시 : 주형 연단에 응력이 발생하지 않음.
- 변동하중 작용시 : 설계휨균열강도 이하.

주방향의 PC강재(켄티레버강재 및 연결강재)는 12S15.2(SWPR7BL)를 사용하였고 횡방향에 대해서는 상부바닥판에 PC강연선 1S28.6mm(SWPR19L)를 사용하는 PC구조를 채택하였다. Web, 하부바닥판에 대해서는 철근콘크리트구조를 채택하였으며 주두부 가로보는 PC강연선 1S28.6mm(SWPR19L)를 사용하여 보강하고 End Cross Beam에 대해서는 철근콘크리트 구조를 적용하였다.

4. 주탑 설계

2개의 독립기둥으로 이루어진 주탑의 基部는 내진검토를 통해 교축방향 4.5m, 교축직각방향 1.5m로 결정하였고 주탑선단부 크기는 케이블의 최소곡률반경을 감안하여 교축방향을 4.0m로 결정하였다. 주탑의 높이는 산나이마루우치유적에서 눈에 띄지 않는 높이인 17.5m(교면에서 주탑정상까지 높이)로 결정하였다.(그림-2)

주탑은 케이블의 평면각도에 따라서 상시 시공기준면 안쪽방향으로 수평분력을 받으며 그로 인하여 크리프변형이 진행되면 건축한계에 근접하므로 그림-6과 같이 PC강봉을 배치하여 프리스트레스를 도입, 크리프변형에 대처하도록 조치하였다.

주탑 선단부는 적설과 고드름에 대한 대책으로 경사지게 처리하였으며 동절기에 현장실험을

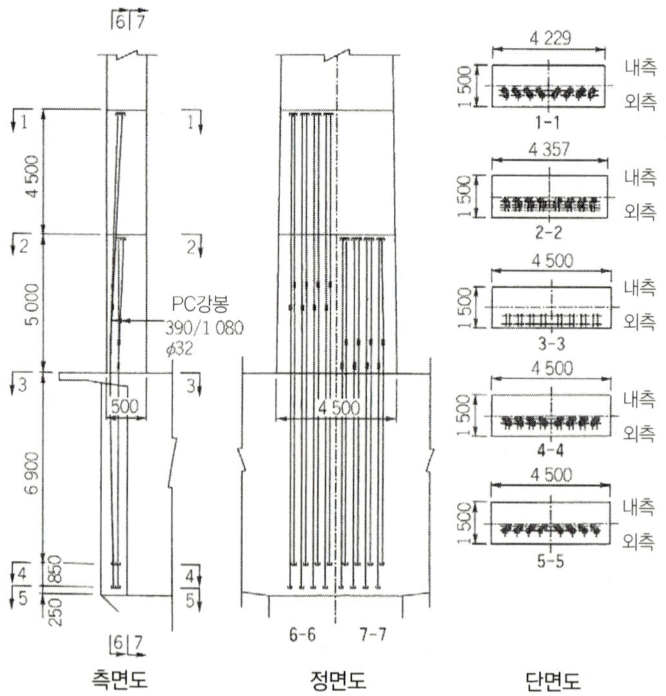

그림-6 P3 주탑의 강봉배치도

시행하여 적설과 물이 고이지 않는 경사각을 적용하였다.

5. 케이블 설계

5-1 케이블 설계의 개요

케이블의 구성은 에폭시피복 강연선 · 그라우트 · 폴리에틸렌 외부보호관으로 3중방청 처리하였다.(그림-4) 주탑쪽의 케이블 정착System은 경제적이고 실적이 풍부한 관통고정방식인 Saddle정착System을 채택하였으며 이것은 주탑을 중심으로 좌우 케이블의 장력차를 Saddle 자체에서 저항할 수 있는 구조로 되어 있다. 케이블응력의 제한치는 야시로橋의 사례를 참고하여 시공시 $0.7f_{pud}$, 변동하중 작용시 $0.4f_{pud}$(f_{pud}는 강재의 설계인장강도)로 하였다.

케이블의 피로파괴에 대한 안전성검토는 'PC사장교 · Extradosed교 설계시공규준(안)[2]' 에 따라서 피로하중 작용시 케이블의 변동응력과 설계내용년수인 100년동안의 피로하중으로 인한 반복회수로부터 200만회에 대한 케이블환산응력 진폭을 산출하고 2차휨을 고려하여 설계피로강도를 초과하지 않도록 하였다. 설계피로강도는 '콘크리트표준시방서[구조성능 검토편][3]의 식(해 3.3.1)에 따라서 설정하고 200만회에 대응하는 설계피로강도는 90N/㎟으로 결정하였으며 케이블 피로파괴에 대한 안전성검토 결과는 그림-7과 같다.

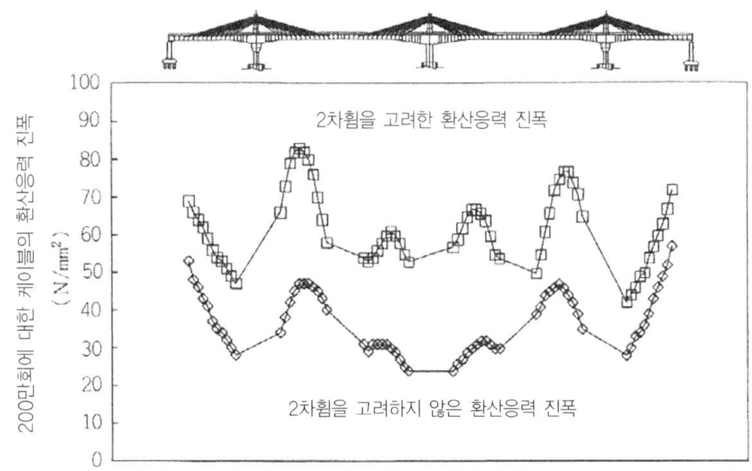

그림-7 케이블의 피로파괴 검토결과

5-2 Saddle의 Single Tube System 적용[3]

본 교량은 케이블의 응력을 낮게 제한하고 있으므로 케이블 교체를 고려하지 않는 것으로 하고 주탑을 관통하는 Saddle은 Single Tube System을 채택하였다. 이것은 강관에 Anchor Flange

를 부착함으로서 강관과 콘크리트의 부착저항력 및 Anchor Flange의 인발저항력으로 고정시키는 System이다.(그림-8)

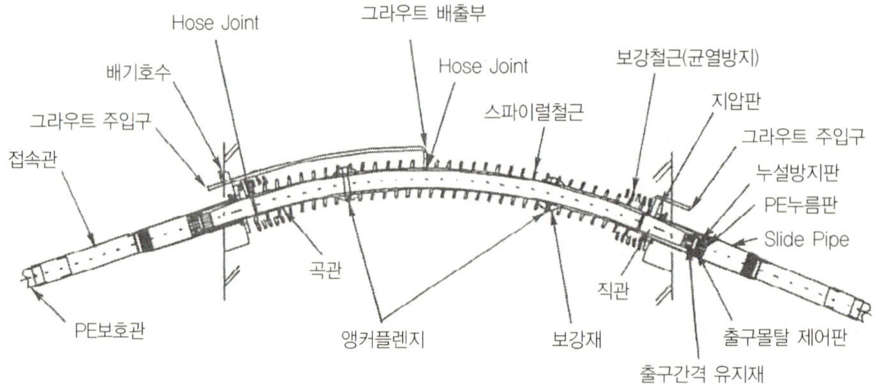

그림-8 Saddle의 Single Tube System

장력차를 고정시키는 Saddle의 Single Tube System에 대한 정착체의 안전성, Saddle 부품 및 콘크리트의 건전성을 확인하기 위해 사진-1과 같이 실물크기의 모형에 재하실험을 시행하였으며 변동하중 작용시, L2 지진에 상당하는 최대장력차를 작용시켰다. 정착구조체의 안전성에 대해서는 L2지진에 상당하는 장력차를 재하시킬 때 케이블의 뽑힘이 0.5mm 정도 발생하지만 반복으로 인한 잔류변위의 증가는 없음을 확인하였다. Saddle 부품 및 콘크리트의 건전성에 대해서는 Saddle의 Single Tube와 Anchor Flange의 발생응력이 강재의 항복강도 이하인 점과 콘크리트의 균열, 압축파괴, 박리 등의 손상이 없음을 확인하였다.

사진-1 Saddle의 Single Tube System

6. 하부공 설계

교각의 형상은 양끝 P_1, P_5교각은 교축방향 3.5m, 교축직각방향 7.0m의 벽식교각을 채택하였다. 중간교각으로 취수구역에 위치하는 P_4교각은 타원형을 적용해야하므로 P_2, P_3교각 모두 통일하여 타원형으로 하고 교축방향 5.0m, 교축직각방향 10.0m로 하였으며 P_2, P_4교각의 천단에는 Bearing Stopper를 배치하기 위해 교축방향 8.0m, 교축직각방향 12.9m를 적용하였다.

기초형식은 P_1, P_5교각을 현장타설RC Pile(올케이싱공법), P_2, P_3, P_4교각은 뉴메틱케이슨기초를 적용하였다. P_1, P_5교각의 말뚝직경, 말뚝수는 모두 ϕ1.8m-9EA, 길이는 각각 13.5m, 18.0m로 하였고 P_2, P_3, P_4교각은 교축방향 내진설계에서 교각이 기초보다 선행항복하는 조건으로 케이슨직경 및 길이를 결정하였다. 케이슨직경은 P_2, P_3, P_4교각 모두 ϕ11.5m, 길이는 각각 19.5m, 26.0m, 26.0m로 계획하였다.

7. Bearing System

본 교량에는 P_3교각만 강결구조를 채택하였고 P_1, P_2, P_4, P_5교각은 Stopper를 병용하는 Bearing System을 채택하고 있으며 그 이유는 신칸센철도의 궤도관리를 위한 것이다.

Bearing은 건조수축, 크리프, 온도변화로 인한 주형의 신축량이 크고 Rubber Bearing의 전단변형은 Gap up으로 해소하는 방안이 있으나 주형의 자중이 커 곤란하므로 전단변형 구속형 Sliding Rubber Bearing을 채택하는 것으로 하였다.(그림-9)

Stopper는 P_1, P_5교각에 교축방향 가동, 교축직각방향 고정인 강재Stopper를 사용하는 것으로 하고 P_2, P_4교각은 교축방향 가동, 교축직각방향은 고정인 Damper식 Stpper를 채택하였으며 지진시에는 고정이 되어 수평력을 분담할 수 있다.

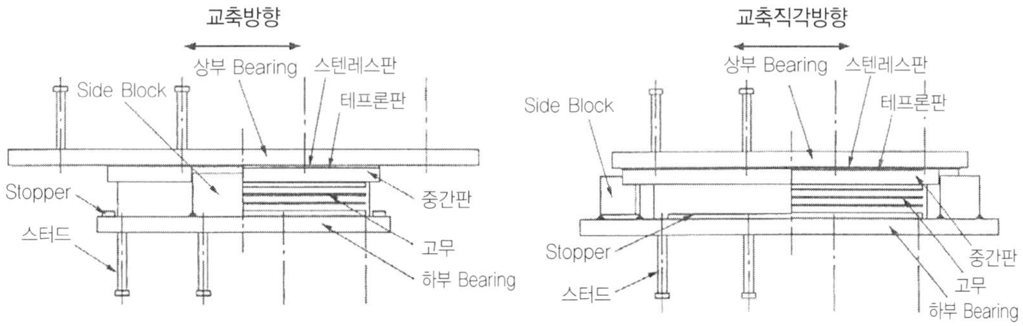

그림-9 Sliding Rubber Bearing 상세도

8. 시공계획

가설방식은 이동식 작업차를 이용하여 현장타설하는 방식으로 P_2, P_3, P_4교각에서 켄티레버식으로 시공하는 것으로 계획하였고 P_1, P_5교각의 측경간부는 동바리를 이용한 현장타설방식을 채택하였다.

켄티레버식 가설이 종료되면 P_1, P_5교각의 측경간부를 폐합시키며 P_3, P_4교각부를 연결시키고 마지막으로 P_2, P_3교각부 중앙경간을 연결하는 것으로 검토하였다.(그림-10, 표-2)

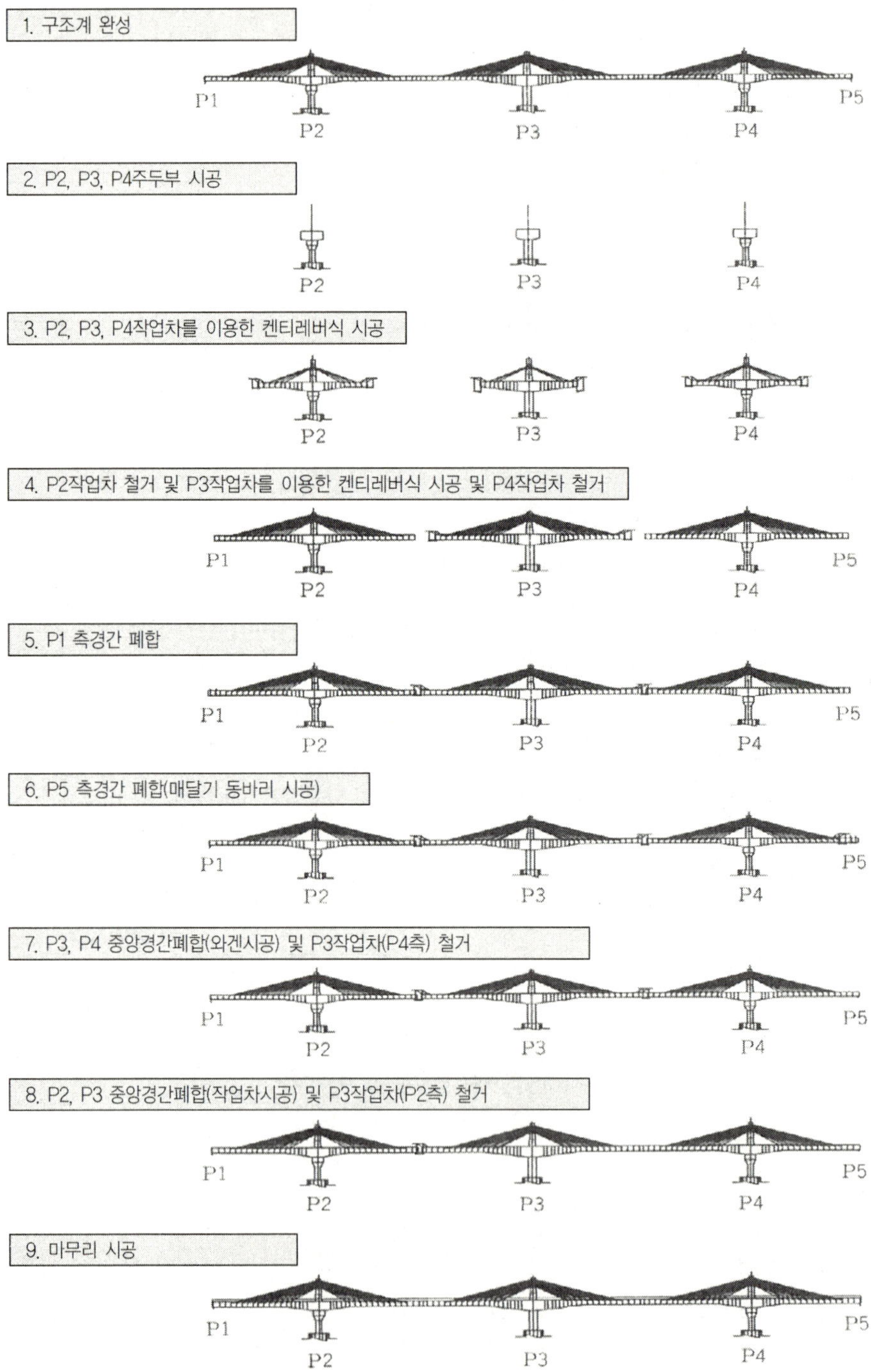

그림-10 시공 순서도

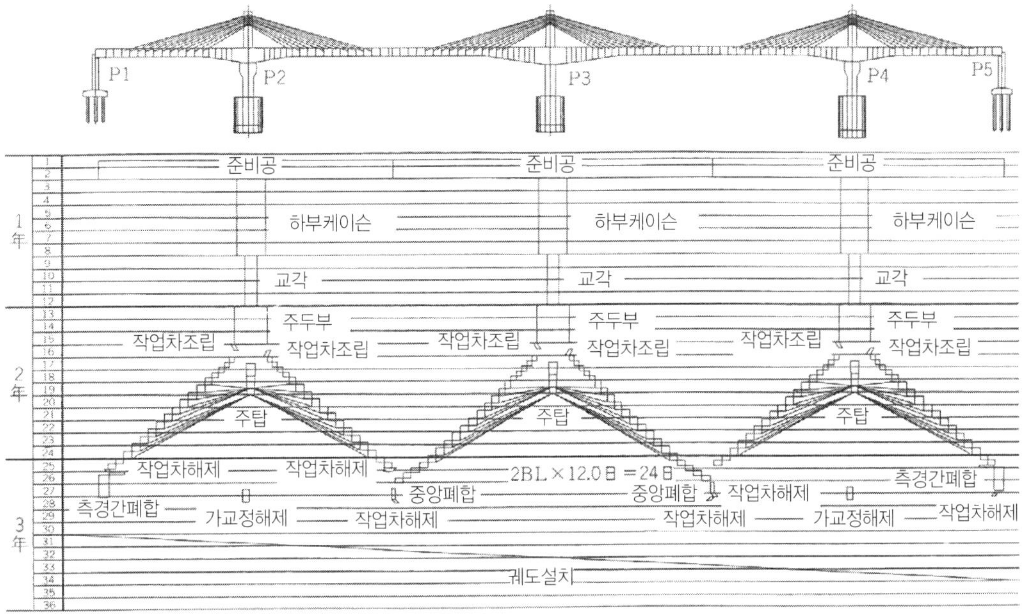

표-2 계획공정표

9. 시공 개요

고속철도용 교량은 주행안전성을 확보하고 승객에게 쾌적한 승차감을 제공하기 위해 주형의 변위를 일정범위 이내로 제한할 필요가 있다. 변위에는 시간변화에 따른 장기적인 변위와 열차통과시 단기적으로 발생되는 변위가 있다.

콘크리트교의 경우, 장기적인 변위의 원인에 대하여 콘크리트의 크리프, 건조수축 및 온도의 일일변화, 계절변화로 인한 주형신축이 있다.

최근의 연속교 형식의 교량은 내진성, 경제성의 관점에서 중간교각을 강결처리하는 경우가 많으나 본 교량과 같은 장경간의 경우에는 주형과 교각이 강결되면 크리프, 건조수축, 온도변화로 인한 주형의 신축이 교각에 전달되어 주형의 허용치를 초과하는 연직변위가 발생한다. 그러므로 중앙교각(P_3) 이외에는 Sliding Rubber Bearing을 채택하므로서 주형의 신축이 교각에 전달되지 않도록 조치하였다.

게다가 열차통과시 단기적인 변위를 억제하기 위해 P_2, P_4교각의 Sliding Rubber Bearing은 2열배치하는 Double Bearing System을 적용하였다.(사진-2)

사장교와 Extradosed교와 같은 매달기형식의 교량에서는 직사광선으로 인해 케이블과 주형사이에 온도차가 발생하면 케이블의 신축으로 주형에 연직변위가 발생된다. 따라서 본 교량에는 케이블 방청대책으로 단열효과가 있는 그라우트방식을 적용하고 보호관은 케이블27S15.2에 대해 일반적으로 적용하는 φ140mm가 아닌 φ200mm로 확대하므로서 직사광선으로 인한 케이블의 온도상승을 저감시키는 구조를 적용하였다.(그림-4)

케이블 보호관의 색은 경관상 관점에서 콘크리트와 같은 계열인 밝은 회색을 적용하였고 이는 온도상승의 억제에도 효과가 있었다.

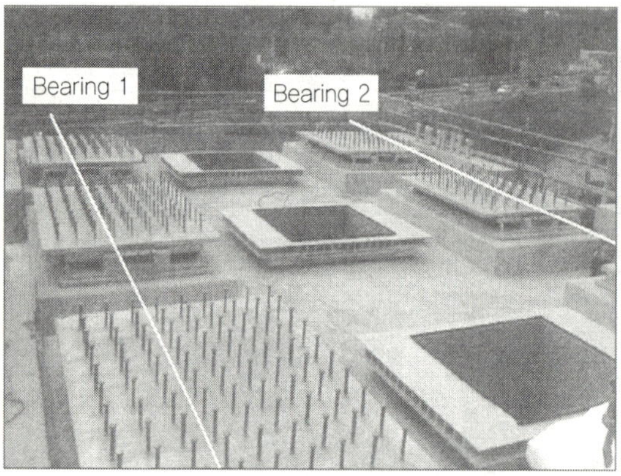

사진-2 Double Bearing

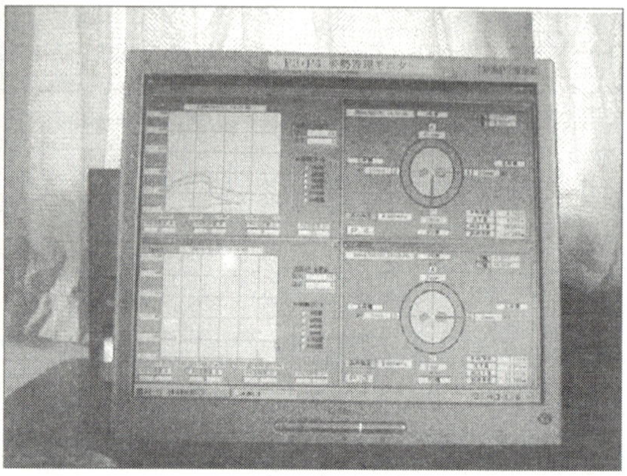

사진-3 케이슨내부의 모니터링

10. 뉴메틱케이슨 기초의 시공

10-1 시공 개요

P_2~P_4교각의 뉴메틱케이슨은 2005년 10월부터 3기를 동시에 시공하였으며 지지층은 응회암층이다. 본 교량에서는 지진시 손상개소를 복구의 관점에서 교각구체 하단으로 제한하고 케이슨은 손상되지 않도록 근입장을 결정하였다. 그러므로 응회암층을 10m정도 굴착할 필요가 있어 케이슨 안에서 굴착하였다. 케이슨의 콘크리트 타설은 6~8Lot로 나누어 시행하고 편심, 경사에 주의하면서 굴착침하시켰다. P_3교각은 도로에 인접하므로 주변지반의 변형, Air blow등에 주의하면서 시공하였다.

10-2 침하관리 및 계측

침하관리에 대해서는 케이슨침하마다 Level 측량을 시행하여 경사량을 파악하였다. 특히 침하심도가 비교적 얕은 때에는 경사가 발생하기 쉬우므로 계측에 유의하며 시공하였다.

케이슨 내부계측에 대해서는 케이슨 본체에 계측기(고정식 경사계, 간극수압계, Gas농도계 등)를 설치하고 컴퓨터로 자동계측하고 관리하였다. 계측자료는 계측실의 모니터에 Real Time으로 표시하고(사진-3) 매일 케이슨의 침하제어와 내부작업의 안전성에 Feed Back시켰다. 그 결과 주변지반의 변형과 Air blow등 문제가 되는 일이 없었으며 2006년 8월에 무사히 작업을 종료할 수 있었다.

11. 상부 시공

11-1 시공 개요

본 교량은 국도와 하천을 연속하여 횡단하므로 상부공 시공은 이동작업차에 의한 켄티레버식 시공법을 적용하였다.(사진-4, 그림-11) 주두부는 브라켓방식으로 시공하고 이동작업차는 주형이 2Cell Box Girder이므로 일반형 3주형식을 사용하였다.

사진-4 켄티레버식 가설

P_2, P_4교각은 Bearing방식이므로 시공중에 가고정이 필요하고 연직방향 고정을 위해 콘크리트 임시Bearing을 설치하였으며 Unbalance에 의한 양력에 대해서는 PC강봉으로 가고정시키는 구조를 적용하였다. 수평방향 고정은 강재Stopper(Damper type Stopper)를 이용하였다. Stopper는 교축직각방향으로는 고정이지만 교축방향으로는 가동이므로 Sliding Rubber Bearing의 Lower Bearing(교각 설치)과 강재Stopper(주형 설치) 사이에 가설재를 이용 고정시켰다.

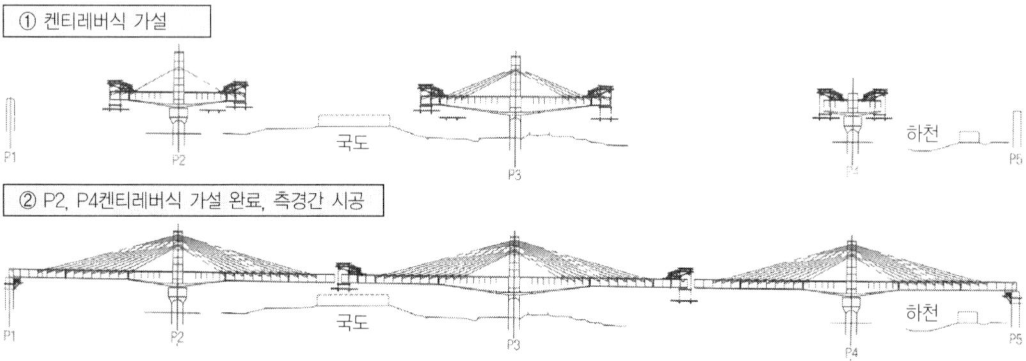

그림-11 상부공 시공순서도

11-2 주탑의 시공

주탑은 높이 17.5m를 4Lift로 분할하여 시공하였으며 본 교량에서는 케이블이 주탑에서 주형을 향해 안쪽으로 비스듬하게 설치되므로 케이블 장력으로 주탑 바깥쪽에 균열이 발생된다. 이 균열을 억제하기 위해 아래 2Lift에는 PC강봉을 배치하였고 위쪽 2Lift에는 공장제작된 케이블 Saddle을 설치하였다.(사진-5)

주탑은 지진시에도 항복하지 않도록 설계되었으며 주철근은 SD490의 D51을 사용하였다. SD490대구경 철근의 가스압접에는 신중한 품질관리를 필요로 하므로 주탑 바깥쪽을 Sheet로 덮어 기후의 영향을 받지않도록 시공하였으며 품질검사는 초음파탐사를 전수검사하여 시공하였다.(사진-6)

사진-5 케이블 Saddle

사진-6 주탑부 콘크리트의 양생

11-3 상부공 켐버량의 설정

켐버량에 대해서는 바닥판 위에 시공하는 노반콘크리트의 상면(그림-12)이 궤도부설 전에 설계높이가 되도록 설정하였으며(그림-13) 현장에서의 켄티레버시공은 이 켐버량을 목표로 관리하였다.

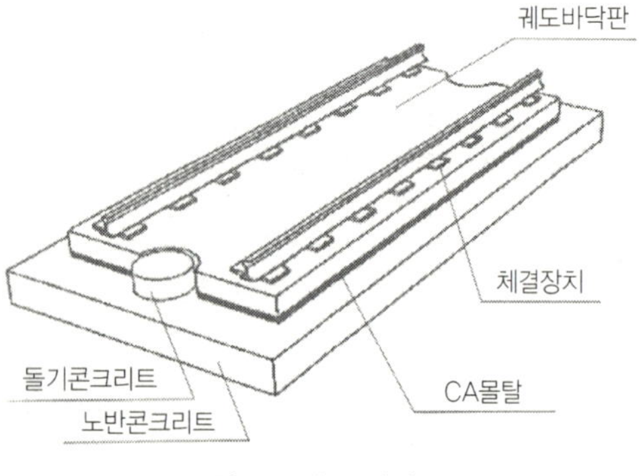

그림-12 궤도 일반도

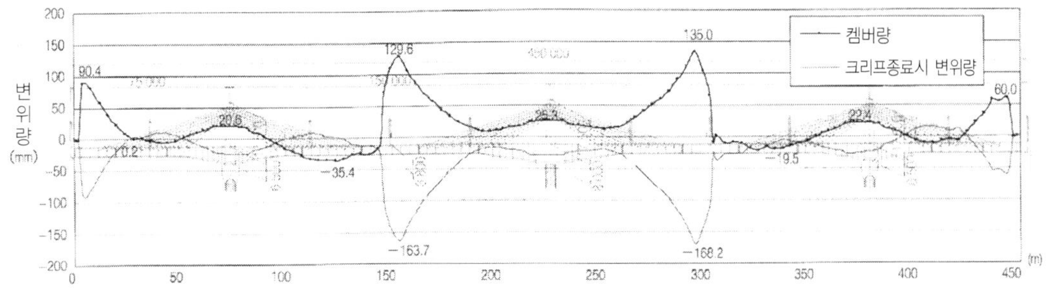

그림-13 켐버량의 산출

11-4 케이블 시공

케이블 정착블럭은 P_2, P_4켄티레버 시공구간은 '5~15BL', P_3켄티레버 시공구간은 '6~16BL'이다. 소정의 길이로 용착시킨 케이블 보호관(HDPE관)을 바닥판 위에 설치된 동바리를 이용, 소정 높이에 지지시키고(사진-7) 케이블을 주형내부→보호관→주탑 Saddle→보호관→반대쪽 주형내부의 순서로 Pushing Machine을 이용하여 삽입하였다.

사장교, Extradosed교와 같이 케이블이 있는 교량은 케이블과 외기온도의 차이로 인한 영향으로 케이블 장력과 주형의 계획고가 변화를 보이며 시공정밀도를 높이기 위해서는 케이블 온도에 따라 도입긴장력의 조정이 필요하게 된다. 본 교량에서도 케이블 긴장시 그라우트를 충진하지 않은 Dummy 케이블을 교면위에 설치하여 온도를 관리하는 것으로 하였다.(사진-8)

케이블 긴장시에는 긴장 당일의 Dummy 케이블 온도와 주형콘크리트의 온도를 계측하여 도입긴장력을 보정하였고 현장에는 온도차와 케이블의 Young계수를 컴퓨터로 계산할 수 있는 시스템을 도입하였다. 케이블 긴장은 케이블 정착블럭보다 앞쪽 2개 블록에 콘크리트를 타설하기 전에 시행하였으며 주형에 편심응력이 발생하지 않도록 주의하였으며 Jack 4대를 설치하고 양쪽

사진-7 케이블 보호관의 가설

사진-8 더미 케이블

케이블을 동시에 긴장하였다.

11-5 측경간부의 시공과 중앙부 폐합

P_1, P_5의 측경간부는 설계시에 매달기 동바리를 이용하여 시공하도록 계획하였으나 시공시에는 동바리를 사용하였다. 그러므로 이동작업차를 Counter Weight로 대용하여 주형의 계획높이를 조절하였다.(사진-9)

P_2～P_3, P_3～P_4 사이의 중앙부 폐합은 이동작업차를 사용하여 시공하였으며 양쪽 모두 거의 같은 시기에 폐합이 이루어졌다. 콘크리트 타설후, 주형 Span Cable을 긴장하였으며 이어서 P_2, P_4 Bearing의 가고정을 해체하고 2008년 1월에 교량을 무사히 완성하였다.(사진-10)

사진-9 측경간 시공

사진-10 중앙폐합부 시공

11-6 이동작업차의 해체

본 교량은 하부도로와 교차되는 구간인 P_2～P_3가 폐합위치에 해당하게 된다. 이와 같은 경우에는 이동작업차를 후퇴시켜 해체하는 경우가 일반적인 방법이지만 본 교량은 케이블이 존재하므로 이동작업차의 후퇴가 불가능한 상황이다. 따라서 P_2～P_3 사이의 이동작업차 해체는 하부도로의 교통을 통제하면서 할 수 밖에 없었다. 하부도로는 교통량이 많고 자동차 전용도로의 나들목에 인접하여 소통에 지장을 주지않는 교통규제가 필요하게 되었다. 다행스럽게 기존도로 옆에 도로확장을 위한 부지가 있어 우회도로를 설치하고 이동작업차를 해체하게 되었다.

P_2교각에서 이동작업차의 전방 비계 해체시에는 그림-14와 같이 도로의 상행선은 우회도로를 이용하게 하여 상하행선 사이에 작업공간을 확보하였다.(사진-11) 이동작업차 본체는 케이블과 간섭이 발생하지 않는 위치까지 후퇴시키고 그림-15와 같이 도로의 갓길에서 해체작업을 시행하

사진-11 이동작업차 전방비계의 해체

사진-12 이동작업차 본체의 해체

였다.(사진-12)

같은 방법으로 P_3교각의 전방 비계는 도로 상하행선 사이에 작업공간을 확보하여 해체하였으며 이동작업차 본체는 P_2쪽으로 이동시켜 도로 상행선의 갓길을 작업공간으로 사용하여 해체하였다.(그림-16, 17)

이상과 같은 방법으로 차량통행을 한번도 중지시키거나 방해하지 않고 이동작업차를 수월하게 해체하였다.

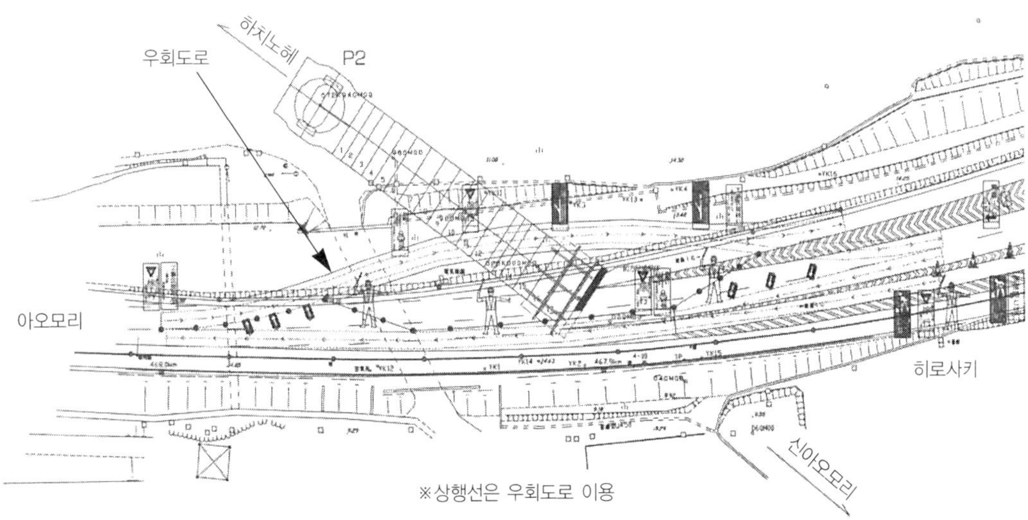

그림-14 P2 이동작업차 전방비계의 해체

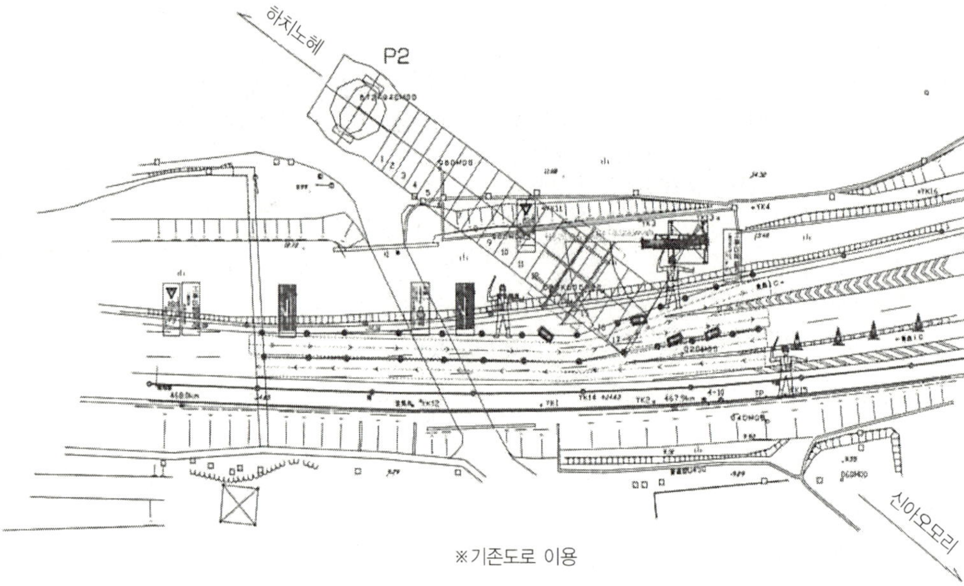

그림-15 P2 이동작업차 본체의 해체

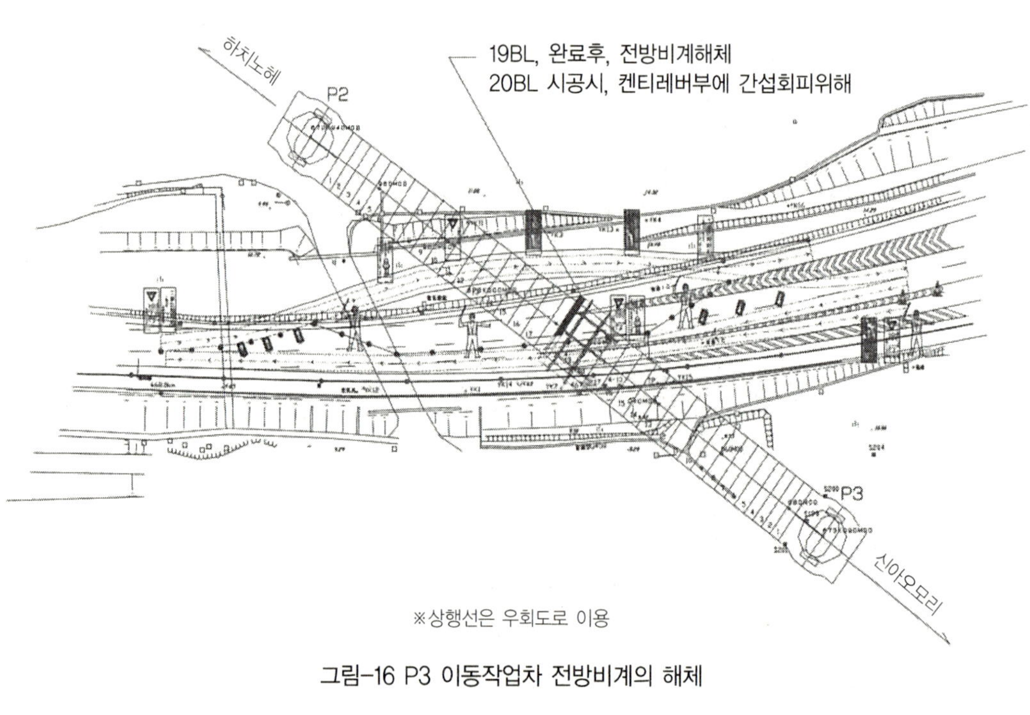

그림-16 P3 이동작업차 전방비계의 해체

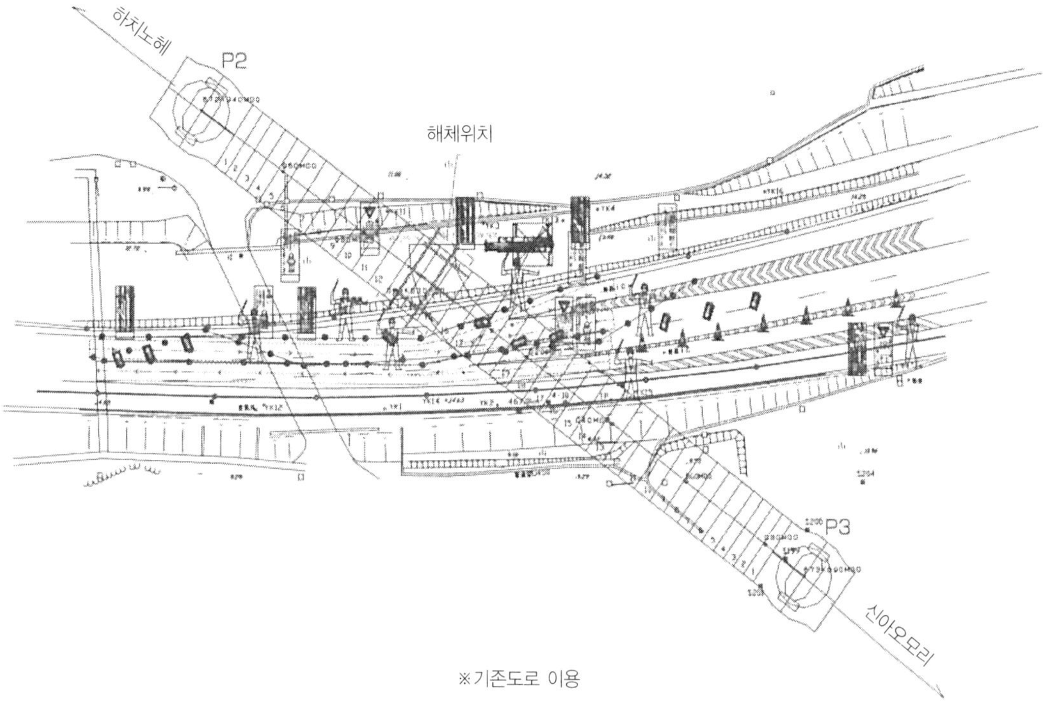

※기존도로 이용

그림-17 P3 이동작업차 본체의 해체

【参考文獻】

(1) 鐵道綜合技術研究所：鐵道構造物等設計標準・同解說, コンクリート構造物 (2004)

(2) プレストレストコンクリート技術協會：PC斜張橋・エクストラドーズド橋設計施工規準(案)(2000)

(3) 土木學會：コンクリート標準示方書'構造性能調査編'(2002)

(4) 長谷川, 玉井, 加藤, 松尾：サドル1重管構造の性能確認試驗, 土木學會第61回年次學術講演會(2006)

(5) 玉井眞日, 西恭彦, 西澤知孝: 東北新幹線國道環狀7号架道橋の設計, 橋梁と基礎 Vo.41, pp.43~48 (2007. 3)

4 PART

철도의 3경간연속 Extradosed교

Construction of Sakaigawa Bridge

철도의 3경간연속 Extradosed교

Construction of Sakaigawa Bridge

4 PART

머리말

본 교량의 가설지점은 알려진 홍수지역으로서 2000년 도카이(東海)홍수시에도 주변지역이 모두 침수된 바 있다. 따라서 종합침수대책의 일환으로 하천이 50㎜/hr의 강우에 대해서도 교량구간을 제외하고는 안전하도록 개수되었다. 2001년 하부공 공사를 착공하였으며 2002년 갈수기(2002년 11월~2003년 5월)에 상부공을 가설하였다.

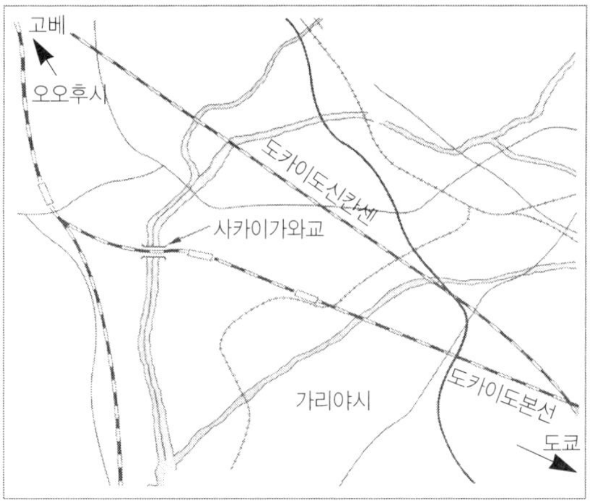

그림-1 위치도

사진-1 교량 전경

1. 교량의 개요

그림-2는 일반도, 사진-1은 완성사진이며 교량의 제원은 다음과 같다.

교량형식 : 3경간연속 PC Extradosed교	경간구성 : 56.428+70.000+56.428=182.856
총 폭원 : 12.5m	하로식주형 : 형고3.15m(표준부), 3.50m(지점부)
주탑 높이 : H=9.30m	평면선형 : 직선, 횡단선형 : 0.0‰
SKEW : 81° 30~86° 55′	교좌장치 : 면진Bearing(HDR-S 고무)
STOPPER : Concrete Block	가설공법 : F.S.M(강관말뚝기초, Truss Girder)

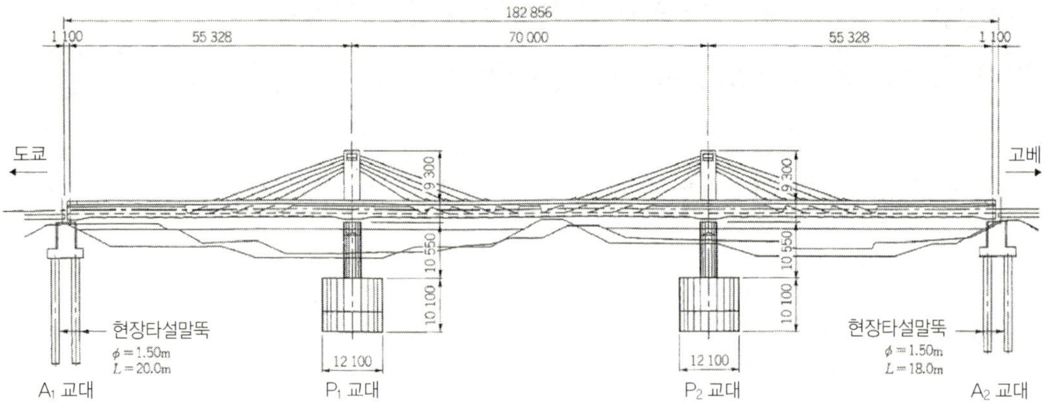

그림-2.1 일반도

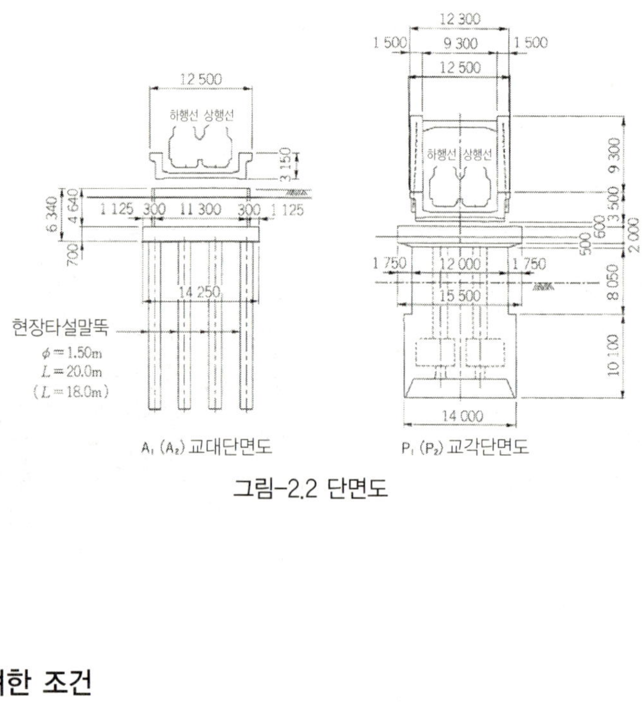

그림-2.2 단면도

2. 교량 계획

2-1 계획에서 고려한 조건

본 교량의 가설계획은 철도노선 교체방식 및 교체Schedule에 따라서 수립하였다.

① 궤도의 교체는 별도노선을 이용하는 방식을 채택하였으며 기존 노선의 상류에 새로운 노선을 설치하고 교체한 다음 기존 교량을 철거하였다.

② 신설노선의 이설은 2004년에 상행선, 2005년에 하행선을 교체하였다.

이상과 같은 기본계획을 감안하여 본 교량의 계획상 고려해야할 주요 조건은 다음과 같다.

① 내부제방으로 분리된 두 개의 하천을 횡단하여 가설되므로 교각위치의 제한적 조건.

② 영업선로에 근접시공(기존교각과 신설교각의 간격은 최소 4m)의 영향을 최소화 할 것.

③ 교각구체로 인한 하적저해율은 5% 이하로 할 것.

④ 인접하는 철도역의 궤도상승(Level Up)을 일으키지 않을 것.

⑤ 하천계획상 홍수위에 따른 형하공간의 제한을 만족할 것.

⑥ 하천구역의 시공은 갈수기(11/1～5/31)로 제한할 것.

2-2 교량형식의 결정

지간분할은 하천의 횡단조건, 하적저해율 및 도카이도(東海道)본선의 기존교각에 영향을 최소화하는 교각위치가 되도록 3경간으로 교량형식을 선정하였다.

계획홍수위로 인한 형하공간 제한 및 기존선로와 맞추기 위한 궤도계획고의 제한 때문에 구조형식은 하로식으로 선정하였으며 시공법은 F.S.M을 채택하는 것으로 하였다. 이것은 내부제방이 있어 켄티레버식 가설이 곤란한 점, 주형 자중이 커 밀어내기공법을 사용할 경우에는 동반되는 장비와 자재가 많아져 비경제적인 점 등을 고려한 것이다.

하로식 주형의 구조형식으로 다음 이유 외에 주행성, 경제성, 경관, 유지관리, 하부공에 미치는 영향 등을 감안하여 3경간연속 PC Extradosed교를 선정하는 것으로 하였다.

① 사장교에 비해 활하중에 의한 케이블의 응력변동이 적다.

② 활하중 편재하로 인한 비틀림모멘트에 대하여 유리하다.

③ 활하중에 의한 처짐이 적다.

주탑의 케이블 고정방식은 관통고정방식(Saddle방식)과 분리고정방식이 있으나 본 교량에서는 열차에 의한 처짐의 영향이 적어지는 분리고정방식을 채택하였다.

교각부 구조는 Rigid Frame과 연속보 형식을 검토한 결과, 교각의 높이가 낮고 Rigid Frame에서는 교각에 발생되는 응력이 상당히 크기 때문에 연속보 형식을 채택하는 것으로 하였고 교좌장치는 내진성이 우수한 면진받침을 채택하였다.

2-3 기초형식의 검토

제방의 교대 기초는 일반적으로 경제적인 현장타설말뚝기초, 하천내 교각부 기초는 다음 사항을 감안하여 뉴매틱공법에 의한 케이슨기초를 선정하였다.

① 기초바닥면적이 작고 기존교각에 미치는 영향이 적다.

② 지지층을 직접 확인할 수 있으며 침설후, 평판재하실험으로 지지력 확인이 가능하다.

③ 호박돌이 섞인 층에서도 문제없이 시공 가능하다.

④ 기존 교각에 세굴방지공이 설치되어 있으나 지장없이 시공가능하다.

⑤ 갈수기에 시공가능하다.

3. 설계

3-1 기본 방침

① 설계방법은 한계상태설계법을 적용하였다.

② 각 부재의 구조는 주형의 종방향은 PC구조, 주탑은 RC구조, 주형의 횡방향은 하로바닥판을 PC구조로 하는 것으로 하였다.

③ 시공시 지진의 영향은 $K_h = 0.15$, $K_V = 0.075$를 적용하였다.

④ 시공방법은 강관말뚝과 TRUSS GIRDER 동바리를 사용한 F.S.M으로 하고 한번의 갈수기 동안 완성하는 것으로 하였다.

⑤ 고감쇄고무 반력분산받침을 사용한 3경간연속구조로 하였으며 지진시 수평력을 각 교각에 분산시킴으로서 교각크기를 제한하여 근접시공이 가능하도록 하였고 교각의 폭은 하적 저해율의 허용치를 만족하도록 하였다.

⑥ 주형은 하천과 85° 5′ ~ 84° 21′ 사각을 가지고 있으며 시공단면은 교축방향에 직각으로 하고 주형의 단부에만 사각을 두는 것으로 하였고 하부공은 유수방향으로 설치하였다.

⑦ 케이블은 주탑에 STEEL CAGE를 설치하는 분리구조를 채택하였다.

3-2 설계 조건

열차하중 : 표준활하중 EA-17	열차구성 : 여객 100회/일, 화물 100회/일
설계최고속도 : V=130㎞/h	충격계수 : 종국한계 0.143, 사용한계 0.107
선로수 : 복선	궤도구조 : 바라스트궤도
온도변화 : ±20℃	건조수축 : 200μ
사용년수 : 100년	철근피복 : 40㎜(주형)

3-3 상부공의 사용재료

① 콘크리트의 설계기준강도

- 주형 및 주탑 : $f_{ck}' = 40$N/㎟(최대물시멘트비 48%, 조강시멘트, 고성능AE감수제 사용)

② PC강재

- 종방향 강재 : 19S15.2B(SWPR7B) Web 및 하부바닥판 강재
- 횡방향 강재 : 12S12.7B(SWPR7B) 하로주형 바닥판, 횡방향 강재
- 케이블 : 22S15.2B(SWPR7B)

③ 철근 : SD345

④ 교좌장치 : 면진받침(고감쇄고무 HDR-S 사용)

▶ 표-1 내진성능

		L1 지진동	L2 지진동
내진성능		내진성능 I	내진성능 I
손상Level의 제한		1	1
설계 수평력	교축방향	0.25	0.32
	교축 직각 방향	0.25	0.32

▶ 표-2 공사수량

공 종	시 방 기 준	단위	수 량	비 고
콘크리트	40-8-25H, 조강, 고성능 W/C≤48%	m^3	2,744.3	주형, 주탑
PC강재	19S15.2B(SWPR7B)	kg	125,998.0	종방향케이블 VSL EC6-19
	12S12.7B(SWPR7B)	kg	35,048.0	횡방향케이블외 VSL EC6-12
	22S15.2B(SWPR7B)	kg	25,118.0	케이블 VSL EC6-22
철근	SD345(D13~D32)	ton	362.1	주형, 주탑
주탑 Steel Cage	-	ton	65.0	W=16t/1주탑
교좌장치	HDR-S 1280×910×471 W=2.6t/EA	EA	8.0	A_1교대, A_2교대
	HDR-S 2760×1880×590 W=21.0t/EA	EA	4.0	P_1교각, P_2교각

4. 시공

4-1 공사개요

공사개요는 다음과 같으며 표-2는 공사수량, 표-3은 공정표를 정리한 것이다.

공사명 : 도카이도본선 사카이가와교량 개량	공사기간 : 2001년 9월 5일~2003년 9월 1일
주요공종 : 사카이가와교량 상부 및 하부공	공법 : 상부-F.S.M, 교각-뉴매틱케이슨 교대-현장타설말뚝(올케이싱공법)

▶ 표-3 공사공정표

공 종	2001년				2002년												2003년							
	9	10	11	12	1	2	3	4	5	6	7	8	9	10	11	12	1	2	3	4	5	6	7	8
하부공																								
준비	━	━								━														
가교			━						━															
축도				━				━																
A1 교대							━	━	━															
P1 교각					━	━	━	━																
P2 교각					━	━	━	━																
A2 교대															━	━	━	━						
상부공																								
준비														━								━		
가교														━	━						━			
동바리															━					━				
주형제작																━	━	━	━	━				
주탑																		━	━					
테이블																			━	━				
교면포장																					━	━		

4-2 하부공의 시공

사진-2, 3은 하부공의 시공상황을 촬영한 것이다.

사진-2 하부공 시공 전경

사진-3 하부공 완성 전경

케이슨의 침설공사는 갈수기 시공이므로 주야간공사로서 구체 축조는 주간에 시행하고 야간에는 침하굴착을 시행하였다. 이와 같은 상황에서 기존의 도카이도본선에 근접하여 케이슨을 안전하게 침설시키기 위해 기존 교각의 변형거동을 Real time으로 파악할 수 있는 계측시스템을 구축하여 정보화시공을 하였으며 기존교각의 변형계측은 Total Station을 사용하였다.(사진-4)

사진-4 Total Station에 의한 기존교량의 변형계측

계측항목과 사용된 계측기기는 다음과 같다.

① 좌표변위(x, y, z좌표) : Total Station

② 경사각(교축방향, 교축직각방향) : 고정식 경사계

계측관리는 궤도정비의 한계치로부터 아래 계측관리치를 초과하지 않도록 관리하였으며 계측관리 기준치는 표-4와 같다.

▶ 표-4 계측관리 기준치

L1 지진동	단 위	경 계 값	공사 중지값	한 계 값
x, y, z 좌표	㎜	±4.0	±5.0	±7.0
경 사	분	±1.7	±2.7	±3.4

4-3 상부공의 시공

4-3-1 시공 순서

그림-3은 시공순서도이며 주형의 시공은 다음 순서에 따른다.

① 가교 설치 → ② 동바리 기초강관말뚝의 시공 → ③ 지주식 동바리 조립 → ④ 동바리 TRUSS GIRDER 가설 → ⑤ 교각 주두부 시공(1 BL) → ⑥ 주탑(1 Lift) 시공 → ⑦ 교각 양측(2 BL) 시공 → ⑧ 주탑 Steel Cage 설치 → ⑨ 측경간부(3 BL) 시공 → ⑩ 케이블 긴장(1, 2, 3단) → ⑪ 중앙폐합부(CBL) 시공 → ⑫ Span Cable 긴장 → ⑬ 케이블 긴장(4, 5단)

P_1교각, P_2교각의 주두부에서 시작하여 양쪽으로 이어나가는 순서로 2BL을 제작하고 그 다음 측경간의 3BL을 시공하여 케이블을 긴장하였다.

본 공사는 대부분이 하천부지 안에서 이루어지고 갈수기에 하천구간의 공사를 완료하는 조건이 공사의 중요사항으로 당초에는 주형 시공은 하천내 가교를 이용, 두 번의 갈수기 동안 시공하는 계획이었으나 이 계획은 홍수기간 동안 기존 선로 옆에 켄티레버시공을 중단한 상태로 5개월간 방치함으로서 기존 선로에 미칠 영향이 우려되었다. 그리고 갈수기마다 가교의 설치철거를 두 번이나 반복하여 공사비 증가요인으로 작용하였다.

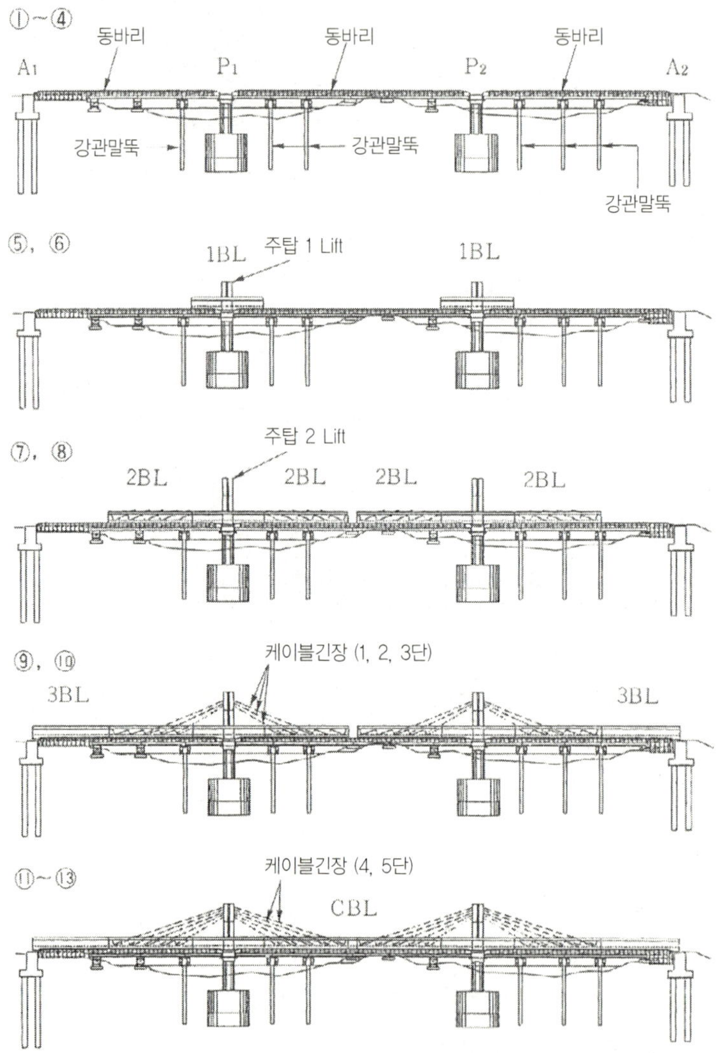

그림-3 상부공 시공 순서도

그래서 가교 시공을 한번으로 줄임으로서 경제성을 높이는 쪽으로 변경하여 갈수기에 상부공을 모두 시공 완료하는 것으로 조정하였다.

실제 시공시에는 다음 대책을 수립하여 2003년 4월에 주형을 완료하고 가교까지 철거하였다.

① TRUSS GIRDER 동바리의 지지구조에 JACKET공법을 적용하여 TRUSS GIRDER의 일괄거치 및 철거 계획

② 거푸집의 Prefabrication계획

사진-5 주형의 제작

4-3-2 동바리 시공

동바리계획은 강관말뚝에 지지된 TRUSS GIRDER식 동바리를 채택하였으며 그 이유는 다음과 같다.

① 형하공간이 낮아 철거시 주형하부에 크레인 사용이 불가능하다.

② 기존 선로의 교각과 근접하여 있으며 기초설치 · 철거시 영향이 적다.

③ 하적저해율을 확보하기 위해 동바리 지주 간격을 11~12m이상 확보해야 한다.

④ 이상과 같은 이유로 동바리의 하천직각방향 단면을 작게 할 필요가 있다.

TRUSS GIRDER의 지지구조는 강관말뚝(φ900, L=18.0m)을 150ton 크롤러크레인과 바이브로햄머로 타설한 다음 말뚝 머리에 빔을 설치하고 JACKET강관(φ1200, 부착성능의 향상을 위해 전단키 기능을 하는 철근을 강관 안쪽에 플레어용접)을 올리고 그 사이에 무수축몰탈을 충진하여 결합시킨다.

TRUSS GIRDER의 철거는 하로주형 양쪽에 JIG를 설치하고 150ton 크롤러크레인으로 한번에 들어올려 고수부지까지 횡방향 이동시킨 다음 거기에서 해체, 반출하였다.(그림-4)

사진-6 TRUSS GIRDER의 가설1

사진-7 TRUSS GIRDER의 가설2

사진-8 TRUSS GIRDER의 가설3

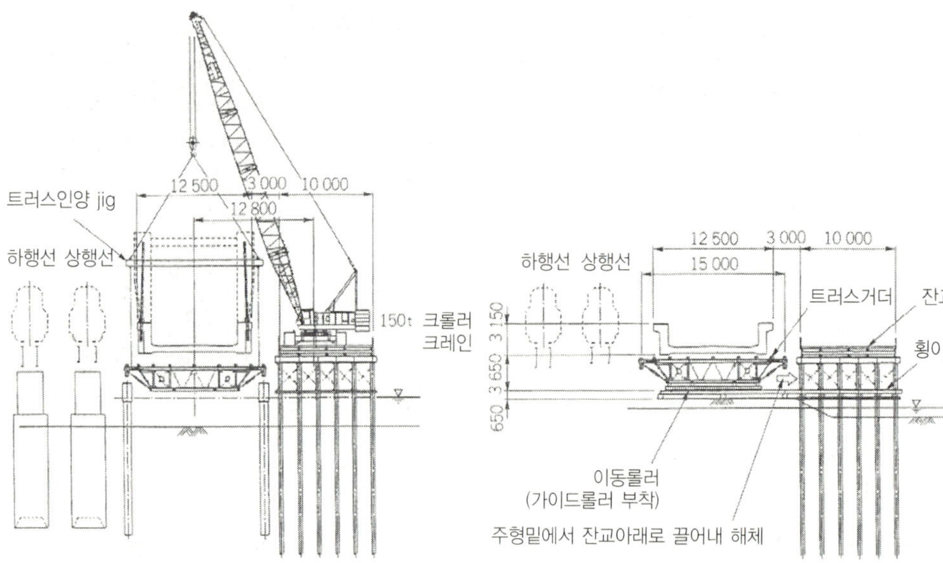

(a) 트러스거더 인양시

(b) 트러스거더 횡이동시

그림-4 TRUSS GIRDER의 철거요령

4-3-3 주형 콘크리트

타설부의 대부분이 철근 및 PC강재가 조밀하게 설치되어 있어 설계배합인 Slump 8㎝의 콘크리트로는 충진 및 고결양생이 곤란할 것으로 판단되었다.

주형 및 주탑에 사용되는 설계기준강도 40N/㎟의 콘크리트는 사용시멘트량이 많아 점성이 매우 높아지고 시공성이 떨어질 것으로 판단하여 시공성 개량을 목적으로 고성능AE감수제를 사용, 시험배합으로 시공성을 확인한 다음 타설부에 따라서 Slump 15㎝의 콘크리트를 사용하는 것으로 하였다. 주형 및 주탑의 시공시기는 12월에서 4월까지 한중시기에 해당하므로 온풍식 난방기를 주두부 주변에 4대 설치하고 급열양생하였다.

4-3-4 종방향 Cable 시공

본 교량의 종방향 케이블로는 19S15.7B를 사용하였으며 Web에 배치된 종방향 케이블은 각 Block시공시 긴장하는 것으로 하였다. 3BL은 VSL의 ER Type(ERK6-19)을 사용하였으며 2BL의 긴장단에 커플러로 연결하여 주형 단부에서 긴장하였다.

그리고 중앙부 폐합후 Web에 배치된 종방향 케이블의 긴장은 Web에 설치한 Block out에 정착시키고 Curvature machine을 사용하여 긴장시켰다.(사진-9) 이 Curvature machine은 스테인레스곡관에 사용하는 저마찰 Curvature로 마찰계수는 8%이다(통상 곡선형상의 Curvature machine에서는 14%)

사진-9 WEB의 주방향 케이블 긴장

4-3-5 Cable 시공

주탑과 주형을 연결하는 케이블에 대해서는 주탑부 정착방식을 분리방식으로 하였으며 주탑정상부는 STEEL CAGE구조로 되어 있다. 주탑의 STEEL CAGE는 정밀도를 확보하기 위해 지압판을 일체화시키고 공장제작하는 것으로 하였다.(사진-10, 11)

사진-10 주탑 STEEL CAGE의 공장제작

사진-11 STEEL CAGE 내부의 케이블 지압판

케이블시스템은 해외에 실적이 있는 VSL-SSI2000시스템을 채택하였으며 SSI는 Single Strand Installation의 약자로 Strand 한 개마다 삽입하는 쐐기정착을 하기 때문에 장래 유지관리시 철거 및 교환이 용이한 시스템이다. 본 교량에 적용된 VSL-SSI2000시스템은 일본내에서는 최초의 사례에 해당한다.

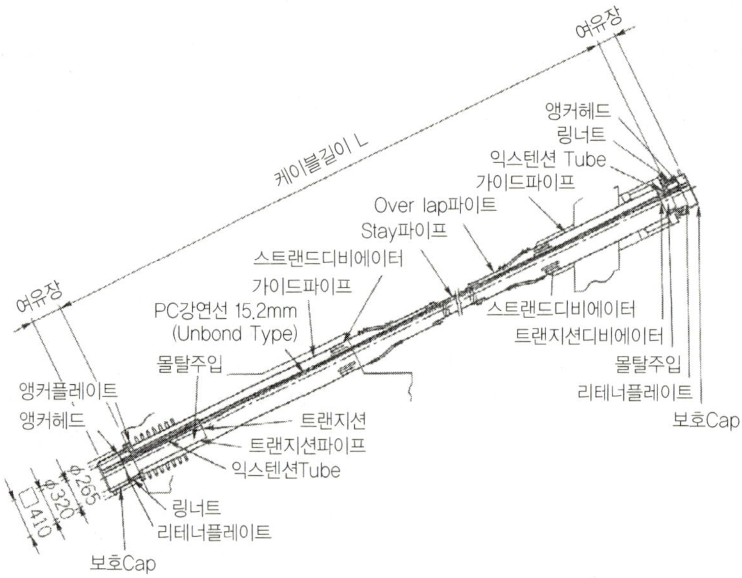

그림-5 VSL-SSI2000의 구조도

케이블은 22S15.7(SBPR7B)로 케이블 한 개당 ϕ15.7의 Unbond Strand 22개로 구성되어 있다.

VSL-SSI2000의 구조 및 특징은 다음과 같으며 그림-5는 구조상세를 나타낸 것이다.

① 케이블은 폴리에틸렌그리스로 피복된 Unbond Strand를 사용한다. 그러므로 SSI에서는 그라우트가 필요 없어 케이블이 가벼워지게 된다.(사진-13)

② 정착공법은 VSL에서 사례가 있는 쐐기방식을 채택, 피로시험을 통해 개발된 케이블 전용 쐐기를 사용한다.

③ 사전에 교면 위에서 맞대기용접(열용착)으로 소정의 길이로 이어 붙인 Stay Pipe(폴리에틸렌 피복관)를 크레인으로 가설한 다음, Unbond Strand를 한 개씩 삽입하여 Anchor Head에 정착시킨다. 이때는 VSL Single Strand Jack을 사용하여 Strand의 Sag를 조정한다.

④ 주탑연결부에는 클로로프렌고무로 만든 Strand Deviator가 설치되어 있다. 이 Strand Deviator는 케이블을 가이드 파이프에 고정시켜 Rain Vibration을 억제시키는 방진기능이 있다. 긴장시킨 다음 Strand Deviator를 Setting시킨다.(사진-15)

⑤ Strand 삽입과 긴장을 완료하고 Overlap pipe와 Stay Pipe Connection에서 Stay Pipe를 고정시켜 케이블의 가설을 완료한다.

⑥ 케이블 가설이 완료된 다음 발포우레탄을 Stay Pipe에 충진시켜 Unbond Strand와

Stay Pipe를 일체화시킨다.

⑦ 정착부(Anchor Head 및 Transition Pipe 내부)에는 방청Cap을 씌우고 그 안에 방청유를 충진시켜 케이블을 녹으로부터 보호한다.(사진-16)

사진-12 150ton 크롤러크레인을 이용한 STEEL CAGE 설치

사진-13 UNBOND CABLE

사진-14 STAY PIPE의 맞대기용접

사진-15 STRAND DEVIATOR

사진-16 정착부(트랜지션 파이프)의 설치

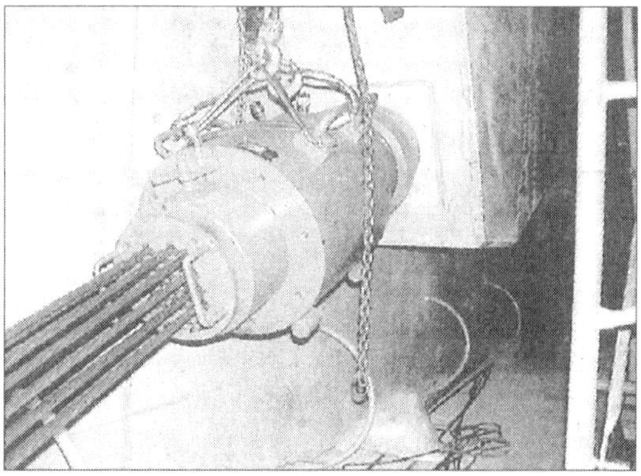

사진-17 MULTI STRAND JACK을 사용한 케이블 긴장

케이블의 긴장은 주형쪽에서 VSL Multi Strand Jack(500tf)을 사용하였다.(사진-17) 긴장관리는 주로 압력을 관리하고 케이블의 늘음량과 주형의 처짐도 모두 측정하여 확인하였다.

긴장순서는 주형응력을 감안하여 1, 2, 3단은 중앙경간 폐합 전에 시행하고 4, 5단은 중앙경간 폐합 완료, Span Cable을 긴장하고 구조계 완성후 긴장하였다.

4-3-6 시공계측관리

주형 시공은 케이블로 지지하면서 동바리를 순차적으로 해체하였으므로 시공단계 마다 구조계가 복잡하게 변화되기 때문에 주탑 좌우에 장력의 불균형(Unbalance)이 발생하지 않도록 관리할 필요가 있었다. 그래서 케이블 긴장단부에 Load Cell을 설치하고 가설시부터 구조완성시까지 장력을 측정하는 것으로 하였다. 구체적으로 1차 케이블의 PC강연선 1개를 대표로하여 Load Cell을 긴장단부에 설치, 장력을 계측하고 그 값으로 멀티케이블 전체의 장력을 추정하는 것으로 하였다.(사진-18)

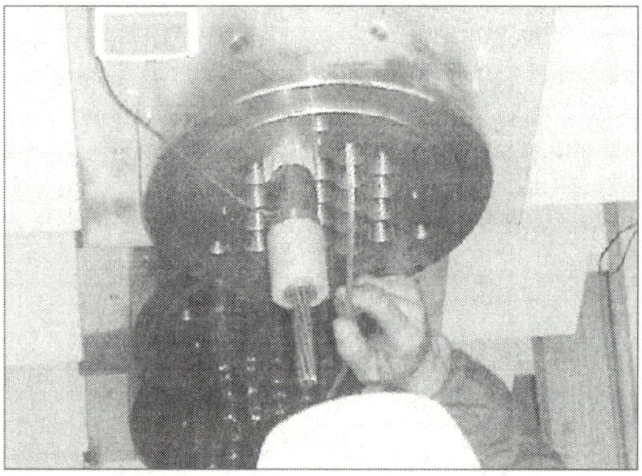
사진-18 LOAD CELL을 이용한 케이블의 장력 계측

계측 결과, 각 시공단계 마다 장력변화는 설계치와 거의 일치하며 최대 3% 정도의 차이를 보이고 있다. 주탑 좌우의 장력이 불균형을 나타내는 현상이 없음도 확인하였으며 다른 케이블도 같은 결과를 나타냈다.

4-3-7 Camber관리

철도교의 노면 계획고는 설치될 레일에 직접 영향을 미치므로 가설시 캠버량관리는 매우 중요하다. 특히 최소 도상두께에 영향을 미치는 +방향 정밀도는 철도교 시공시 엄격한 기준을 요구하는데 본 교량에서는 +5∼−20㎜로 관리하였다.

캠버량 계산은 각 Block에서 콘크리트재령을 감안한 크리프변형해석을 수행하고 각 시공단계마다 처짐량을 예측하여 계산·집계한 캠버량을 사용하였다. 계산치와 실측치에 큰 차이는 없었지만 캠버량 계산시 하중조건과 시공순서를 변경할 때 축차캠버량을 수정하고 실제 시공에 반영하는 것이 매우 중요하다.

【参考文獻】

⑴ 高木, 吉田, 岡川, 塚本：エクストラドーズドPC橋の押出し架設, プレストレストコンクリート(1999. 9)

⑵ 吉野, 小西, 岡川, 塚本 ： ピロンを併用したエクストラドーズドPC鐵道橋の押出し架設, コンクリート工學(1999. 8)

⑶ 平岡, 市橋, 川野, 伊藤；川内川橋梁の計劃・設計および施工, 橋梁と基礎(2002. 3)

⑷ 岩崎：九州新幹線に適用されたPC斜版橋－川内川橋梁－, コンクリート工學(2003. 1)

⑸ 338mの4徑間連續PC斜版橋の施工－九州新幹線・川内川橋梁－ セメント・コンクリート(2002. 11)

⑹ 村井, 大槻, 宮内, 高橋, 岩崎, 菊地：名取川橋梁の施工, 橋梁と基礎(1996. 12)

⑺ 梅原, 劍持, 湯山ほか：北陸新幹線屋代橋梁の設計と施工, プレストレストコンクリート(1998. 1)

5 PART

세계최초 Hybrid Extradosed교

Design and Construction of Kiso and Ibi River Bridges

세계최초 Hybrid Extradosed교

Design and Construction of Kiso and Ibi River Bridges

머리말

키소가와교와 이비가와교는 세계최초 교량형식인 PC · Steel Hybrid Extradosed교로 계획되었다.[1)~4)](그림-1) 이 교량의 PC Girder부분은 숏트라인 매치케스트방식으로 제작된 Precast Segment로 구성되어 있으며 Segment는 최대중량 400ton, 폭원 33m, 교축방향 길이 5m, 주형높이 7~4m로 세계최대 규모에 해당한다.

그림-1 이비가와교 완성예상도

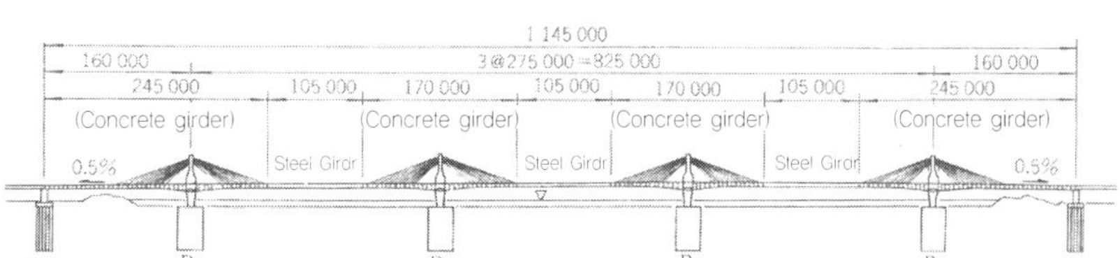

(a) 키소가와교

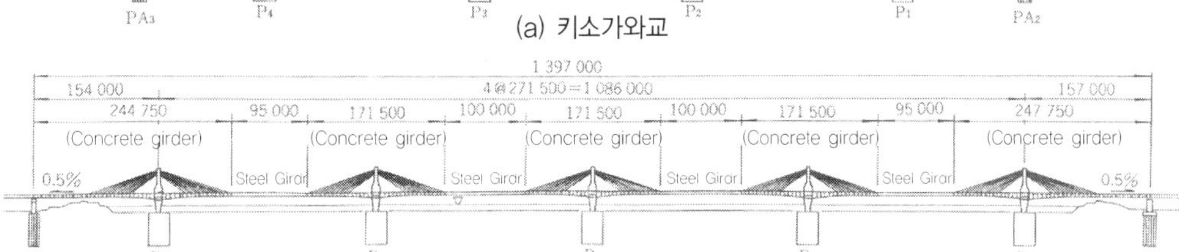

(b) 이비가와교

그림-2.1 일반도

지간구성은 그림-2와 같으며 키소가와교는 5경간연속에 중간경간장이 275m, 측경간장 160m, 이비가와교는 6경간연속에 중간경간장 271.5m, 측경간장 154~157m이다. 두 교량은 거의 같은 형식 · 규모의 교량이고 기본적인 설계방침도 통일되어 있다.

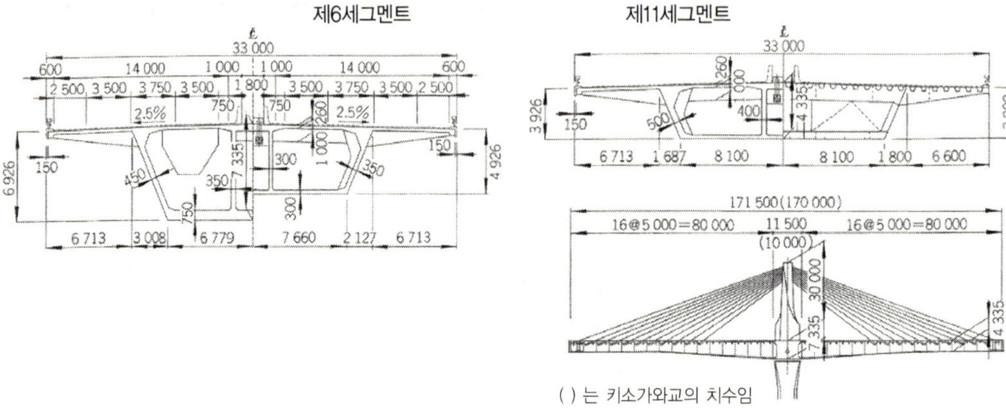

그림-2.2 단면도 및 케이블 배치도

1. 기본조건 및 설계방침

1-1 기본조건

표-1은 키소가와교와 이비가와교의 기본조건을 나타낸 것이다.

▶ 표-1 기본조건

	이비가와(揖斐川)교	키소가와(木曾川)교
구조형식	6경간연속 PC · Steel Hybrid Extradosed Box Girder교	5경간연속 PC · Steel Hybrid Extradosed Box Girder교
교량연장	1397.0m	1145.0m
지간구성	152.0+4@271.5+155.5m	158.5+3@275.0+158.5m
유효폭원	2@14.0=28.0~19.986+19.858=39.844m	2@14.0=28.0m
활하중	B활하중	
SKEW	90도	
횡단경사	2.5%↙↘2.5%	2.5%↙↘2.5%~2.925%↘2.925%↘
종단경사	0.5%↙↘0.5%	
포장	아스팔트포장 t =80mm	
환경구분	주형내부:일반환경, 주형외면:부식성환경(콘크리트표준시방서에 따라 구분)	

구조적으로는 다음과 같은 특징이 있다.

- Extradosed형식
- 1교각 2교좌장치의 다경간연속형식
- Hybrid 주형형식(중앙경간 중앙부에 Steel Girder채택)
- Hybrid 주탑형식(콘크리트주탑 상부에 강재 케이블 정착체 접합)
- 콘크리트Girder부분 : 대단면 Precast Segment제작
- Steel Girder부분 : 대형 U리브를 적용한 강상판 채택

그리고 콘크리트주형 및 주탑부 철근덮개에 대해서는 다음과 같이 규정하였다.

- 바깥면에는 부재두께를 얇게하기 위하여 덮개를 35mm로 하고 에폭시수지도장 철근을 사용 하였다. 단 덮개를 50mm이상 확보할 수 있는 철근에 대해서는 보통철근을 사용한다.
- 바닥판 상면에는 방수공이 시공되며 주형내면은 외기의 유입이 적으므로 덮개 35mm에 보통철근을 사용하였다.

이비가와 · 키소가와교의 시공 전경

1-2 사용재료 및 재료강도

표-2는 콘크리트의 사용구분 및 강도를 나타낸 것이다. 주형은 경량화 때문에 고강도콘크리트(f'_{ck}=600kg/㎠)를 사용하였다. 그리고 주탑도 얇은 벽부재가 중앙분리대쪽에 설치되므로 가능한 한 고강도콘크리트가 필요하지만 CP선을 이용한 현장타설인 점을 감안하여 f'_{ck}=500kg/㎠를 사용하였다.

▶ 표-2 콘크리트의 사용구분 및 강도(단위 kg/㎠)

	Precast Segment	주탑 · 주두부가로보	교각	연석, 방호벽
압축강도 f'_{ck}	600	500	300	300
휨강도 f_{bk}	64	57	40	40
인장강도 f_{tk}	35	31	22	22
부착강도 f_{bok}	42	38	27	27
Young계수 Ec	3.5×10^5	3.3×10^5	2.8×10^5	2.5×10^5

주형내부 케이블은 12S15.2를 사용하였다. 주형 External케이블에는 에폭시피복 강연선을 사용하였으며 －휨과 경간중앙의 ＋휨에 대해서는 19S15.2, 측경간의 ＋휨에 대해서는 27S15.2를 각각 배치하였다. 바닥판 및 리브의 횡방향 텐던에는 Pregrout type의 1S21.8을 사용하였으며 Segment접합시에 사용되는 강재는 B종 2호 ϕ32mm를 사용하였다. 그리고 케이블에는 3중방청시방인 소선도금＋방청재＋PE관으로 구성된 공장제작 케이블 $\phi7\times163$을 채택하였다.

Steel Girder부분에는 주로 SM400 및 SM490을 사용하였다.

1-3 설계방침

본교량은 여러 가지 최신기술을 적용함으로서 경제성 · 내구성 · 내진성 등을 향상시킨 세계에서도 보기드문 합리적인 장대교량이다. 따라서 설계시에는 구조와 특징을 충분히 살려 현행규정을 살펴보고 해석을 심도있게 수행하여 신기술 · 신공법을 제한없이 채택하도록 유연한 발상을 가지고 기술동향을 먼저 포착, 충분한 검토를 시행하였다.

설계에 관한 여러 규정은 일본 도로교시방서를 표준으로 하였으나 검토방법으로는 구조물에 필요한 성능을 유지하도록 하기 위하여 각부재에 대하여 적절한 "상태구분"을 고려할 수 있는 한계상태설계법을 도입하였다.[5)]

표-3은 각 콘크리트부재의 한계상태 검토항목이고 표-5는 각 한계상태에 대한 제한치를 표시한 것이다. 사용한계상태에서 인장응력 발생한계는 인장응력이 발생하지 않는 상태, 균열발생한

▶ 표-3 콘크리트 각 부재의 한계상태별 검토항목

		사용한계상태			피로 한계 상태	종국 한계 상태	가설시			임시저장 · 운반시		
		인장응력 발생한계	균열 발생한계	균열폭 한계상태			인장응력 발생한계	균열 발생한계	균열폭 한계상태	인장응력 발생한계	균열 발생한계	균열폭 한계상태
주형 (주방향)	휨	○				○	○					
	이음부 과재하중시		○									
	전단 및 비틀림		○			○		○				
주형 (횡방향)	상부바닥판, 리브상면(PC)		○					○			○	
	리브하면(PC)(켄티레버바닥판)		○					○			○	
	리브하면(PC)(주형내부)			○								○
	WEB(RC)			○								○
	하부바닥판(RC)			○								○
단부 가로보	휨			○		○						
	전단			○		○						
주두부 가로보	휨			○		○			○			
	전단			○		○			○			
기타	케이블 정착부			○		○			○			
	External케이블 정착부			○		○			○			
	디비에이터			○		○			○			
주탑	휨			○		○						
	전단			○		○						
케이블			○		○	○		○				
External케이블			○			○		○				
Internal케이블			○					○				

▶ 표-4 하중조합 및 하중계수

한계상태	하중조합과 명칭		하중계수						
			주하중				종하중		가설하중
			D(Do)	L+I	PS	CR+SH	T	EQ	ER
사용한계상태	가설시	Do+PS+CR+SH+ER	1.0		1.0	1.0			1.0
	영구하중 작용시	D+PS+CR+SH	1.0		1.0	1.0			
	변동하중 작용시	D+(L+I)+PS+CR+SH	1.0	1.0	1.0	1.0			
	변동하중+온도하중 작용시	D+(L+I)+PS+CR+SH+T	1.0	1.0	1.0	1.0	1.0		
피로한계상태	피로하중 작용시	D+(L+I)G+PS+CR+SH	1.0	1.0	1.0	1.0			
종국한계상태	변동하중 작용시	D+(L+I)+PS*+CR+SH	1.3	2.5	1.0	1.0			
		D+(L+I)+PS*+CR+SH	1.0	2.5	1.0	1.0			
		D+(L+I)+PS*+CR+SH	1.7	1.7	1.0	1.0			
	L1급 지진시	D+(L+I)+PS*+CR+SH+EQ_1	1.0		1.0	1.0		1.0*	
	L2급 지진시	D+(L+I)+PS*+CR+SH+EQ_2	1.0		1.0	1.0		1.0*	

(주) 1. L1, L2급 지진시 단면력은 비선형 동적해석으로 구한다.
2. D=Do+D1로 한다. $(L+I)_G$는 피로검토용 활하중임
3. 종국한계상태의 PS*는 프리스트레스에 의한 부정정력만을 감안한다.

계는 인장응력이 부재의 상태효과를 고려한 인장강도 f_{tde} 이내인 상태, 그리고 균열폭한계는 균열폭이 소정의 균열폭제한치 w_a가 되는 상태를 의미한다. 표-4에는 각 한계상태의 하중조합과 하중계수를 나타낸 것이다.

각 부분별 설계방침은 다음과 같다.

▶ 표-5 각부재의 한계상태와 제한치 (1) (□는 결정 Case)

하중조합			사용한계상태		종국한계상태 ( )는 피로한계상태
주형 (주방향)	가설시	Do+ER	인장	$\sigma_c \leq 0$	-
			압축	$\sigma_c \leq 0.4f'_{ck}$	
	영구하중작용시	D	인장	$\sigma_c \leq 0$	-
			압축	$\sigma_c \leq 0.4f'_{ck}$	
	변동하중작용시	D+(L+I)	인장	$\sigma_c \leq 0$	하중계수를 곱한 단면력이 내하력이하
			압축	$\sigma_c \leq 0.4f'_{ck}$	
	변동하중+ 온도하중작용시	D+(L+I)+T	인장	$\sigma_c \leq 0$	-
			압축	$\sigma_c \leq 0.6f'_{ck}$	
	〃 (L1 Level)	$D+EQ_1$	인장	$\sigma_c \leq f_{tde}$	-
	〃 (L2 Level)	$D+EQ_2$	압축	$\sigma_c \leq 0.6f'_{ck}$	-
세그멘트이음부바닥판의 국부적인 휨응력	과재하중 재하시	D+1.7Ls	$\sigma_c \leq f_{tde}$		-
상부바닥판 · 켄티레버 바닥판 리브(횡방향)	임시저장, 운반시, 가설시	Do	인장	$\sigma_c \leq f_{tde}$	-
			압축	$\sigma_c \leq 0.4f'_{ck}$	
	영구하중 작용시	D	인장	$\sigma_c \leq f_{tde}$	
			압축	$\sigma_c \leq 0.4f'_{ck}$	
	변동하중 작용시	D+(L+I)	인장	$\sigma_c \leq f_{tde}$	
			압축	$\sigma_c \leq 0.6f'_{ck}$	
Web, 하부바닥판, 주형내 리브 (횡방향)	임시저장, 운반시, 가설시	Do	$\omega_c \leq \omega_{ca}$		-
	영구하중 작용시	D	$\omega_c \leq \omega_{ca}$		-
	변동하중 작용시	D+(L+I)	$\omega_c \leq \omega_{ca}$		-
가로보	영구하중 작용시	D	$\omega_c \leq \omega_{ca}$		하중계수를 곱한 단면력이 내하력이하
	변동하중 작용시	D+(L+I)	$\omega_c \leq \omega_{ca}$		
주탑 정착부	변동하중 작용시	D+(L+I)	$\sigma_s \leq f_{py}/\gamma_s$		강재가 항복해도 파괴안됨
케이블 정착부	변동하중 작용시	D+(L+I)	$\omega_c \leq \omega_{ca}$		강재가 항복해도 파괴안됨
External케이블 정착부	변동하중 작용시	D+(L+I)	$\omega_c \leq \omega_{ca}$		강재가 항복해도 파괴안됨
디비에이터부분	변동하중 작용시	D+(L+I)	$\omega_c \leq \omega_{ca}$		강재가 항복해도 파괴안됨
주탑	가설시	Do+ER	$\omega_c \leq \omega_{ca}$		-
	영구하중 작용시	D	$\omega_c \leq \omega_{ca}$		-
	변동하중 작용시	D+(L+I)	$\omega_c \leq \omega_{ca}$		-
	변동하중+온도하중 작용시	D+(L+I)+T	$\omega_c \leq \omega_{ca}$		-
	〃 (L1 Level)	$D+EQ_1$	-		비선형동적해석에 의한 단면력이 내하력 이하
	〃 (L2 Level)	$D+EQ_2$	-		
Internal케이블	변동하중 작용시	D+(L+I)	$\sigma_p \leq 0.6_{fpu}$		-
External케이블	변동하중 작용시	D+(L+I)	$\sigma_p \leq 0.6_{fpu}$		비선형해석으로 응력증가량 확인
케이블	변동하중 작용시	D+(L+I)	$\sigma_p \leq 0.6_{fpu}$		비선형해석으로 응력증가량 확인
	피로하중 작용시	$D+(L+I)_G$	-		(케이블 변동응력이 피로제한치 이하)
교각 기부	가설시	D+ER	$\omega_c \leq \omega_{ca}$		-

▶ 표-5 각부재의 한계상태와 제한치 (2)

h(m)		k_1	설계인장강도 f_{tde}(kg/㎠)	
			f'ck=500	f'ck=600
0.2	하부바닥판	1.00	31	35
0.26	상부바닥판	0.94	29	33
0.35	중간Web	0.85	26	30
0.45	외측Web	0.78	24	27
0.50	상부바닥판	0.76	23	26
1.00	리브	0.60	18	21
4.00	표준주형	0.40	12	14

영구하중 작용시(D)에는 다음 조합으로 한다.

$D = D_o + D_1 + PS + CR + SH$

균열발생 한계인장응력은 부재의 크기효과를 감안한 인장강도사용

$f_{tde} = k_1 \cdot f_{ck} / \gamma_c$

여기서 $k_1 = 0.6/(h^{\frac{1}{3}})$ $(0.4 \le k_1 \le 1.0)$,

h : 부재높이(m)

$\gamma_c = 1.0$

주하중	D_0	주형자중
	D_1	교면하중
	L	활하중
	I	충격
	PS	프리스트레스
	CR	Cen'c의 Creep 부정정력
	SH	Con'c의 건조수축 부정정력
종하중	T	온도변화(온도차 포함)
	EQ	지진의 영향
가설하중	ER	가설기자재하중

(1) Precast Segment

Precast Segment 접합부는 에폭시수지 접착제를 사용하였고 사용한계상태 및 시공중에 인장응력발생한계 이내가 되도록 하였다. 그리고 상부바닥판 이음부에는 과재하중에 대응하도록 활하중과 충격하중 이외의 주하중에 의한 휨응력에 활하중 및 충격에 의한 바닥판 휨응력의 1.7배한 응력이 균열발생한계 이내가 되도록 하였다.[5] 그리고 운반, 임시저장시 지지방법 및 가설시 매달기방법에 따른 검토를 시행하여 표-3의 한계상태 이내가 되도록 보강하였다.

(2) External케이블

종국한계상태의 검토에는 재료 및 기하학적 비선형성을 감안한 비선형해석으로 종국내하력을 산출하여 구조전체의 안정성을 확보하였다. Modelling시에는 External케이블을 부재로 평가하고 Steel Girder는 국부좌굴을 무시한 완전 탄소성체로 적용하였다. 주탑의 케이블 정착부는 3차원 FEM해석에서 얻어진 응력에 대하여 철근으로 보강하였고 External케이블이 항복해도 주탑 및 정착부는 파괴되지 않도록 설계되는 것으로 하였다.

(3) 케이블

사용한계상태 검토시 케이블 응력의 제한치는 B활하중 작용시에도 $0.6f_{pu}$(f_{pu}:인장강도)로 하였다. 피로한계상태 검토에는 피로검토용 하중을 이용한 환산반복회수를 기초로 산출한 변동응력이 케이블시스템의 피로진폭 제한치 이내가 되도록 검토하였다. 제진대책으로 병렬케이블에서 위크겔로핑이 발생하지 않는 조건(간격이 케이블 직경의 3~5배 이상)을 만족하도록 설계에서 감안하고 풍동실험으로 진동유무를 확인하였고 Rain Vibration에 대해서도 검토하였다.

(4) 주탑 설계

주탑의 교축직각방향에 대해서는 재료 및 기하학적 비선형성을 감안한 비선형해석으로 안전성을 확인하였다.

(5) Steel Girder의 설계

본 교량에서는 강상판에 대형 U Rib(320×240×6→440×330×8)를 사용하여 제작공수 및 용접연장을 감소시켜 합리화를 도모하려 노력하였다. 대형 U Rib를 이용한 합리화 강상판을 채택함에 있어 피로시험 및 FEM해석 등으로 특히 피로를 감안한 구조상세를 검토하였다.

(6) 접합부 설계

접합부는 휨모멘트가 작은 부분에 설치하고 인장응력이 발생하지 않도록 프리스트레스를 도입하였다. 그리고 Concrete Girder와 Steel Girder 사이에 콘크리트를 가득 채운 Connection Girder를 두어 응력이 원활하게 전달되도록 하였으며 전단은 스터드가 담당하도록 하였다.

2. Concrete Girder 주방향 설계

가설순서는 우선 Concrete Girder를 중앙부분 각 교각에서 켄티레버방식으로 가설하고 좌우측 연장이 서로 다른 측경간부는 바깥쪽 교각쪽에서 켄티레버방식으로 가설하였고 마지막에 중앙경간부 약 100m에는 Steel Girder를 일괄가설하는 것으로 하였다.

2-1 해석Model

주방향 설계용 해석Model은 2차원으로 각부재의 축심과 종단선형의 영향을 감안하여 축선을 설정하였다. 그리고 Concrete Girder의 절점은 Segment의 이음위치와 전단검토 위치에 두는 것으로 하였다. 주형의 케이블 정착점과 주형도심선과는 무한강성을 가진 dummy member로 결합시켰다.

2-2 PC강재의 배치

그림-3은 주형의 PC강재 배치를 나타낸 것이다. PC강재는 Internal케이블에는 12S15.2, External케이블에는 19S15.2와 27S15.2를 사용하였다. 그리고 Steel Girder에는 19S15.2를 12개 관통시켰다. 상부바닥판에는 과재하중에 대처하고 정착용강재를 겸하기 위하여 ϕ32mm PC강봉을 배치하도록 하였다.

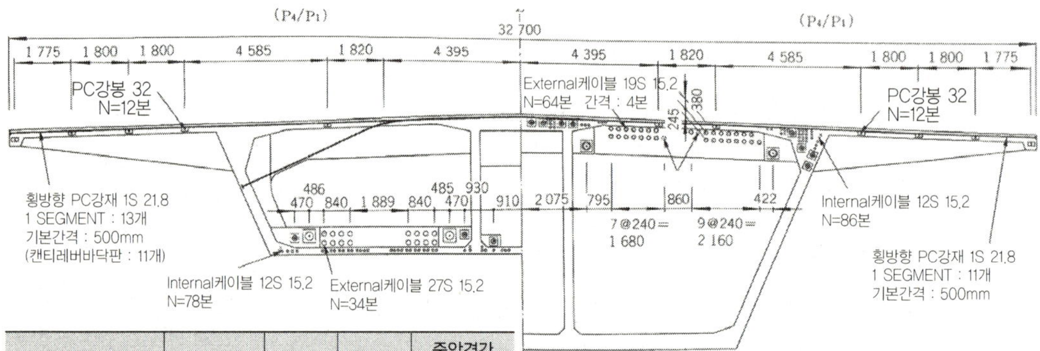

	강재종류	측경간부	주두부	중앙경간 St. Girder부
상부바닥판 PC강봉	B종2호 32	12	12	-
상부바닥판 Internal케이블	12S15.2	-	86	-
상부바닥판 External케이블	19S15.2	-	64	-
하부바닥판 Internal케이블	12S15.2	78	-	-
하부바닥판 External케이블	27S15.2	34	-	-
하부바닥판 External케이블	19S15.2	-	-	12

그림-3 주형의 PC강재 배치도

2-3 휨에 대한 검토

그림-4(a)는 활하중 작용시 휨모멘트, 그림-5는 Concrete Girder의 휨응력을 나타낸 것이다. 영구하중 작용시 최대압축응력은 약 200kg/㎠로 제한치 240kg/㎠ 이내이며 활하중 작용시 최대응력은 1.7kg/㎠로 제한치 0kg/㎠을 만족한다.

그림-6은 과재하중 작용시 설계단면력(발생휨모멘트)과 설계단면내력(저항휨모멘트)을 나타낸 것으로 모든 단면에서 설계단면 내하력이 설계단면력을 상회하는 것으로 나타났다. 주두부 위치에서는 이 상태에서 PC강재량 및 하부 바닥판두께가 결정되었다.

2-4 전단에 대한 검토

그림-4(b)는 활하중 작용시 전단력을 나타낸 것이다. 사용한계상태에서 콘크리트의 사인장응력은 모든 단면에서 제한치(전단, 비틀림에 대하여 $0.75f_{tk}$, 전단+비틀림에 대하여 $0.90f_{tk}$) 이내

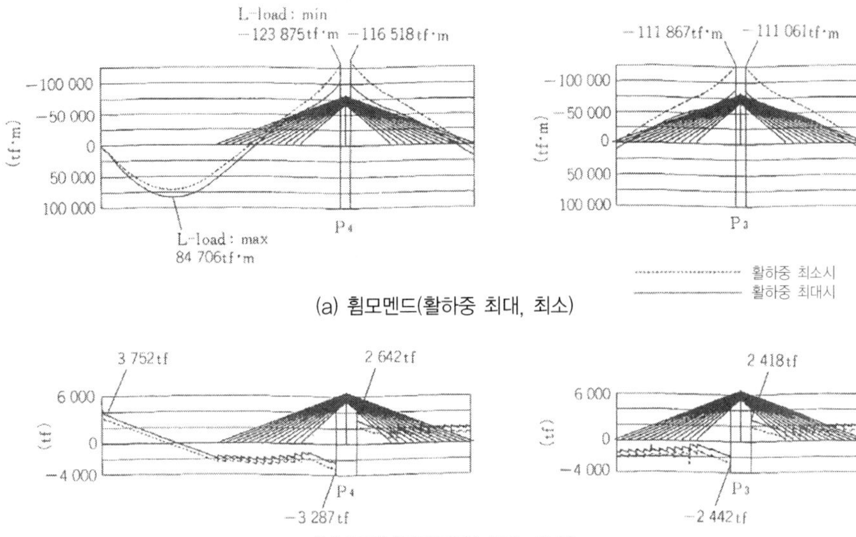

(a) 휨모멘드(활하중 최대, 최소)

(b) 전단력도(활하중 최대, 최소)

그림-4 활하중 작용시 단면력

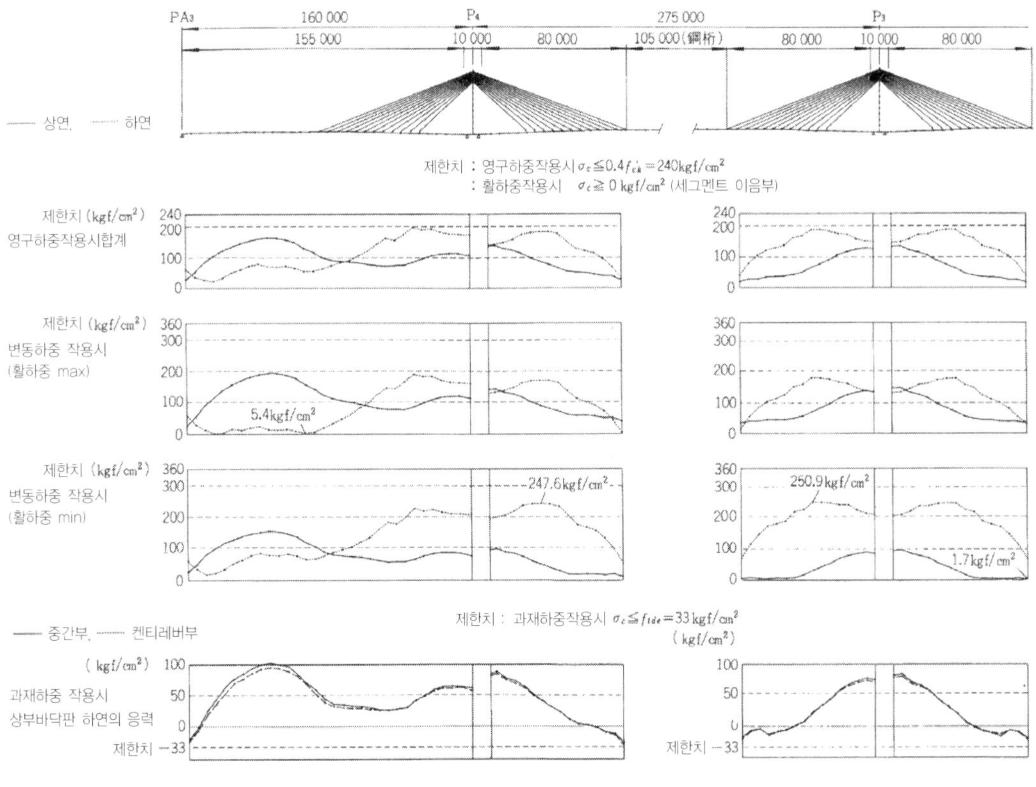

그림-5 사용한계상태에서 콘크리트Girderd의 휨응력

가 되어 사용한계상태의 전단에서 부재크기가 결정되는 일은 없었다.

그림-7은 종국한계상태의 전단력과 경사압축파괴 내하력을 나타낸 것이다. 최소두께 이외의 Web두께는 경사압축파괴 내하력이 작용 전단력을 상회하도록 결정하였다.

그림-8은 종국한계상태의 설계전단력에 대한 검토 결과 및 Web의 보강방법을 나타낸 것이다. 설계전단력(V_{yd})은 기본적으로 콘크리트가 분담하는 V_{cd}와 전단보강 강재의 부담분 V_{sd}의 합으로 표시된다.

Web 두께는 경사 압축파괴 내하력으로 결정되며 철근배치는 D25@125를 최대로 설계전단내하력을 산정하고 그래도 내력이 작용력을 밑도는 부분에는 전단보강 PC강봉을 배치하였다.

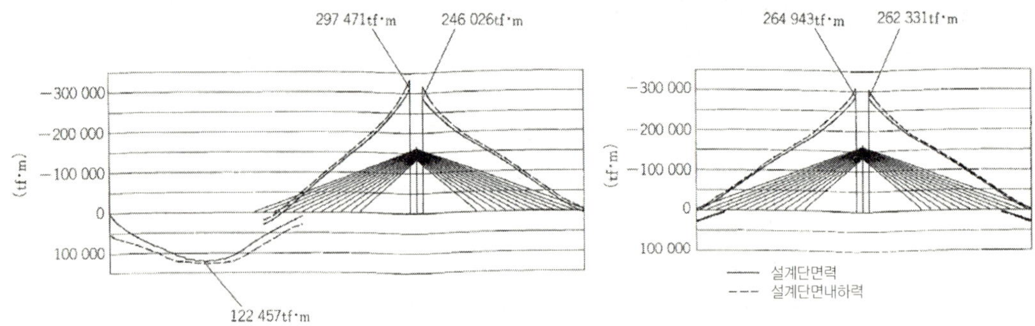

그림-6 종국한계상태에서 휨에 대한 검토결과

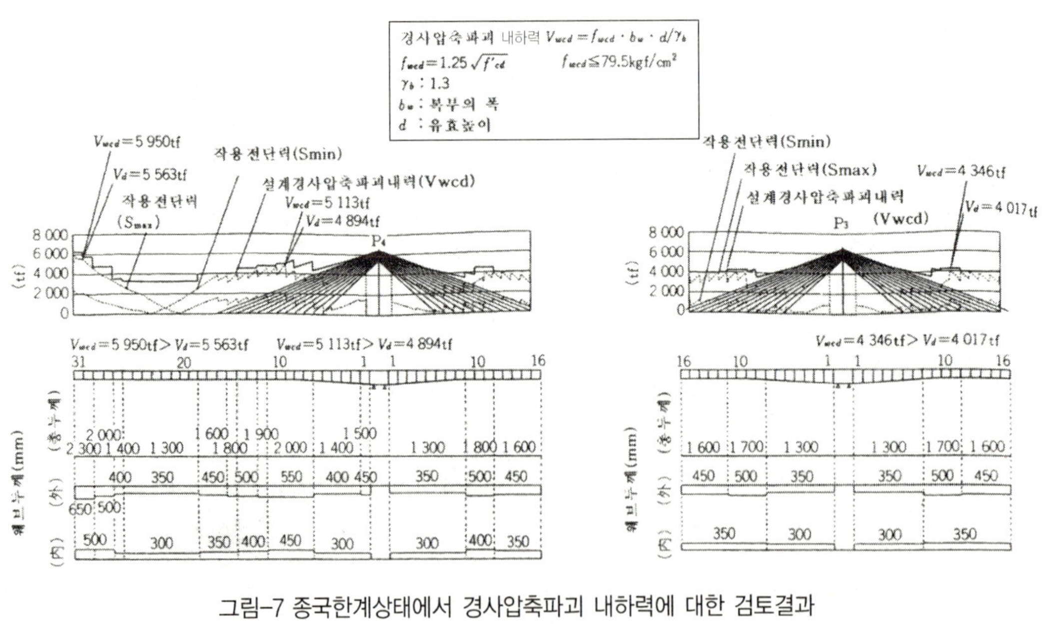

그림-7 종국한계상태에서 경사압축파괴 내하력에 대한 검토결과

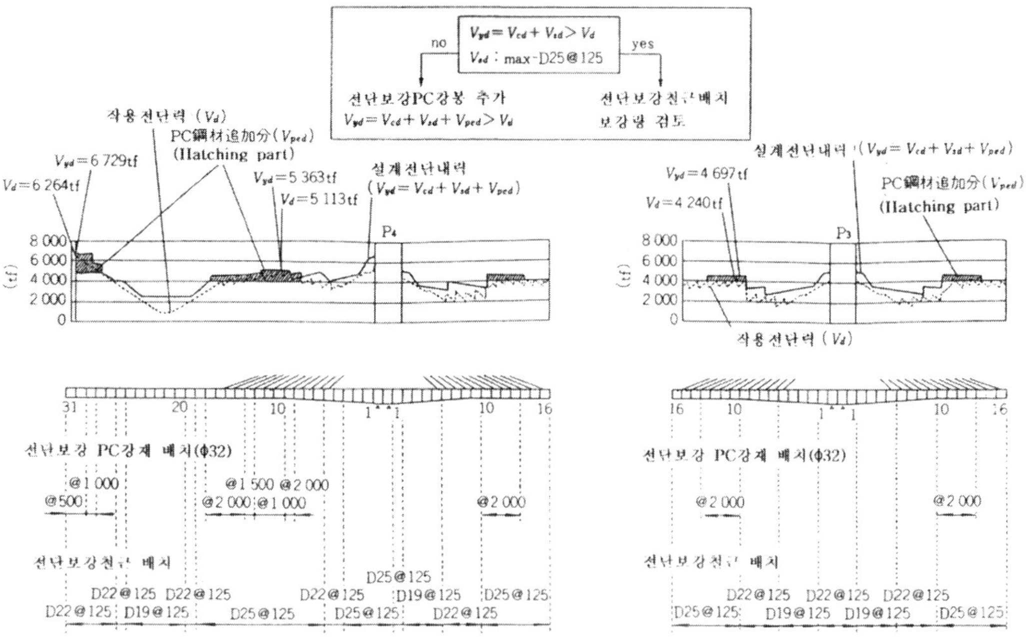

그림-8 종국한계상태에서 전단 내하력에 대한 검토결과

3. Concrete Girdr의 횡방향 설계

본 교량은 광폭원의 1면매기 System이므로 리브로 보강된 구조를 갖고 있다. 따라서 고정하중에 대한 해석은 리브, Web 및 바닥판의 접합부위를 거의 있는 그대로 Modelling한 3차원 Solid 요소Model을 이용하였고 켄티레버식 시공의 영향을 감안하기 위하여 세그멘트를 순차적으로 추가시키는 축차해석을 시행하였다.〔그림-9(a)〕해석값은 각 단계마다 발생되는 단면력 및 응력을 가산한 것을 이용하였다. 활하중 및 횡방향 프리스트레스에 대해서는 별도 부분Model〔그림-9(b)〕를 이용하여 해석하였고 축차해석과 합성함으로서 사용한계상태를 검토하였다.

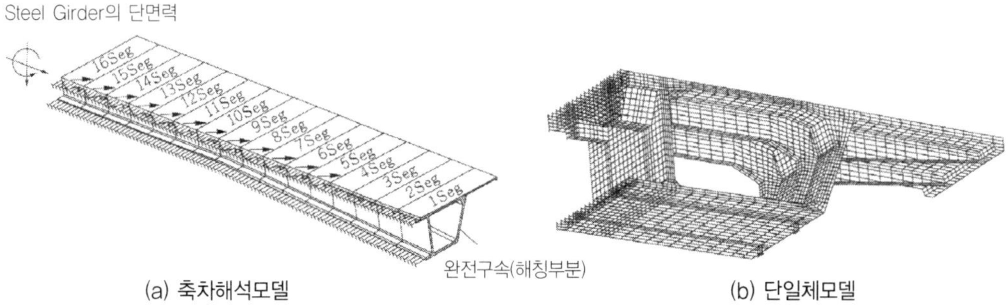

(a) 축차해석모델 (b) 단일체모델

그림-9 콘크리트Girder의 횡방향해석모델

그림-10은 콘크리트Girder의 횡방향 설계결과를 정리한 것이다. 상부바닥판 및 켄티레버 바닥판의 리브에 대해서는 휨균열발생 한계상태로 설계하였으며 Web, 하부바닥판 및 Box Girder 내부의 리브에 대해서는 휨균열폭 한계상태로 설계하였다.

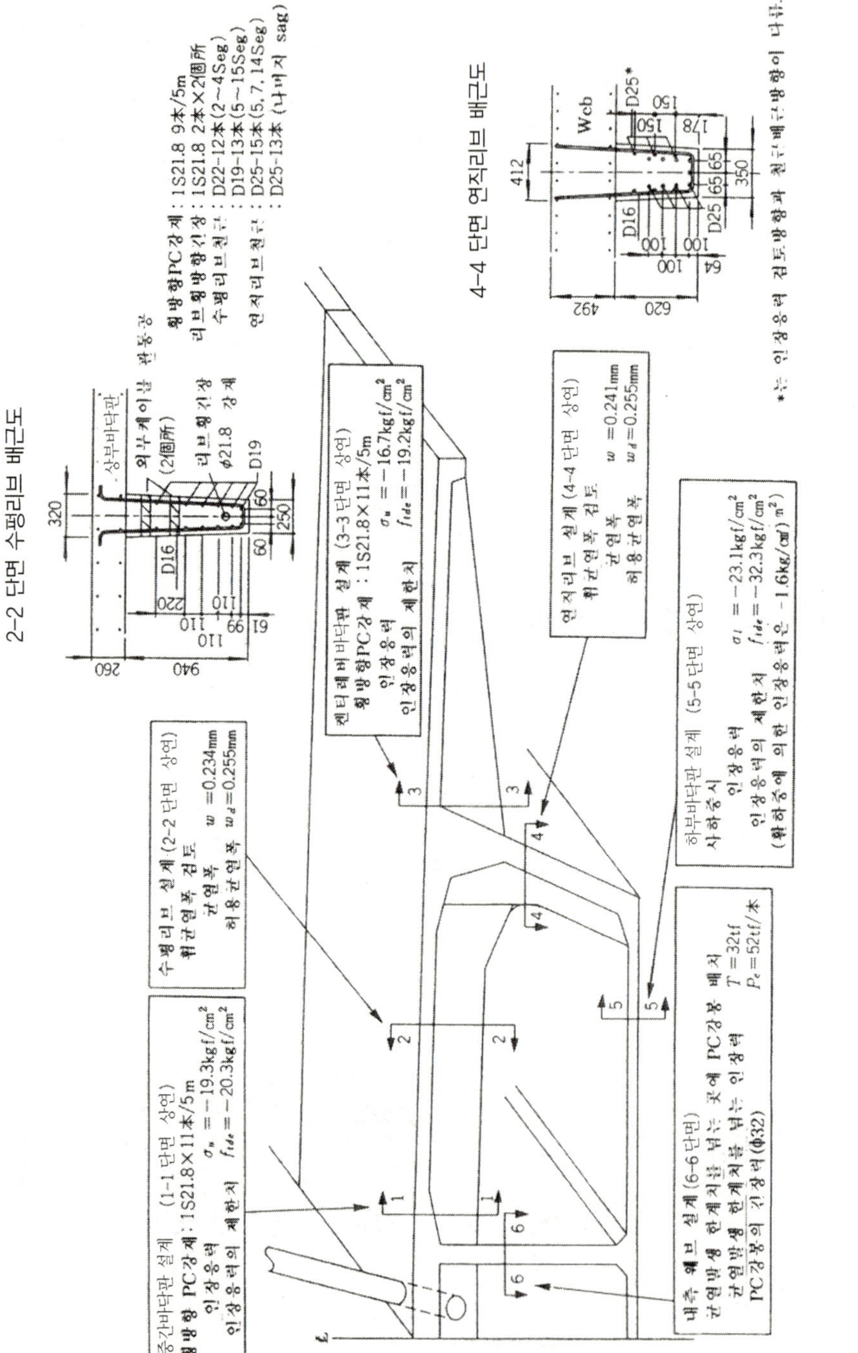

그림-10 콘크리트 Girder의 횡방향 설계 결과

4. Steel Girder 단면의 설계

그림-11은 Steel Girder단면의 설계결과를 정리한 것이다. Steel Girder부분에 PC강재를 배치하는 경우도 있어 최대 판두께는 경간중앙의 하부플랜지에서 32㎜가 되어 지간 100m인 단순교의 주형에 상당하는 판두께가 되었다.

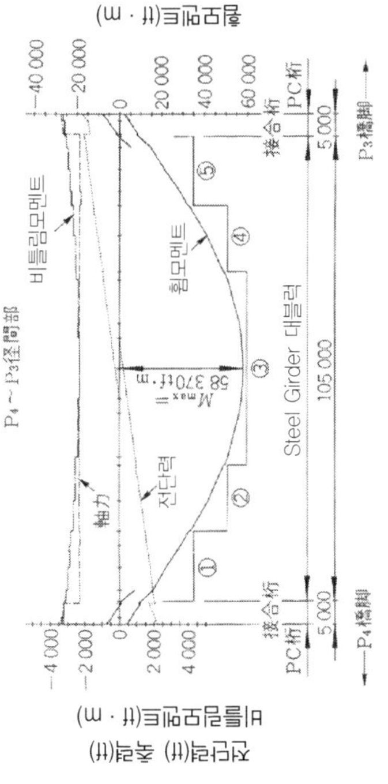

▶ P4~P3 Steel Girder 단면구성

단면번호		단 위	①		②	③	④	⑤		비 고
단면력		휨모멘트(tf · m)	10,160	33,080	49,150	58,370	48,850	34,410	8,970	
		전단력(tf)	2,020	1,400	940	250	970	1,420	2,050	
		축력(tf)	-2,230	-2,300	-2,330	-2,330	-2,320	-2,290	-2,310	
		비틀림모멘트(tf · m)	3,110	2,810	2,540	2,310	2,540	2,810	3,110	
주형 단면	강상판	판두께	18		18	18	18	18		내구성 향상, 구조적 합리화의 관점에서 일본도로교 시방서 규정을 만족하는 강상판두께, 트러프 리브 크기 결정
		재질	SM400A		SM490YB	SM490YB	SM490YB	SM400A		
	U리브	형상	440×330×8		440×330×8	440×330×8	440×330×8	440×330×8		
		갯수	36		36	36	36	36		
		재질	SM400A		SM490YA	SM490YA	SM490YA	SM400A		
	WEB	판두께	22		22	22	22	22		수평보강재가 1단인 경우 최소판두께로 결정
		재질	SM490YB		SM490YB	SM490YB	SM490YB	SM490YB		
	하부종리브	형상	200×23		200×23	240×23	200×23	200×23		Floating Crane으로 인양시 - 휨모멘트에 대한 압축보강판으로서 필요한 강도에 따라 결정 (도시 II 3.2.4)
		갯수	13		13	13	13	13		
		재질	SM490YB		SM490YB	SM490YB	SM490YB	SM490YB		
	하부플렌지	판두께	16		26	32	26	16		인장응력으로 결정
		재질	SM490YA		SM490YB	SM490YB	SM490YB	SM490YA		
응력	강산판 (압축응력)	σ(kg/cm²)	-501	-1,298	-1,739	-1,982	-1,728	-1,274	-460	( )안의 숫자는 강상판의 국부좌굴에 대한 허용 응력임
		σ_a(kg/cm²)	1,400	1,400	2,100(2,029)	2,100(2,029)	2,100(2,029)	1,400	1,400	
		σ / σ_a	0.36	0.93	0.83	0.94	0.82	0.91	0.33	
	하부플렌지 (인장응력)	σ(kg/cm²)	464	1,847	2,036	2,066	2,024	1,807	393	
		σ_a(kg/cm²)	2,100	2,100	2,100	2,100	2,100	2,100	2,100	
		σ / σ_a	0.22	0.88	0.97	0.98	0.96	0.86	0.19	
	합성응력	계산치	0.71	1.13	0.98	0.97	0.98	1.11	0.70	검토식$(\sigma / \sigma_a)^2 + (\tau / \tau_a) \leq 1.2$
		허용치	1.20	1.20	1.20	1.20	1.20	1.20	1.20	

그림-11 Steel Girder의 주형단면 설계 결과

5. 케이블의 설계

케이블 응력의 한계치는 B활하중에 대한 사용한계상태에서 $0.6f_{pu}$로 하였다. 그림-12은 사용한계상태의 케이블장력을 표시한 것이다. 2개/組에 대한 장력제한치는 1204ton이다.

케이블의 피로한계상태에 대한 검토는 피로검토용 하중에 의한 변동응력이 정착구 및 케이블의 보증 피로진폭 제한치(반복회수 200만회에서 15kg/㎟)이하로 되는지 여부를 조사하였다. 피로한계상태에 대한 검토순서는 다음과 같다.

① 교통량 조사결과에서 공용연수 50년동안 대형차량 교통량을 예측한다.

② 대형차 통과로 인한 케이블의 변동응력과 통과회수를 산출한다.

③ 반복회수 200만회일 때 환산변동응력을 산출한다.

④ 반복회수 200만회일 때 변동응력＜응력진폭 제한치 15kg/㎟임을 확인한다.

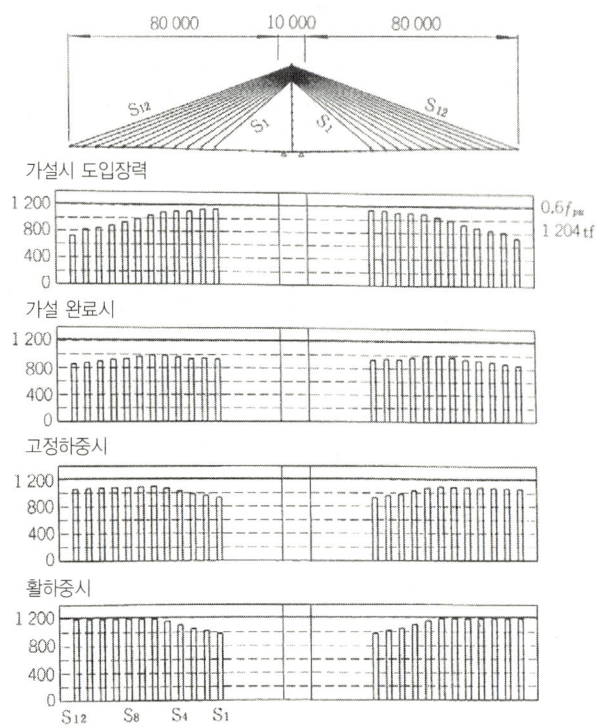

그림-12 사용한계상태에서의 케이블장력

피로한계상태에 대한 검토결과는 다음과 같다.

(1) 대형차 교통량 예측

해당노선의 일교통량 및 대형차 혼입율은 다음과 같이 예측되었다.

- 전체 차량 일교통량 : 67,690대/일, 대형차 혼입율 : 65.4%
- 따라서 대형차 : 44,269대/일, 보통차 : 23,421대/일

공용연수 50년간 예상 총통과 교통량은

- 대형차 : 808.0×10^6대, 보통차 : 427.4×10^6대

(2) 대형차통과로 인한 변동응력과 통과회수

교통량 조사결과 중에서 보통차는 케이블의 변동응력에 미치는 영향이 적은 것으로 판단되므로 대형차 만을 감안하였다. 그리고 대형차의 교통량을 B활하중인 p_1하중 통과회수로 치환하면

p_1하중 : 173.5ton, 대형차 20ton이므로 $808.0 \times 10^6/(173.5/20) = 9.31 \times 10^7$회

한편 p_1하중에 의한 케이블의 응력변동폭은 평면골조Model을 이용한 영향선재하 결과에서 최대 1.93kg/mm²이 된다.

$(\Delta\sigma, N) = (1.93\text{kg/mm}^2, 9.31 \times 10^7\text{회})$

(3) 반복회수 200만회에 대한 환산 변동응력

그림-13은 응력진폭 제한치와 반복회수의 관계를 나타낸 것이다. 그림-13의 제한치는 보증치를 지나는 경사 1/m=1/3.3직선과 PTI기준[6]을 참고하여 구한 최소치 13kg/mm²으로 구성된다. 그리고 m=3.3은 시험데이터를 이용 가정한 값이다.

마이너스쪽을 이용하여 반복회수 200만회에 대한 환산응력진폭을 구한다. 마이너스쪽은 다음 식으로 나타낼 수 있다.

$S^m \cdot N = \text{constant}$

여기서 S : 응력진폭($= \Delta\sigma$)

m : S-N곡선 기울기의 역수

N : 반복회수

$\sigma 200^{3.3} \times 2.0 \times 10^6 = 1.93^{3.3} \times 9.31 \times 10^7$

$\sigma_{200} = 6.25\text{kg/mm}^2$

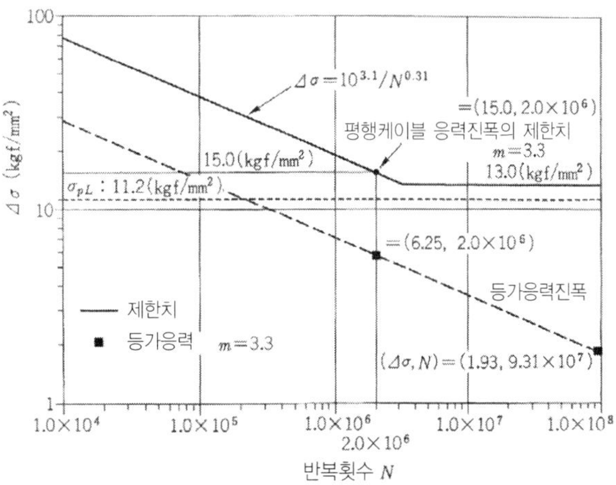

그림-13 케이블의 S-N선도

(4) 검토결과

$6.25 < 15\text{kg/mm}^2$ OK

6. 주탑 설계

주탑의 교축직각방향 폭은 1.75m로 매우 얇은 벽식부재로 되어 있고 그림-14는 주탑의 배근 상태를 나타낸 것이다. 주철근은 D38@125를 1.5단으로 배치하였다.

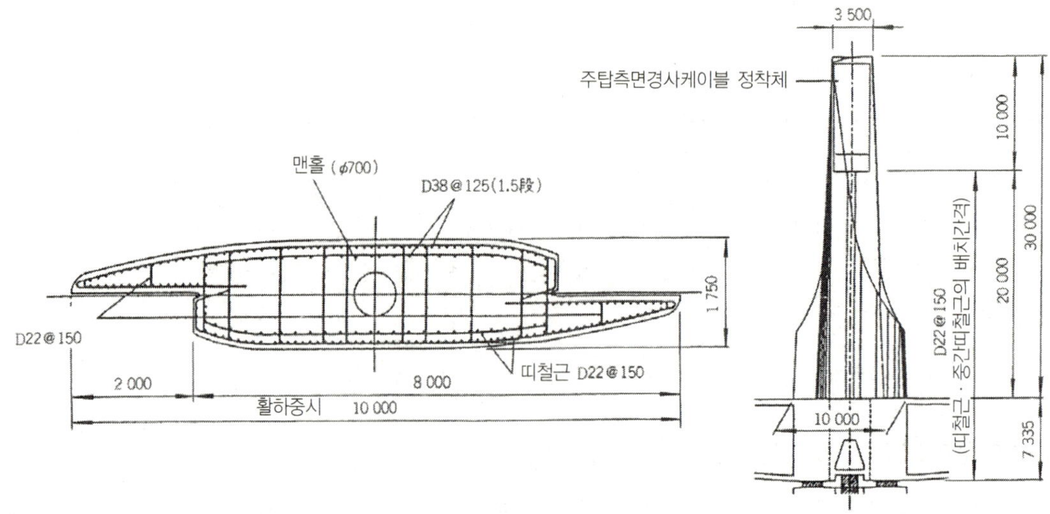

주탑하단 단면의 철근 배치도 　　　 띠철근 · 중간띠철근 배치도

그림-14 주탑의 배근도

사용한계상태의 휨에 대해서는 전단면압축이 되어 유해한 휨균열은 발생하지 않았다. 콘크리트의 최대압축응력은 176kg/㎠으로 제한치인 $0.4f'_{ck}=200$kg/㎠을 만족하였다. 전단에 대해서는 설계전단력 V_d가 콘크리트의 전단내하력 V_{cd}의 70%보다 적으므로 전단균열에 대한 조사는 생략하였다.

종국한계상태에 대한 검토는 본 교량에 적용된 입력지진동[7]을 사용하여 재료 및 기하학적 비선형동적해석을 시행한 결과에서 얻어진 단면력에 대하여 일본 도로교시방서 V 내진설계편에 따라서

휨모멘트 : $M_u / M_d > 1.0$

전단력 : $V_u / V_d > 1.0$

여기서 M_u : 휨내하력, M_d : 작용휨모멘트

V_u : 전단내하력, V_d : 작용전단력으로 표-6은 그 결과를 정리한 것이다.

주탑의 배근은 교축직각방향 지진으로 결정되었다. 본 교량에서는 주탑이 편평하고 높은 축력을 받는 부재이므로 내하력에 어느 정도 여유를 둔다는 의미에서 지진시 초기항복력(M_y) 정도를 유지하도록 배근을 조정하였다.

▶ 표-6 주탑의 종국한계상태시 검토 결과

지진의 방향		교축직각방향 지진
M~φ 관계곡선		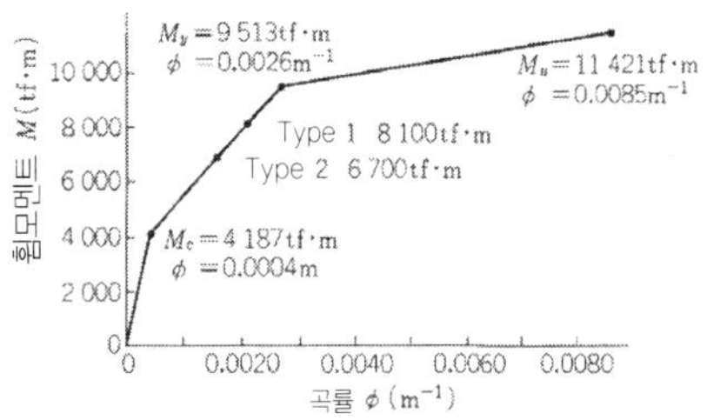
M~N 상관곡선		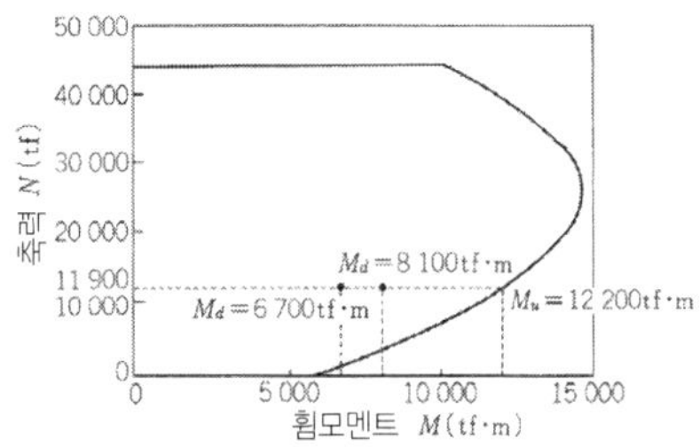
내하력검토	휨	Type Ⅰ M_u = 11400tf · m > M_d = 8100tf · m (M_u / M_d = 1.41) Type Ⅱ M_u = 11400tf · m > M_d = 6700tf · m (M_u / M_d = 1.70)
	전단	Type Ⅰ V_u = 1560tf > V_d = 390tf (V_u / V_d = 4.00) Type Ⅱ V_u = 1670tf > V_d = 370tf (V_u / V_d = 4.51)

7. 상부시공 개요

7-1 공사 개요

이비가와교는 최대지간 271.5m에 6경간, 키소가와교는 최대지간 275.0m에 5경간으로 두 교량 모두 Rubber Bearing으로 지지되는 연속교이며 폭원은 33m이고 상하행선 일체단면이다.

그림-15는 전체일반도를 나타낸 것이다. 기초형식은 지지층까지의 깊이가 40m로 깊어 공기, 경제성을 감안하여 강관 Sheet Pile기초를 채택하였다.[3)] 이들 교량의 가장 큰 특징은 세계최초 Hybrid Extradosed교라는 점이다. 상부공 중량을 줄이기 위하여 지간 중앙부 100m 구간에는 Steel Girder, 나머지 부분에는 콘크리트 Girder를 채택하였고, PC강재를 주형외부로 크게 편심 배치함으로서 콘크리트 Girder 자체의 경량화도 실현하였다. 표-7은 본 공사의 개략수량을 정리한 것이다.

가교지점은 하천의 하구로 주형의 해상운반이 용이한 점, 경제적으로 세그멘트를 운반할 수 있는 곳에 제작장 확보가 가능한 점, 콘크리트는 60MPa의 고강도콘크리트를 사용하는 등의 이유로 Precast Segment공법을 채택하였다. 제작은 숏라인 매치케스트방식이고 가장 큰 세그멘트는 높이 7m, 폭원 33m, 길이 5m로 중량은 400ton이다. 이것은 이제까지 일본에서 시공된 세그멘트의 약 5배에 이르는 것이다.

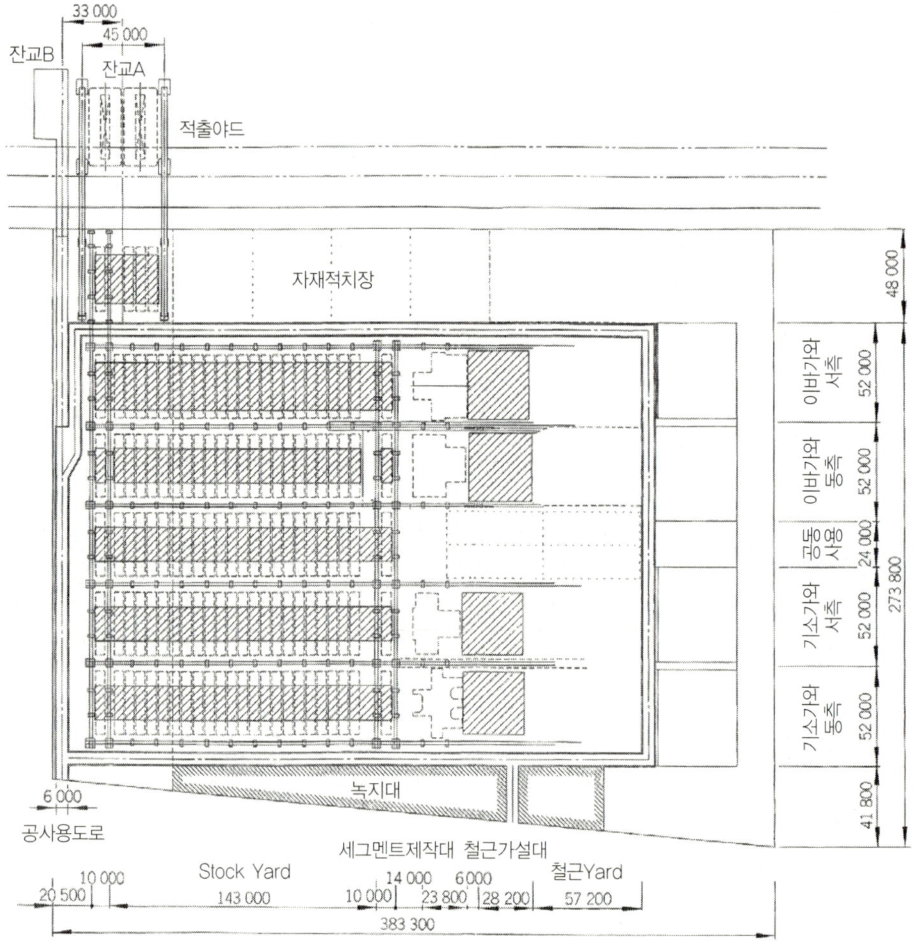

그림-15 제작장

▶ 표-7 상부공의 개략수량

	單位	이비가와교 (西)	이비가와교 (東)	키소가와교 (西)	키소가와교 (東)	합계
콘크리트	㎥	14,500	21,000	13,400	13,300	62,200
철근	ton	2,100	3,000	1,900	1,900	8,900
PC강재	ton	1,300	1,600	1,100	1,100	5,100
Steel Girder	ton	3,600	3,600	4,000	2,000	13,200

8. 주형 제작

8-1 제작장

그림-15와 같이 80,000㎡인 제작장은 제작라인이 4개(각 JV마다 1개씩)가 있고 모두 360개의 세그멘트가 제작된다. 그리고 2라인에 1개씩 세그멘트 운반용 400ton 크레인이 설치되었으며 저장Yard 작업과 운반선에 적재하는 작업이 종 · 횡방향 모두 가능하도록 장비를 갖추었다. 운반선에 적재하기 위한 400ton 해상크레인이 1기 설치되었다.

제작장 전경

제작장의 400ton 크레인

세그멘트 운반용 400ton 크레인

8-2 세그멘트제작

시공에 앞서 상세설계에서 여러 가지 구조상세와 콘크리트의 특성을 검증하기 위하여 표-8과 같은 실험을 시행하였다. 특히 콘크리트에 대해서는 60MPa 콘크리트를 고속도로에서 처음으로 적용하였고 단면구성이 복잡하며 광폭원이므로 바나나변형에 대해서 실물크기의 세그멘트 2개를 이용 검증하는 것으로 하였다.[9]

콘크리트는 고성능AE감수제를 이용한 Slump 20㎝인 것을 사용하였고 바나나변형에 대해서는 사전해석에서 단부거푸집 강성의 영향에 따라 다르지만 3~5㎜ 정도의 변형이 예측되었다. 그러나 실제로는 신구세그멘트의 분리 이전에 세그멘트 자체가 분리되므로 바나나변형은 1㎜정도 발생하여 특별한 대책은 세우지 않았다. 바닥판 횡방향텐던은 세그멘트 분리전에 전체의 50%(이 50%는 자중과 균형을 이룸)를 긴장하고 나머지는 분리 후 긴장하는 것으로 하였다.

그림-16은 세그멘트 제작대의 개요, 그림-17은 세그멘트의 단면도이다. 주형 내측에 리브가 있으므로 일반적인 경우보다 거푸집 탈형시 거푸집을 크게 벌릴 필요가 있다. 중간가로보가 있는 세그멘트는 거푸집의 구조적인 이유 때문에 저장Yard에서 나중에 시공하는 것으로 하였다. 철근은 제작대 옆 철근조립대(2기)에서 철근망으로 조립하여 일괄거치하였다. 이때 철근망의 최대중량은 약 30ton이다.

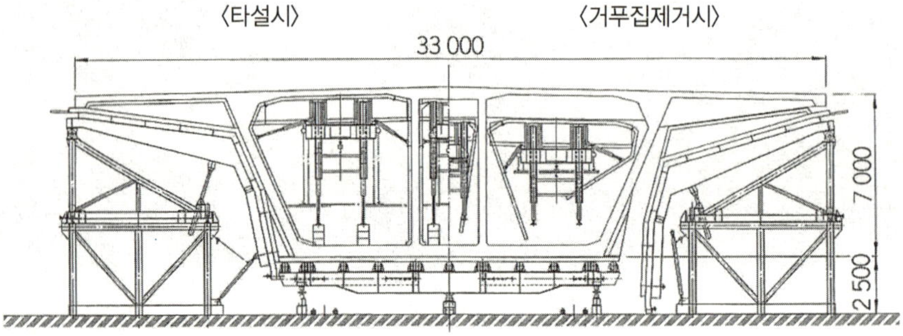

그림-16 세그멘트 제작대

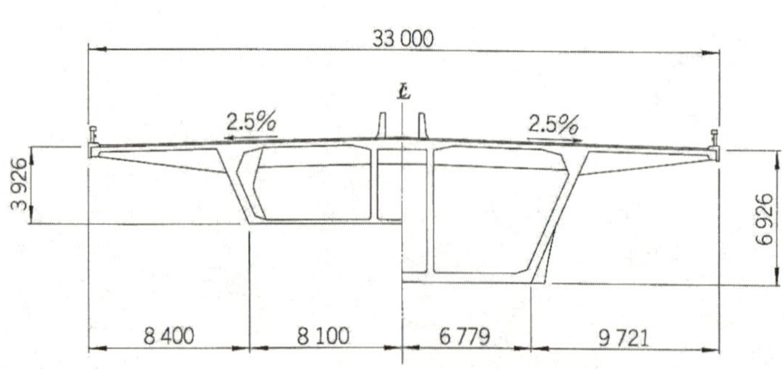

그림-17 세그멘트 단면도

일본에서 이와같이 거대한 세그멘트는 처음이다. 그리고 고강도콘크리트 사용과 한계상태설계법[9]의 적용으로 일반적인 부재두께보다 얇아졌다. 따라서 제작에서 가설직전까지 변형을 파악하여 제작에 반영시키는 것이 매우 중요하다. 이비가와교 · 키소가와교는 콘크리트교로는 처음으로 강교에 사용되던 CCD카메라를 이용한 3차원 형상관리시스템(그림-18)을 도입하였다. 이것은 저장Yard에 옮기기 직전과 운반선에 올리기 직전에 계측하여 가설상태를 Simulation해보고 동시에 가능한한 그 자료를 제작에 Feed Back하기 위한 것이다.

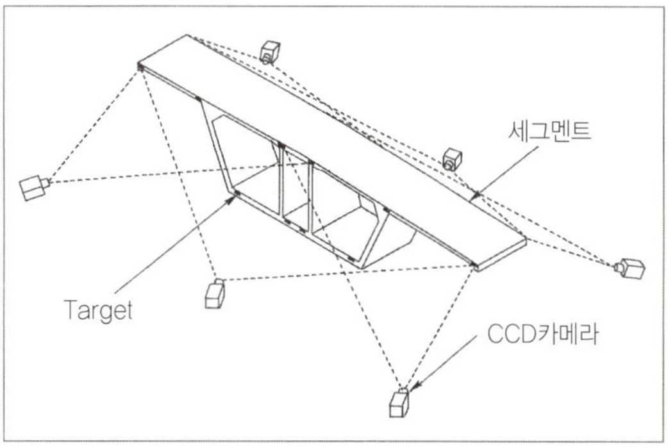

그림-18 3차원 형상관리 시스템

세그멘트 제작대

철근망 들기

▶ 표-8 실험의 개요

실험항목	방 법	내 용
실물모형실험	세그멘트 2개 제작	콘크리트 Workability확인
		세그멘트의 바나나변형 계측
		콘크리트 온도 계측
		들어올리기 · 임시저장시 응력계측
		바닥판 횡방향텐던 긴장시 바닥판의 변형계측
접합부 피로시험	윤하중 이동재하 시험기	접합부 상판 안전성 확인
합리화강상판(트러프Rib)의 피로시험	Beam Model에 의한 정적재하	트러프Rib 안전성 확인
합리화강상판의 피로시험	Spring Model에 의한 정적재하	합리화강상판 전체 안전성 확인
케이블의 풍동실험	3D Model	위크겔로핑 발생 가능성 확인
		필요한 대수감쇠율 결정

주두부세그멘트를 제외한 세그멘트의 제작공정은 대략 4일공정으로 제작한다. 첫째날은 거푸집탈형과 분리 및 바닥·측벽거푸집 Setting, 둘째날은 철근망 건입과 내부거푸집 Setting, 셋째날은 내부거푸집 조립과 PC강재의 고정, 그리고 넷째날에는 콘크리트타설과 양생의 공정으로 이어진다.

8-3 세그멘트의 운반과 임시저장

운반시 및 임시저장시에 대해서는 FEM으로 검토하였다.[10] 그리고 부재에는 기본적으로 균열발생한계 이내가 되도록 매달기위치와 임시저장시 받침점 위치를 결정하였다. 특히 임시저장시에는 Yard가 매립지이므로 세그멘트의 부등침하가 우려되었다. 따라서 검토결과에 따라 정해진 허용침하량을 표시하고 임시저장시 변형량 파악은 거동을 모니터링하여 대처하였다.

9. 주형 가설

9-1 주두부 시공

주두부의 가설은 그림-19와 같은 요령으로 이루어진다. 최대중량이 400ton 이내가 되도록 3등분된 주두부 세그멘트를 제작하여 고무받침을 설치한 다음 Floating Crane(600ton)으로 교각위에 순차적으로 설치하는 것이다. 그리고 가로보 철근을 조립하고 콘크리트를 플렌트선에서 타설하여 주두부를 완성한다. 본 교량의 구조형식은 연속교이지만 2점받침이므로 가설중에는 임시받침을 사용하지 않고 켄티레버시공을 하게 된다. 다만 나중에 Steel Girder 가설시 Unbalance Moment에 대하여 받침에 Uplift가 작용하지 않도록 PC강재로 주형과 교각을 가고정한다.

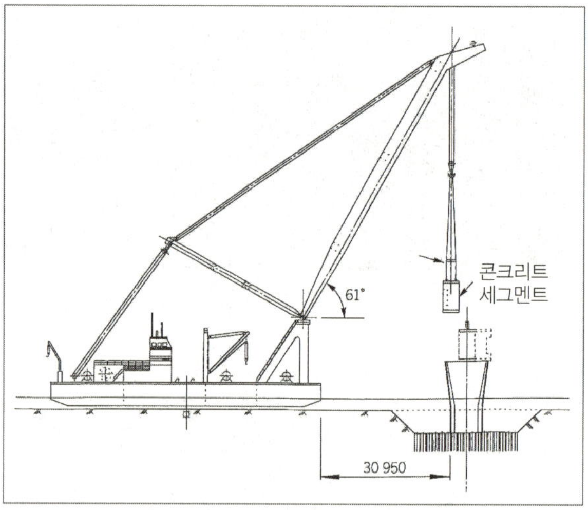

그림-19 주두부 세그멘트 가설도

9-2 세그멘트의 켄티레버식 가설

주두부시공이 종료되면 150㎜ 현장이음부를 두고 기준세그멘트를 설치하게 된다. 이음부 콘크

사진-1 Erection Nose를 이용한 켄티레버식 가설

리트는 하부바닥판 · Web에 대해서는 충진성을 중요시하여 고유동콘크리트를 사용하고 상부바닥판에는 초기균열방지를 위하여 Fiber 콘크리트를 사용하였다. 켄티레버시공은 운반선에서 세그멘트를 들어올려 접착제 도포, 잡아당기기, 내 · 외케이블의 긴장 순서로 이루어진다. 가설공정은 케이블이 설치되는 세그멘트의 경우 대략 4일이 소요된다. 첫째날에는 좌우세그멘트를 들어올려 끌어당겨 놓고, 둘째날에는 내 · 외케이블의 삽입 · 긴장, 셋째날에는 나머지긴장과 케이블의 삽입 넷째날에는 케이블 긴장(케이블삽입 · 긴장은 세그멘트가설과 병행하여 진행시킨다)과 Erection Nose의 이동 및 거치작업의 공정으로 이루어지게 된다.

9-3 케이블 및 External케이블 시공

케이블에는 공장제작 케이블(163× ϕ7)을 사용하였다. 1단 4개(좌우 2면씩)의 케이블가설 · 긴장을 1세그멘트의 켄티레버식 가설 동안에 시행하며 케이블은 사장교와 같이 장력조정은 하지 않는다. 그리고 켄티레버식 가설시 External케이블의 가설 · 긴장도 시행한다. External케이블은 에폭시수지를 코팅한 15.2mm Strand를 사용하였다. External케이블 가설에는 19개의 Strand를 공장에서 드럼에 감아 놓은 것을 현장에서 엮어 윈치를 이용 주형내부로 끌어 당겨 넣는다.(그림-20) 이때 External케이블은 주탑 정착부 이외 부분에 에폭시수지만 바른 상태이므로 사전에 시험시공을 통하여 가설도중에 상처가 발생하지 않도록 세심하게 주의하였다.

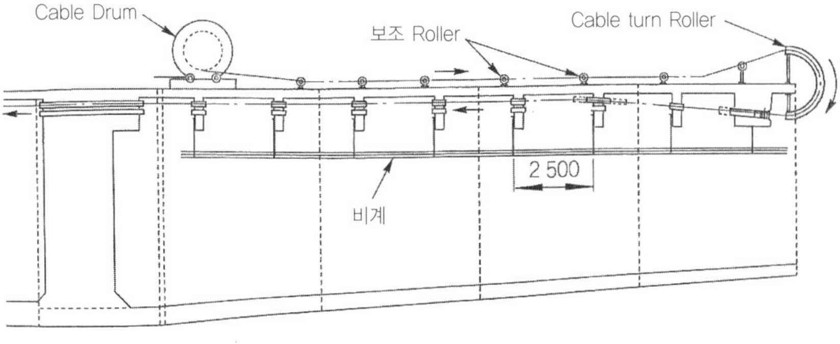

그림-20 External 케이블의 가설도

10. 주탑 시공

주탑은 그림-21과 같이 편평한 단면을 갖고 있다. 그리고 콘크리트는 50MPa이므로 온도응력에 의한 균열을 방지하기 위하여 저열포틀랜드시멘트를 사용하였다.11) 타설은 주두부 가로보시공방법과 같이 콘크리트 플랜트선을 이용하였다. 본 교량은 주탑폭이 1.75m로 좁으므로 케이블을 주탑에 정착시키는 것은 주탑의 Steel부분에서 이루어진다. 따라서 주탑의 약 $\frac{2}{3}$ 정도 콘크리트 시공이 종료되면 그 위에 강재 정착체(W=80ton)를 Floating Crane으로 설치한다. 그리고 케이블의 긴장이 끝나면 정착체 주변에 콘크리트를 타설, 일체화시켜 주탑의 시공을 종료한다.

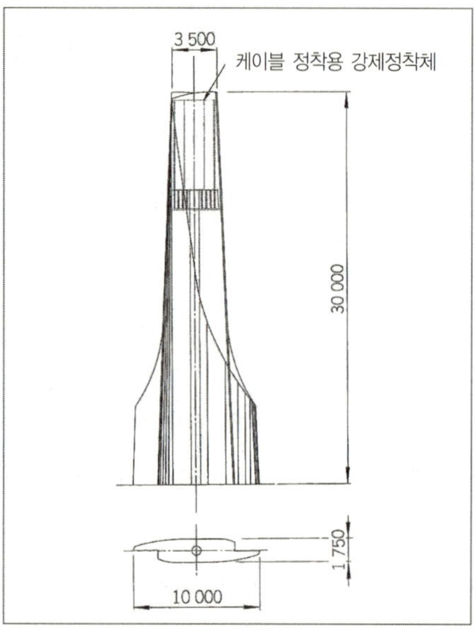

그림-21 주탑 일반도

케이블 가설

11. 측경간 시공

측경간은 외측부터 주교각을 향하여 임시케이블 사용하면서 역방향으로 켄티레버식 시공한다. 키소가와교와 이비가와교의 서쪽은 세그멘트를 제방넘어 옮기는 것이 가능하므로 대형Girder를 이용한 프리케스트공법으로 시행하였다.(그림-22, 23) 그러나 이비가와교의 동쪽은 세그멘트를 제방넘어 운반할 수 없어 가설작업차를 이용 현장타설하는 공법으로 가설하였다.(그림-24) 이때 전단면을 가설하는 작업차의 경우 제방위 도로의 형하공간을 확보할 수 없으므로 단면을 Core부분과 Side부분으로 3분할하여 먼저 Core부분을 연결하고 가설작업차의 방향을 전환하여 측경간 시공을 완료하였다.

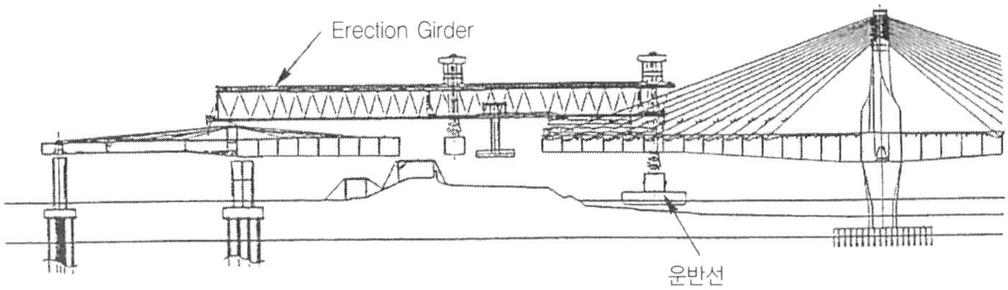

그림-22 측경간 시공도(키소가와교)

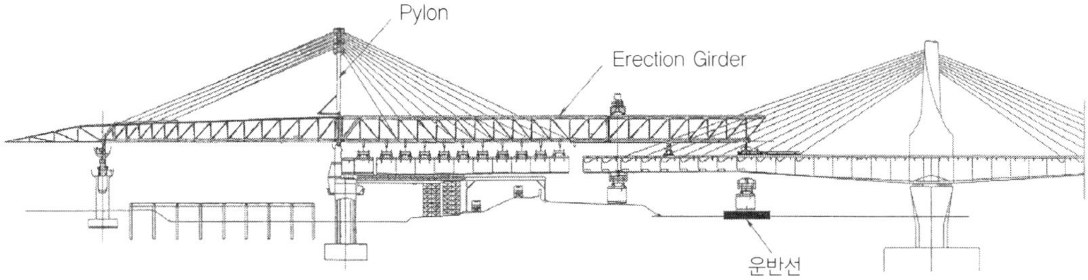

그림-23 측경간 시공도(이비가와교 서측)

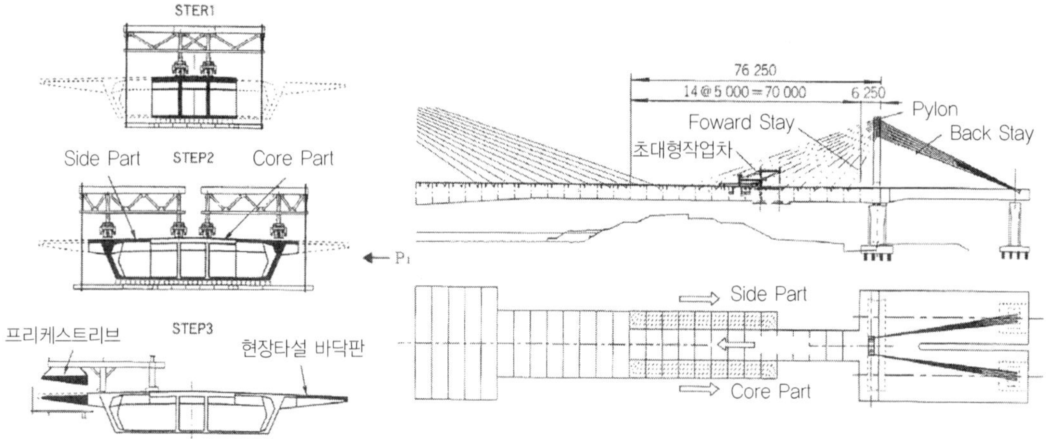

그림-24 측경간 시공도(이비가와교 동측)

12. Steel Girder 가설

콘크리트주형의 가설이 종료되면 중량 2,000ton, 주형길이 100m인 Steel Girder를 콘크리트 Girder 위에서 매달아 올려 가설하게 된다.(그림-25) 이 때 반대쪽 켄티레버 선단부분에 Unbalance Moment에 의한 교각응력을 제어하기 위하여 Counter Weight를 사용한다. Steel Girder는 콘크리트 Girder 선단부에 설치된 Connection Girder와 볼트로 접합된다. 이 때 시공

오차는 Steel Girder와 Connection Girder 사이 100㎜ 틈새에서 모두 처리된다. 그리고 콘크리트 Girder와 Steel Girder의 연결은 모든 Steel Girder의 가설이 완료된 다음에 시행한다.

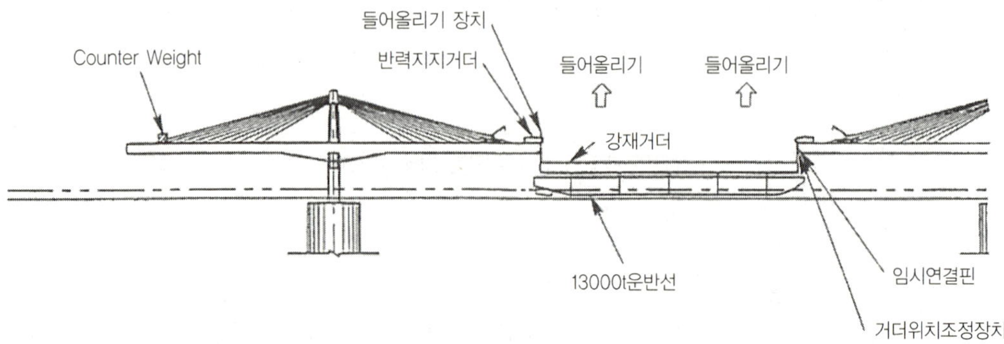

그림-25 Steel Girder 일괄가설도

13. 하부공의 개요

13-1 교량형식 선정

키소가와 · 이비가와에 교량을 건설에는 다음 3가지 조건이 있다.

① 교량연장이 1km 이상이 된다.

② 제방을 횡단하는 곳은 지간장이 160m에 이른다.

③ 교각은 갈수기에 시공한다.

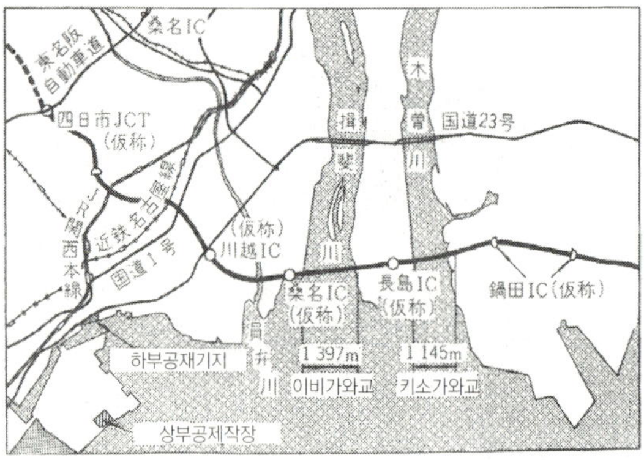

그림-26 키소가와교, 이비가와교 위치도

이러한 조건을 만족하는 기존의 교량형식으로는 Steel Box Girder교, 트러스교, Steel 사장교, PC사장교, PC Extradosed교 및 PC Box Girder교 등이 있다. 이러한 교량 중에서 우선적으로 하천조건과 경제성에 유리한 Steel Box Girder교 및 PC Extradosed교를 선정하여 두 교량형식의 장점을 모두 갖춘 새로운 형식의 PC · 강 Hybrid Extradosed교와 경쟁이 가능한 3가지 교량형식에 대해서 키소가와교를 대상으로 비교검토하였다.

- 제1안 : Steel Box Girder교 (160+5@165+160)m
- 제2안 : PC Extradosed교 (160+4@206.25+160)m
- 제3안 : PC · 강 Hybrid Extradosed교(160+3@275+160m, 중앙경간의 105m는 Steel Girder)

다음과 같은 이유로 PC · 강 Hybrid Extradosed교가 채택되게 되었다.

① Extradosed교는 비교적 장경간 교량에서 외력을 주형과 케이블로 적절하게 분담시켜 외력 의 대부분을 케이블이 부담하는 사장교에 비하여 건설비용을 줄일 수 있다. 그리고 사장교 와 비교하여 경사케이블에 작용하는 응력변동폭을 줄일 수 있으므로 상시 케이블의 인장 장응력 허용치를 늘릴수 있어 케이블을 저감할 수 있게 된다. 이번 경우에도 제2안, 3안은 제1안에 비하여 경제적이었다.

② 인장에 강하고 가벼운 Steel Box Girder를 지간중앙에 이용하는 복합구조이므로 사하중이 경감되며 경간장을 늘릴수 있어 하부공과 상부공의 총공사비가 가장 적고 균형을 이루는 설계가 가능하게 되었다. 측경간 및 중앙지점 부근을 PC Box Girder, 중앙경간 부근 105m에는 Steel Box Girder를 적용한 제3안은 제2안보다 경제성이 우수하였다.

③ PC Box Girder부분에 External 케이블과 Internal 케이블을 병용하고 Precast Segment 공법을 적용하여 부재의 경량화, 시공 생력화 및 건설비용 절감이 가능하게 되었다.

그림-27 완성예상도1

그림-28 완성예상도2

13-2 받침형식의 선정

주형과 교각의 결합방식(받침형식)은 다음 경우에 대해서 검토하였다. 검토는 키소가와교를 기준으로 검토하였다.

- Case 1 : Rubber Bearing을 사용한 1교각 1받침 선형식
- Case 2 : 연속Rigid Frame형식
- Case 3 : Rubber Bearing을 사용한 1교각 2받침 선형식
- Case 4 : Case 2와 3의 조합(P_1, P_4는 Rubber Bearing, P_2, P_3는 Rigid Frame구조)

검토결과 Case 1은 활하중에 의한 처짐이 제한치(L/400)을 크게 초과하고 케이블의 응력도 크므로 채택이 불가능하게 되었다. Case 2는 키소가와교에는 적용 가능하나 보다 지간장이 긴 이비가와교에서는 비경제적이 되어 채택하지 않았다.

Case 3은 교각에 2개의 받침선을 두어 주형과 교각을 탄성적으로 결합하는 방안이므로 연직하중에 대해서는 Rigid Frame구조와 유사한 거동을 나타내고 수평하중에 대해서는 분산받침이 설치된 연속보와 같은 거동을 하는 구조이다. 두 받침선의 간격은 받침에 부반력이 발생하지 않도록 하려면 6.5m가 필요하였다. 받침형식은 전체적인 내진성 및 경제성을 감안하여 이 방안을 채택하기로 하였다.

Case 4는 받침수를 줄이기 위하여 Case 3의 고무받침 중에서 P_2, P_3교각을 Rigid Frame구조로 하는 방안이다. 이 안은 지진에 의한 수평력이 Rigid Frame부분에 집중되어 전체적인 힘의 균형이 나빠지므로 채택하지 않았다.

13-3 주형 접합위치 선정

PC Box Girder와 Steel Box Girder의 접합위치는 다음과 같은 이유로 중간지점에서 80m 부근으로 결정하였다.

① 본 교량의 경우에는 PC Box Girder가 Steel Box Girder보다 경제적이므로 가능한 한 PC Box Girder를 길게 하였다.

② 주탑의 높이는 케이블가설이 용이한 30m로 하고 주형의 높이는 교차조건 등을 감안하여 지점부 7m, 경간중앙부 4m로 하였으므로 Extradosed교로 설계가능한 범위까지 PC Girder를 연장하였다.

③ Extradosed교는 케이블의 수평분력이 연직분력보다 매우 크므로 케이블의 설치범위까지 압축력에 대한 저항력이 큰 PC Box Girder 구조를 적용한다.

④ 접합위치는 주형 상면이 압축이 되도록 + 휨모멘트구간에 두어 접합부 바닥판의 내구성

향상을 도모하였다.

14. 하부공 계획

14-1 기초형식 선정

본 교량은 하구부에 위치하므로 설계 · 시공시 다음과 같이 하천 및 바다의 조건을 만족시킬 필요가 있었다.

■ 하천조건

- 하적저해율에 영향을 미치는 공사는 갈수기에 시공 (10월~다음해 5월까지 8개월간)
- 가설잔교를 이용하는 경우 경간장 40m 이상
- 홍수기 하적저해율 7% 이하

■ 해상조건

- 작업선 기지 및 태풍 등 악천후시 피난항 확보

■ 기 타

- 인접하는 김 양식장(양식기간 10월~다음해 4월)에 대한 충분한 대책

그리고 가교위치가 하구부이므로 해상으로부터 접근이 가능하여 선박을 이용한 대규모의 부재 · 재료운반 및 작업선을 이용한 시공이 가능한 조건임을 충분히 감안하여 해상 및 장대교 기초형식을 선정하게 되었다.

결과적으로 강관Sheet pile정통기초와 뉴메틱케이슨기초를 비교검토하여 공기와 경제성 측면에서 우수한 강관Sheet pile정통기초를 선정하게 되었다.(사진-3, 4) 잔교의 시공은 가설잔교시공에 많은 기간이 소요되므로 갈수기에 공사를 마칠수 없어 채택하지 않기로 하였다.

사진-2 강관말뚝의 타설

사진-3 강관Sheet Pile 물막이공

그리고 본 교량과 같은 대규모 구조인 경우 이음부 전단변형이 크고 탄성 바닥판을 유한장 Beam으로 Modelling한 것과는 거동이 다르므로 이음부의 전단변형을 고려한 "가상정통 3차원 해석"으로 설계하였다.

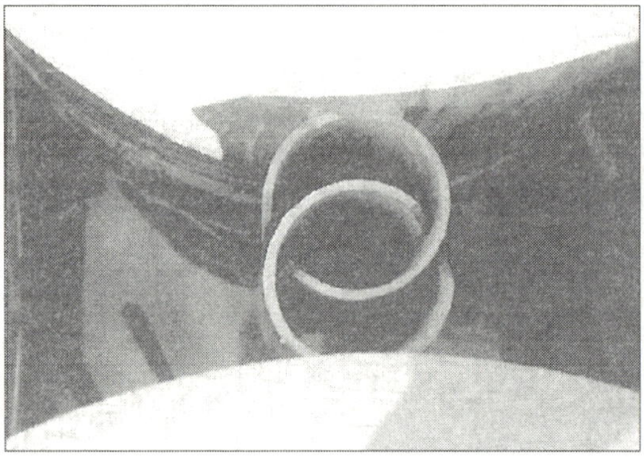
몰탈 주입전

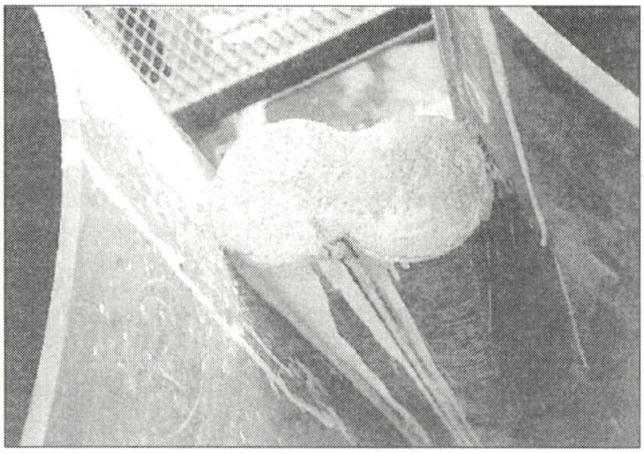
몰탈 주입후

사진-4 강관Sheet Pile 물막이 이음부

14-2 강관Sheet pile정통기초의 형상 및 말뚝 직경 선정

강관Sheet pile정통기초의 형상은 타원형, 사각형, 원형을 비교한 결과 교축 및 교축직각방향 모두 합리적인 설계가 가능한 사각형으로 선정하였다. 모서리부분은 시공오차를 줄이기 위하여 곡선으로 처리하였으나 오차가 거의 없어 완전한 사각형으로 하여도 시공상 문제가 없었을 것으로 생각된다. 말뚝의 직경은 ϕ1200과 ϕ1500을 비교하여 ϕ1200을 선정하였다.

15. 하부공 시공

시공대상은 하천내 교각으로 키소가와교가 P_1~P_4, 이비가와교가 P_1~P_5로 9基이다. 모두 해상공사(선박을 이용한 공사)로 시행하였으나 수심이 얕은 부분도 있어(표-9) 작업선 선정, 물때에 따른 공정설정 등에 상당한 고심을 하였다. 키소가와교 · 이비가와교는 하구부에 위치하므로 조수간만의 영향을 받고 그 차이는 약 2m에 이른다.

그림-29는 강관Sheet pile정통기초의 시공순서를 나타낸 것이고 표-10은 하부공의 시공공정을 정리한 것이다.

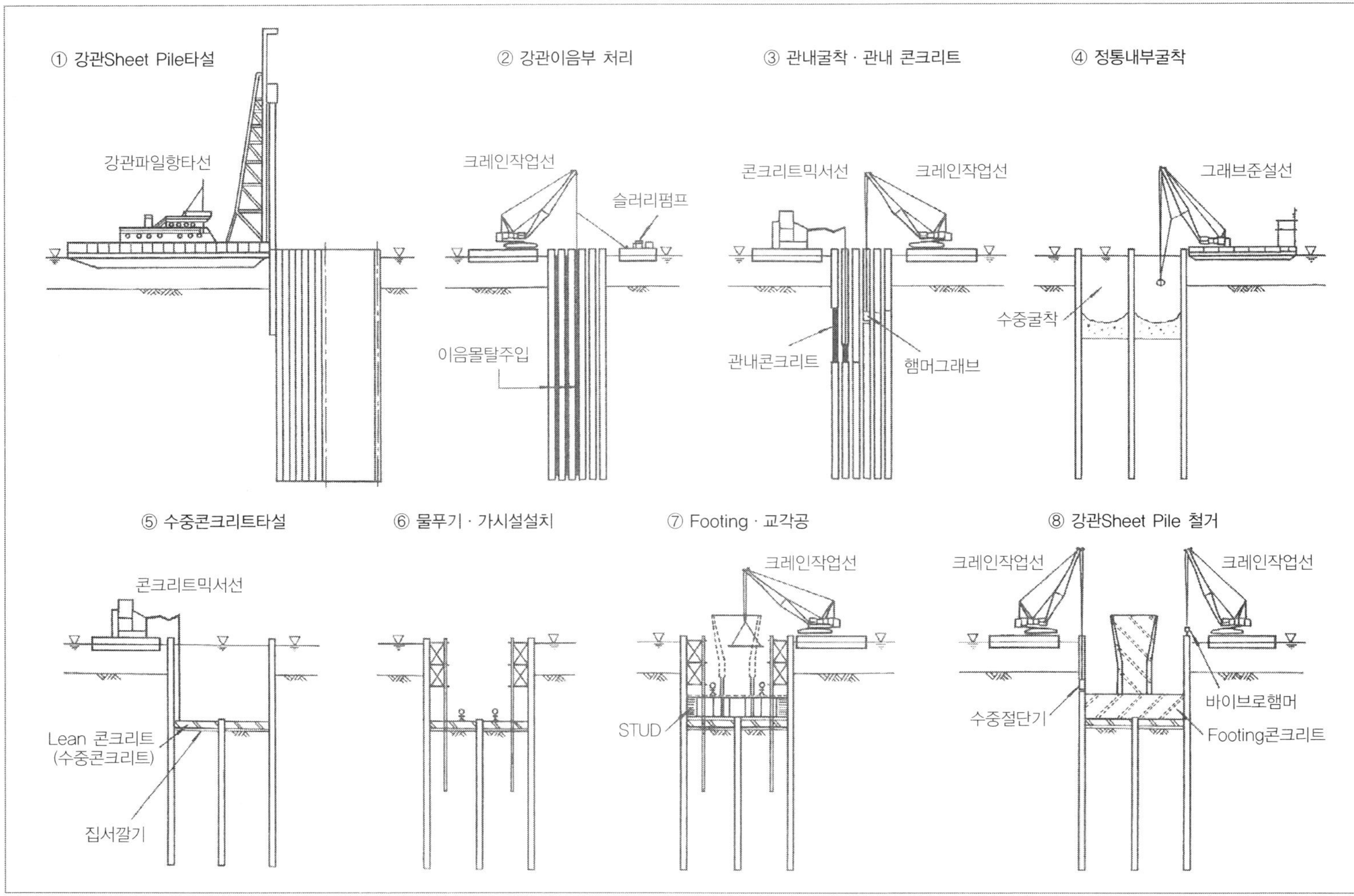

그림-29 강관 Sheet Pile 정통기초의 시공순서도

▶ 표-9 各 교각의 수심

	키소가와교	이비가와교
P1	-0.2	0.2
P2	3.0	1.9
P3	1.9	0.6
P4	2.8	4.7
P5	-	3.2

(주) 수심은 간조시값, 간만의 차는 약 2m

▶ 표-10 하부공 시공공정

工 程	1997년				1998년				
	9	10	11	12	1	2	3	4	5
강관Sheet pile 타설	—	—	—						
이음부처리		—	—						
굴 착			—	—	—				
버림con'c, 물푸기, 동바리설치				—	—	—			
Footing 시공						—	—		
교각구체 시공							—	—	
강관Sheet pile절단,철거									—

15-1 강관Sheet pile타설

지수벽을 겸한 강관Sheet pile(ϕ1200, L≒50~60m)을 항타선에서 田字모양으로 타설하였다. 수심이 2.5m 이상인 키소가와교 P_2, P_4와 이비가와교 P_4, P_5는 한번에 말뚝시공이 가능한 대형 항타선을 사용하였다. 수심이 2.5~1.0m로 얕은 키소가와교 P_3와 이비가와교 P_2는 중형 항타선을 이용하여 두 번에 나누어 말뚝을 이어가면서 시공하였다.

수심이 1m 이하인 키소가와교 P1과 이비가와교 P_1, P_3은 항타선 사용이 곤란하므로 작업선을 고정하고 말뚝을 이어서 타설하도록 하였다. 이 방식은 미리 작업선바닥을 보강하고 그 위에 항타기를 태워서 시공장소까지 예인한 다음 조위차를 이용하여 작업선을 하천바닥면에 고정시키고 타설작업을 진행하는 것이다. 탑재되는 항타기는 일반적인 항타기로는 리치가 짧아 격벽부분의 타설이 곤란하므로 크롤러크레인을 이용 플라잉방식으로 시행하였다.

강관말뚝 시공은 용접작업이 없어 효율적인 시공이 가능하지만 강관Sheet pile의 경우에는 이음관이 있으므로 강관말뚝에 비하여 상당한 수준의 시공정밀도가 요구되므로 정밀도확보에 생각보다 많은 노력이 필요하였다. 말뚝을 2개 이어서 타설하는 방식은 용접작업이 있어 1개시공하는 경우보다 시간이 많이 소요되나 아래말뚝을 먼저 시공, 병풍식으로 연속적으로 세운 다음 위쪽말뚝 타설이 가능하므로 정밀도 확보는 비교적 용이하였다.

15-2 이음부 처리

물막이의 지수성확보 및 정통과 일체화를 위해 강관Sheet pile의 이음부에 몰탈을 주입하였다. 우선 이음부의 이토를 Air Lift로 깨끗하게 씻고 몰탈을 주입하였다. 하상에서 돌출된 물막이부분은 몰탈유출을 막기 위하여 헝겊커버를 씌우고 그 안에서 몰탈을 주입하였다.

15-3 관내굴착 및 콘크리트충진

강관내 토사를 Hammer Grab로 굴착하고 배수시킨 다음 Mixer선에서 관내로 콘크리트를 충진하여 기초와 같은 강성을 확보하였다.

관내굴착수량은 두 교량에서 약 17,000㎥였다. 콘크리트타설은 Plant선(CP선)을 사용하였다.

15-4 정통내부굴착

정통내부굴착은 Grab준설선을 사용하였다. 퍼올린 토사는 공기압송으로 사토장까지 운반하였고 정통내부 굴착수량은 두 교량을 합쳐서 약 71,000㎥였다. 굴착토사는 운반선으로 공기압송선까지 운반하여 공기압송선에서 배관을 이용 약 1.5km를 압송하였다.

15-5 수중콘크리트타설(Lean Con'c)

기초잡석을 1m깔고 그 위에 정통의 지수·토류벽용 바닥판으로 수중콘크리트를 타설하였다.

타설두께는 1.5m이지만 수중콘크리트의 오차 ±15cm를 감안하여 1.35m를 타설하였다. 타설시에는 특히 다음사항에 유의하였다.

- 트레미관을 사용하여 재료분리를 방지하였다.
- 콘크리트면을 가능한한 수평으로 유지하면서 소정높이까지 연속하여 타설하였다.
- 경화될때까지 물의 유동을 방지하였다.

나머지 15cm는 물푸기, 동바리 설치후 天端高 조정을 겸하여 일반콘크리트로 타설하였다.

15-6 물푸기 · 스트러트설치

하천과 어장환경에 악영향을 방지하기 위하여 정통내 물을 정화처리하고 pH조정하여 배출시킨 다음 스트러트 설치작업을 시행하였다. 배수는 일본의 수질오탁방지법 및 미에현 기준에 따라서 수소이온농도(pH) 5.8~8.6mg/ℓ, 부유물질량(SS) 130mg/ℓ 이하가 되도록 조정하였다. 배수는 3층으로 나누어서 진행하였다. 각층마다 수질조사를 시행하였으나 결과적으로는 탄산가스를 이용한 pH 조정만하는 것으로 하였다.

사진-5 스트러트의 설치

스트러트설치는 3단으로 하였으며 스트러트설치~배수를 3번 반복하였다.

사진-6 배수처리후 가시설 내부

사진-7 스터드 용접

사진-8 하부공 완성(이비가와교)

15-7 교각 Footing · 구체

크레인부착 작업선을 사용하여 해상작업으로 Footing을 시공하였다. 강관Sheet pile과 Footing은 스터드로 결합시켰고 Footing시공후 구체를 시공하였다. 스터드 용접작업은 수평4련 스터드 자동용접Gun으로 각 강관Sheet pile마다 횡방향 4열씩 나란하게 스터드를 위에서 아래쪽으로 시공하였다.

Footing콘크리트는 Mass Concrete이므로 타설시 온도상승에 대한 균열을 억제하기 위하여 저열포틀랜드시멘트를 사용하는 것으로 하였다. FEM으로 온도응력을 해석한 결과 균열지수가 1.5이상이 되어 일본 토목학회 콘크리트표준시방서 시공편의 "균열을 방지하는 경우"의 값 이내로 억제하도록 하였고 실제로 균열은 발생하지 않았다.

구체의 Stirrup철근은 이비가와교는 일반철근, 키소가와교는 PC Strand Hoop공법을 적용하였다. PC Strand Hoop공법은 일반철근보다 항복점이 약 4.6배에 이르는 PC Strand를 철근대신 이용하므로 강재량을 줄이고 시공성 개선 및 생력화를 도모하게 되었다.

구체콘크리트는 비말대에는 해양콘크리트로서 내구성을 확보하기 위하여 물시멘트비 45% 이하, 단위시멘트량 330kg/m³ 이상으로 하였다. 구체콘크리트도 Footing콘크리트와 같이 저열포틀랜드시멘트를 사용하여 균열제어를 도모하였으나 균열지수는 각 Lift 표면에서 1.0정도에 이르렀고 실제로는 유해하지 않은 0.05mm 균열이 여러개 발생하였다.

Footing 및 구체콘크리트는 모두 CP선으로 시공하였으며 Footing은 3 Lift(1 Lift의 최대타설량 1,500m³, 48시간 연속타설), 구체는 4 Lift(1 Lift의 최대타설 높이 5m)로 타설하였다.

사진-9 FC를 이용한 주두부 세그멘트 가설

15-8 강관Sheet pile의 절단 및 철거

교각시공 완료후 스트러트를 철거하고 하천 수면높이까지 정통내부에 물을 주입하고 강관 Sheet pile을 Footing 위 50cm에서 절단하였다. 강관Sheet pile의 절단은 강관내부에 수중절단기를 설치하여 시행하였으며 기계적인 이유로 콘크리트 타설면보다 약 50cm 위에서 절단하게 되었다. Footing상면에는 되메우기를 하지 않아 Footing상면과 하상과의 높이차가 최대 7m에 이르러 절단 직후 강관Sheet pile의 편토압에 의한 횡이동에 우려되었으나 정통내부에 물을 채움으로서 편토압이 완화되어 문제가 될만한 이동은 발생하지 않았다.

그림-30 세그먼트 제작장 예상도

【参考文獻】

⑴ 角谷, 酒井：木曾川橋・揖斐川橋の計劃–第二名神高速道路–, プレストレストコンクリート(1997.5)

⑵ 小松, 中須 ： 木曾川橋, 揖斐川橋の設計・施工–複合エキストラドーズド橋–, プレストレストコンクリート (1999. 3)

⑶ 小松, 本荘, 前田, 小宮：第二名神高速道路木曾川橋・揖斐川橋の計劃と下部工の施工, 橋梁と基礎(1999. 4)

⑷ 小松, 中須, 久保, 前田 ： 大斷面プレキャストセグメントの實物大模型實驗と製作について, コンクリート工學 (1999. 5)

⑸ (社)プレストレストコンクリート技術協會 ： 外ケーブル構造・プレキャストセグメント工法設計 施工基準(案) (1996. 3)

⑹ Recommendations for Stay Cable Design, Testing and Installation : Post–Tensioning Institute, Aug, 1993

⑺ 小松, 酒井, 水口, 池浦, 大保 ： 木曾川橋の耐震設計におけるレベル2地震動の算出, 第2回地震時保有水平耐力法に基づく橋梁の耐震設計に關するシンポジウム講演論文集 (1998. 12)

⑻ Mathivat, J. : Recent Development in Prestressed Conrete Bridges, FIP notes, 1988/2

⑼ 池田, 水口, 小松, 中須, 前田：第二名神高速道路木曾川橋・揖斐川橋上部工の設計, 橋梁と基礎(1999. 11)

⑽ 中須, 谷中, 武藤, 照沼：プレキャストセグメントの仮置き・吊上げ・運搬時の検討, プレストレストコンクリート技術協會第9回シンポジウム論文集 (1999. 10)

⑾ 岩井, 久保, 鴻上, 溝淵：木曾川橋・揖斐川橋主塔の溫度応力解析と施工について, プレストレストコンクリート技術協會第9回シンポジウム論文集 (1999. 10)

⑿ 角, 角谷, 酒井：第二名神高速道路木曾川橋・揖斐川橋の概要, 橋梁(1996. 4)

⒀ 長井 ： PC・鋼複合5徑間連續エキストラドーズド橋(木曾川橋)の計劃, 土木學會第51回年次學術講演會講演概要集 I (1996. 9)

⒁ 前田, 酒井, 小宮 ： 鋼・PC複合エキストラドーズド橋(木曾川橋)の主桁に關する検討, 土木學會第51回年次學術講演會講演概要集 I (1996. 9)

⒂ 角谷, 酒井：木曾川橋・揖斐川橋の計劃–第二名神高速道路–, プレストレストコンクリート(1997. 5)

(16) 岩井, 久保, 鴻上, 溝淵：第二名神木曾川橋鋼管矢板基礎の計劃と設計, 基礎工(1997. 9)

PART 6

3경간연속 Hybrid Extradosed교

Construction of 3-Span Continuous Hybrid Extradosed Bridge

3경간연속 Hybrid Extradosed교

Construction of 3-Span Continuous Hybrid Extradosed Bridge

머리말

스킨스쿠버다이빙과 낚시로 유명한 PALAU공화국은 필리핀 동남쪽 약 1,500km 남태평양에 위치하고 있으며 푸른 바다와 아름다운 산호초에 둘러쌓인 300여개의 섬으로 이루어진 나라이다. 총면적은 458㎢이고 인구는 약 17,000명으로 인구의 절반 이상이 수도 Koror시가 있는 Koror섬에 살고 있으며 상수원, 발전소, 공항 등의 주요시설은 Koror섬의 북쪽에 있는 Babeldaob섬에 몰려 있다.

이러한 두 섬을 연결하는 코롤·바벨답교(KB교)는 중앙힌지방식 3경간연속 PC라멘식 Box Girder교로 미국의 자금을 지원받아 1977년 건설되었다. KB교는 완성 당시 이러한 형식의 교량으로는 세계최대인 지간장 241m였다. 그러나 1980년대에 들어 주경간부 주형에 처짐이 매우 심해져(최대 1.4m) 1996년 7월 보강공사(외부케이블 추가, 중앙힌지부분을 Jack으로 밀어 올려 강결시킴)를 시행하였으나 9월 26일 갑자기 붕괴되고 말았다.

이 낙교사고로 교통차단 뿐만아니라 Babeldaob섬에서 Koror섬으로 공급되는 급수관, 송전선, 통신선, TV케이블 등이 끊어져 PALAU공화국의 사회·경제에 심각한 피해를 초래하였다. 낙교사고 직후인 1997년 8월 가교를 설치하였으나 항로한계(폭 17m, 높이 3m), 주행속도제한(약 5km/h), 차량중량제한(25ton) 등의 규제가 있었고 게다가 가교의 수명이 5년에 지나지 않아 교량가설이 시급히 필요하게 되었다.

일본-PALAU우호교로 이름지어진 본 교량은 낙교된 KB교를 대신하여 일본정부의 무상자금협력으로 새롭게 건설된 3경간연속 Hybrid Extradosed교로 PALAU공화국에 안정된 수송로를 다시 제공하게 될 것이다.

PC Girder교와 PC사장교의 중간적인 구조특성을 갖는 PC Extradosed교는 지간·주탑높이 비율과 형고 등을 바꿈으로서 케이블과 주형의 하중분담을 자유롭게 설정할 수 있으며 가설지점의 조건에 적합한 합리적인 설계가 가능하므로 최근에 교량기술에서 중요한 위치를 차지하고 있다. PC Extradosed교의 지금까지 적용지간장은 제2막탄교(필리핀)의 185m가 최대였으나 주경간 일부분에 St. Girder를 도입, 고정하중을 줄여 이제까지 PC사장교의 경제적 지간장 250m를 초과하는 영역까지 적용지간장을 늘린 것이 Hybrid Extradosed교이다. 본 교량은 일본의 키소가와(木曾川)교, 이비가와(斐川)교에 이어 Hybrid Extradosed교로는 세계에서 두 번째로 적용되는 사례에 해당한다.

이 보고서는 3경간연속 Hybrid Extradosed교의 시공에 대해서 본 교량의 기술적인 특징과 해외공사의 특수성을 정리한 것이다.

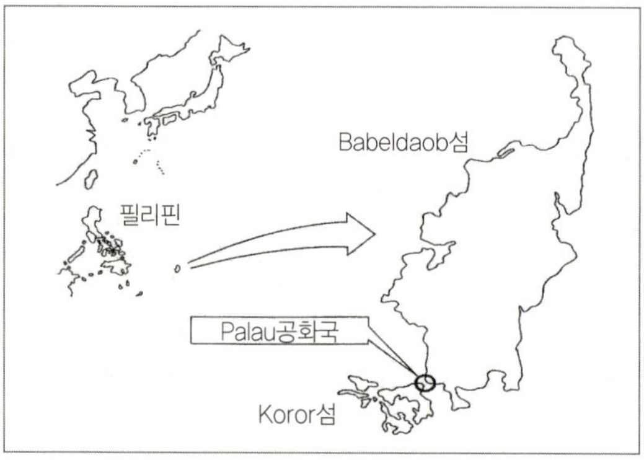

그림-1 위치도

사진-1 KB교 (1977년 완성)

사진-2 KB교의 낙교 (1996년 5월)

사진-3 임시 부교

사진-4 일본-팔라우 우호교 시공전경

1. 교량의 개요

1-1 구조개요

그림-2는 본 교량의 구조일반도이고 표-1은 설계조건을 정리한 것이다.

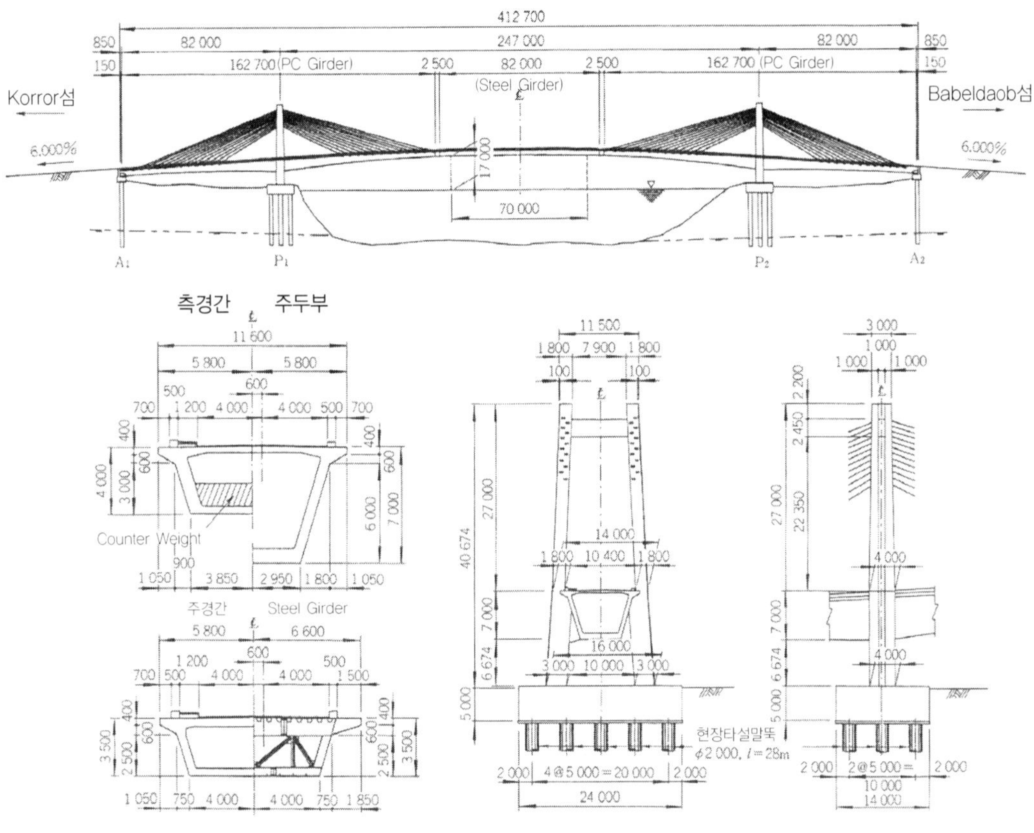

그림-2 일반도

본 교량은 해협을 횡단하는 3경간 교량으로 육상부의 측경간을 짧게하는 것이 경제적이기 때문에 주경간장 247m, 측경간장 82m로 하여 일반적인 3경간교량의 지간분할보다 측경간장이 짧다. 그러므로 중간지점 부근의 Unbalance Moment의 개선과 함께 교대 지점부의 부반력 억제가 설계의 중요한 사항이 되었다. 본 교량의 구조상 특징은 다음과 같다.

① 주경간장 247m 중에서 약 $\frac{1}{3}$인 82m를 Steel Girder로 하여 사하중을 경감시키고 측경간의 PC Girder 내부에는 Counter Weight(19ton/m)를 배치하였다. PC Girder의 평균중량 30ton/m에 비하여 Steel Girder는 6ton/m로 매우 가볍다.

② PC Girder와 교각 · 주탑 결합부분은 Rigid Frame구조로 하였다. 주경간이 모두 PC

Girder인 경우에는 교각높이를 7m로 낮출 수 있어 연속교형식으로 하는 경우도 있지만 Steel Girder는 PC Girder에 비하여 교축강성이 작고 Hybrid 형식을 채택하였으므로 콘크리트의 크리프 · 건조수축으로 인한 부정정력이 반정도 줄어들어 교좌장치의 생략이 가능하다.

③ 케이블은 2면매기 12단배치로 하고 케이블장력분포 및 Counter Weight중량을 감안하여 예비 설계후 교각기부의 휨응력, PC Girder의 휨응력, 단지점 부반력 등에 관한 제약조건을 만족시키고 주형내부의 PC강재를 포함하여 비용이 최소가 되는 케이블용량(1~8단:15S15.2, 9~12단:27S15.2)으로 선정하였다. 그리고 장력차이가 발생하기 쉬운 지간분할 이므로 주탑에서의 정착방식은 Saddle형식이 아닌 교차정착방식을 채택하였다.

그리고 해외공사에서의 자재조달 및 관리를 감안하여 케이블, PC 강재에 사용되는 스트랜 드는 모두 직경 15.2mm로 통일하였다.

▶ 표-1 설계조건

교량형식	3경간연속 Hybrid Extradosed교	기초형식	현장타설말뚝(직경2.0m)
교량연장	412.7m	지간분할	82.0+247.0+82.0m
유효폭원	8.0m(차도)+1.2m(보도)	평면선형	직선
경사	종단:6.0~0.0%, 횡단:2.0%	형하공간	항로한계:폭 70m, 높이:17m
PC Girder	1 Cell Box Girder, 형고:7.0~3.5m	St. Girder	1 Cell Box Girder, 형고:7.0~3.5m
강 · 콘크리트 접합부분	후면Plate방식	주탑	H형RC구조, 높이 27.0m
케이블	현장제작형 External케이블시스템	적용기준	일본도로교시방서 · 동해설, AASHTO
활하중	HS20-44	풍하중	설계기준풍속 55m/sec
온도변화의 영향	전체온도변화 : ±10℃ 케이블 : ±10℃ 상판의 온도차 : 5℃(PC Girder) 15℃(Steel Girder)	지진의 영향	설계수평진도 : k_{ho}=0.13 지반종류 : II종지반
케이블의 허용응력	$0.45\sigma_{pu}$(σ_{pu}:파단강도)	시공시하중	Form Traveler 중량:65ton/대 Erection Nose 중량:20ton/대

1-2 시공순서

표-2는 공사개요, 표-3은 공사수량, 표-4는 공사공정을 정리한 것이다.

남태평양의 섬나라인 PALAU공화국에서 본격적으로 대규모 교량의 상하부공을 26개월의 짧은

기간에 마칠 수 있는 핵심사항은 공사를 원활하게 진행시키기 위해 필요한 기자재조달과 유지관리 그리고 노동력의 확보에 달려있었다. 그래서 주요기자재, 노동력을 다음과 같이 조치하였다.

▶ 표-2 공사 개요

공사명	New KB Bridge Project
발주자	PALAU공화국 자원개발성
설계자	닙뽄코에이(日本工營), 오리엔탈콘설턴츠
시공자	카시마(鹿島)건설, 미쯔이(三井)조선
공사장소	PALAU공화국 코롤 · 바벨답해협
공사기간	1999년 11월 6일~2001년 12월 25일
주요공법	현장타설말뚝 : 케이싱 회전굴착식 All Casing공법 PC Girder : 양쪽 켄티레버식 시공 Steel Girder : 대블럭 일괄가설

▶ 표-3 공사수량

구분	종별	시방기준	단위	수량	비 고
현장타설말뚝	콘크리트	σ_{ck}=30MPa	m^3	2985	
	철근	SD295	ton	265	
교각기초	콘크리트	σ_{ck}=24MPa	m^3	3360	
	철근	SD295	ton	376	
교대	콘크리트	σ_{ck}=24MPa	m^3	394	
	철근	SD295	ton	21	
교각 · 주두부 · 주탑	콘크리트	σ_{ck}=40MPa	m^3	2068	
	철근	SD295	ton	313	
PC Girder	콘크리트	σ_{ck}=40MPa	m^3	3933	
		σ_{ck}=40MPa(고유동)	m^3	78	접합부
		σ_{ck}=18MPa	m^3	829	Counter Weight
	철근	SD295	ton	569	
	PC강재	Grade 270, 4S15.2	ton	26	바닥판 횡방향강재
		Grade 270, 12S15.2	ton	116	주방향, 주두부 횡방향강재
		SBPR930/1180 ϕ32	ton	6	주방향, 전단강봉
케이블	PC강재	Grade 270, 15S15.2	ton	56	
		Grade 270, 27S15.2	ton	74	
Steel cell	강재	SS400, SM400, SM490	ton	74	
St. Girder 대블럭	강재	SS400, SM400, SM490	ton	470	

① 크레인, 덤프트럭 등 주요 중기는 일본에서 일괄반입하였다. 기종선정에는 가능한한 같은 부품을 사용하는 것을 원칙으로 하였다. 배치플렌트 설비도 독일제품을 수입하여 현장에 설치하였다.

② 제2막탄교 건설공사에 종사하였던 필리핀사람 300여명 중에서 우수한 엔지니어 10명, 작업인부 약 20명을 선발하여 고용하였다. 그리고 노무자숙소는 한신대지진시 임시숙소로 사용되었던 가설주택을 들여와 현장에 설치하였다. 현장의 휴일은 일요일만 쉬는 것으로 하고 아침 7시30분부터 밤 10시까지 작업하였다.

▶ 표-4 공사 공정

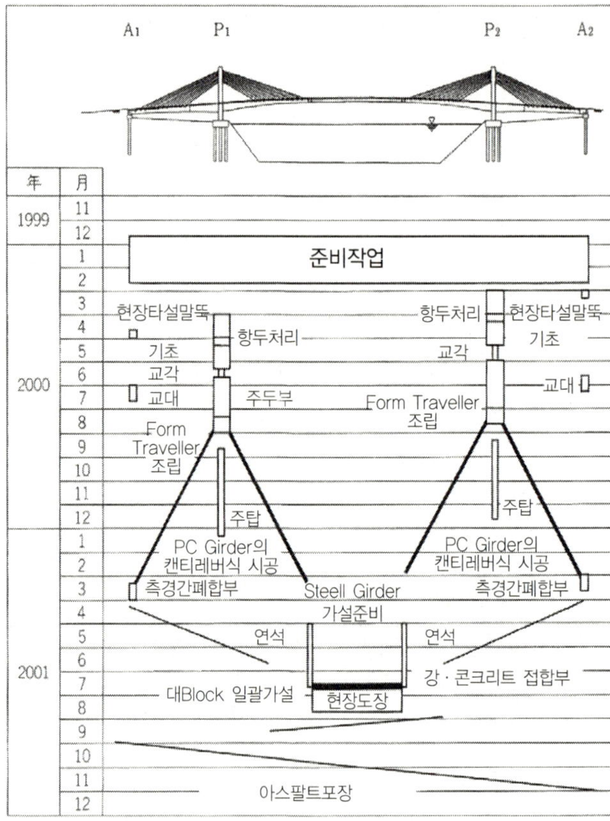

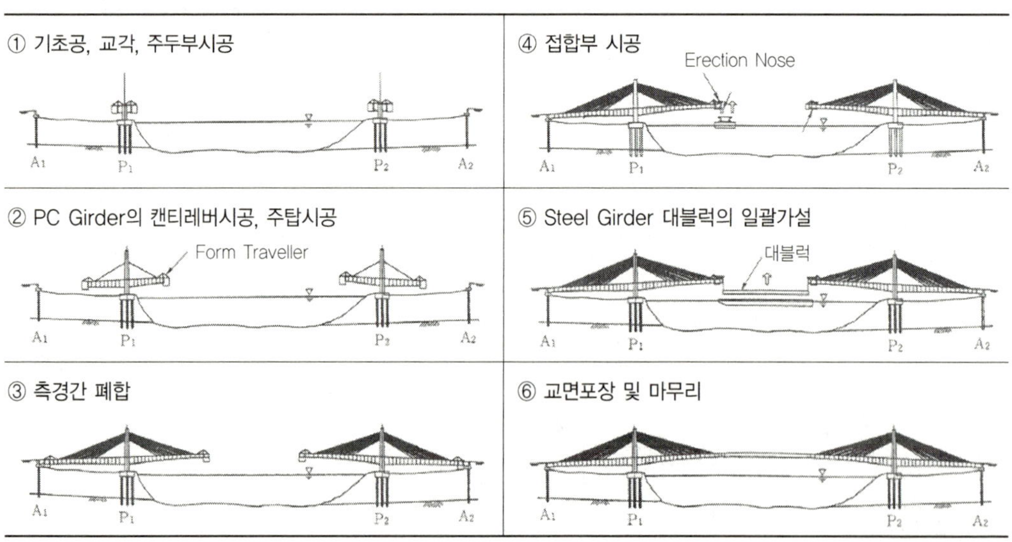

그림-3 시공 순서도

2. 현장타설말뚝의 시공

2-1 지중 장애물 굴착

본 교량의 하부공에는 직경 2.0m인 현장타설말뚝을 채택하였다. 지지층은 심도 약 28~30m에 위치하는 안산암(일축압축강도 50MPa)으로 지지지반 위에는 사질점성토와 산호가 섞여 있으며 교각위치에는 기존 KB교의 RC타입말뚝(말뚝단면 45cm×45cm, 사항)이 장애물로 남아있다. 가교위치를 KB교 옆으로 이동시키면 연결도로공사와 호안공사가 추가로 발생하므로 본 교량 계획시 지중장애물을 굴착하는 것을 전제로 가설위치를 기존교량과 동일하게 선정하였다.(그림-4) 교량의 재가설공사에서 기존교량과 꼭같은 장소에 신교량의 기초를 형성하는 것은 세계적으로도 드문 경우라고 생각되지만 최첨단의 시공기술을 적용하여 공사비 감축을 도모하였다.

지중장애물 굴착에는 케이싱회전굴착식 All Casing공법을 채택하였다.(그림-5) 이 공법은 선단부분에 Drill bit를 장착한 Casing을 회전시켜 지중장애물을 절단하는

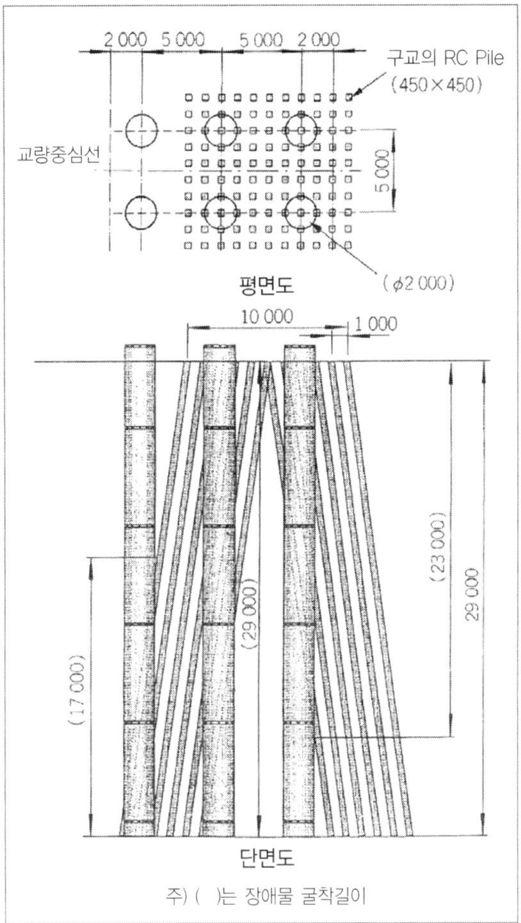

그림-4 지중장애물의 위치도 (단위 : mm)

사진-5 현장 작업자들

사진-6 현장타설말뚝의 시공

것으로 절단된 장애물을 Chisel로 파쇄하고 Hammer Grab을 이용, Casing내부에서 제거하면서 굴착작업을 진행하는 방법이다. 굴착작업에는 H형강과 보강말뚝, 기존Footing 등 예상하지 못했던 장애물들이 있었지만 공정이 크게 늦어지지는 않아 교각기초 P_1, P_2, 교대 A_1, A_2의 현장타설말뚝 총 32개를 굴착장비 이동시간까지 포함하여 60일(2일/개)에 완료하였다.(주야 2교대, 24시간 작업)

① 굴착 Chisel로 장애물 파쇄하고 햄머그랩으로 제거	② 철근망 건입	③ 트레미관 삽입, 슬라임처리	④ 콘크리트타설, 케이싱, 트레미관 제거

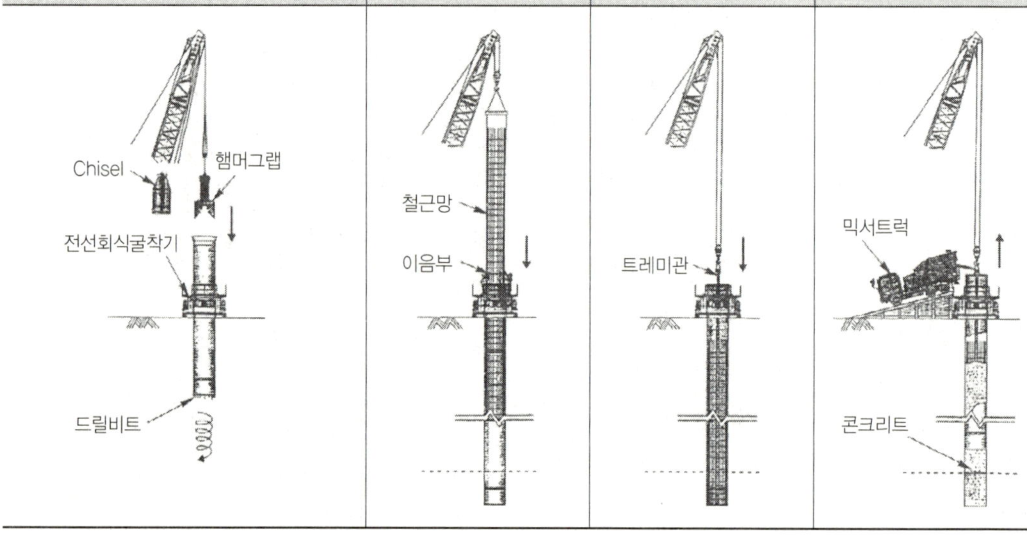

그림-5 현장타설말뚝의 시공순서

2-2 수중콘크리트

현장타설말뚝용 콘크리트는 수중콘크리트로 바이브레이터 등을 사용한 다짐이 불가능하므로 고성능 AE감수제를 사용하여 슬럼프 40㎝인 콘크리트에 재료분리가 일어나지 않고 양호한 Workability를 발휘하는 것을 시험반죽을 통하여 확인한 다음 사용하였다. 그리고 현장타설말뚝 시공후 Core Sample을 채취하여 실제 구조물이 소정의 압축강도를 발휘하는 것을 확인하였다. Core Sample의 압축강도는 약 40MPa(설계기준강도 30MPa)로 공극이 전혀 없는 밀실한 콘크리트로 확인되었다.

2-3 환경대책

해협에 오탁수유출을 차단하기 위하여 Sheet pile로 기초전체를 막고 주변에는 실트펜스를 설치하였다. 오탁수처리에는 응집제 등의 화학약품을 사용하지 않고 일반적인 여과탱크 외에 3개의 침전조를 설치하여 단계적으로 여과시키는 방안을 채택하였다. 아름다운 바다가 중요한 관광자원인 PALAU공화국에서 현장타설말뚝 시공시 환경대책에 충분한 주의를 기울인 것으로 평가받았다.

3. PC Girder, 주탑의 시공

3-1 개 요

PC Girder는 경사진 웨브를 가진 폭원 11.6m인 1 Cell Box Girder단면으로 주형의 높이는 주두부 7.0m에서 주경간 중앙부 3.5m, 측경간 중앙부 4.0m로 변화된다. 시공을 위한 블럭의 분할은 그림-6과 같으며 제7블럭~제18블럭에는 주형단면 양쪽에 케이블이 돌기부분에 정착된다. 측경간 주형의 내부에 설치되는 Counter Weight 콘크리트는 교각기부의 휨응력 및 단부지점의 부반력 때문에 측경간 폐합직전(18m³), 측경간 폐합직후(186m³) 그리고 강재대블럭 거치직전(211m³)으로 3회에 걸쳐서 타설하였다. 주탑시공은 Form Traveler를 PC Girder의 제2블럭으로 이동시킨 다음 시작하여 케이블가설 직전까지 주탑의 케이블정착부분을 시공완료하였다.

그리고 측경간을 모두 접지식 동바리로 시공하고 주경간을 편측 켄티레버식 시공하는 방안에 대해서도 검토하였으나 측경간 주형 내부에 주방향 PC강재의 정착돌기가 많이 필요하게 되어 시공성이 떨어지고 많은 동바리자재로 인한 수송비 증가, 작업인부의 적절한 활용이 곤란한 점 때문에 본 공사에는 적절하지 않은 것으로 판단하였다.

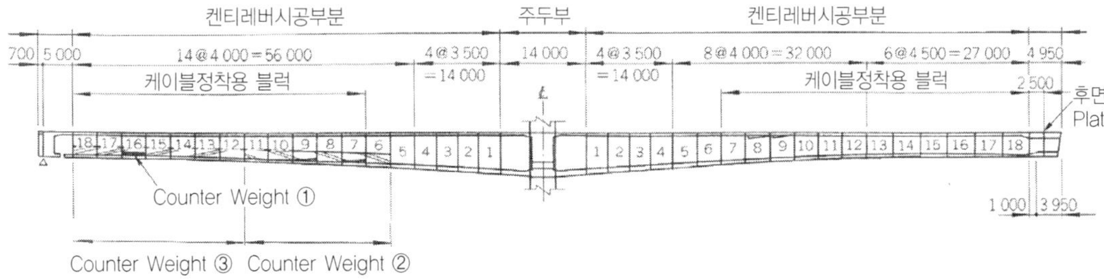

그림-6 PC Girder의 시공블럭 분할 (단위 : mm)

3-2 Form Traveller

켄티레버식 시공에는 이등변삼각형인 Main Frame, Front Truss, Rear Truss, Bottom Frame으로 구성되어 일본에서 사용되는 대형이동작업차에 상당하는 능력을 가진 Form

Traveller를 사용하였다. 주요부재에 고장력강(DIN17100ST52-3)을 사용한 소형 작업대이므로 일본에서 사용되는 이동작업차에 비하여 매우 가볍다.(본 공사에 사용된 것은 전체중량 약 65ton, 일본에서 사용되는 대형 이동작업차 중량 약 140ton)

사진-7 Form Traveller의 조립

부재의 접속방법은 핀결합이며 볼트결합이 적으므로 가조립과 해체가 비교적 빠르다. Main Frame의 조립에는 50ton 크롤러 크레인을 사용하였고 지상조립된 Bottom Frame을 10ton Chain Block 4대를 사용하여 들어 올렸다. Form Traveller의 조립에서 제1블럭 타설까지 소요기간은 30일이었다.

3-3 켄티레버식 시공

주경간과 측경간의 PC Girder는 각각 18개 블럭으로 6개월에 걸쳐 켄티레버식 가설방법으로 시공되었다. 표-5는 케이블정착블럭의 표준사이클을 나타낸 것이다. 공사를 원활하게 진행시키기 위하여 특히 유의한 사항은 다음과 같다.

사진-8 PC Girder의 캔티레버식 가설

▶ 표-5 PC Girder 켄티레버식 시공 사이클

	가 동 일 수								
	1	2	3	4	5	6	7	8	9
콘크리트타설	—								
양생		—							
프리스트레스도입			—						
Form Traveller전진			—						
거푸집, 철근, PC강재조립				—	—	—	—	—	—
스트랜드삽입					—				
케이블리세스파이프 거치						—			
케이블긴장					—				
케이블가설						—	—	—	

3-3-1 케이블의 가설 · 긴장

본 교량의 케이블은 디비닥 External케이블 시스템으로 현장에서 고밀도 폴리에칠렌관(HDPE관)을 가설한 다음 스트렌드를 삽입하여 제작하였다. 시공중인 블럭보다 두 개 뒤의 블럭에 정착되어 있는 케이블을 긴장하는 것으로 하고 케이블가설에 대해서는 생각지 않았던 문제에 대처할 수 있도록 1개의 블럭을 선행시킨 것이다.(그림-7)

케이블 긴장에는 Single Strand Jack 2대를 사용하여 주형쪽에서 시행하였다. 주탑에 작용되는 편심하중을 감안하여 주경간과 측경간의 긴장본수 차이를 3개 이내, 구조물을 중심으로 좌우측의 긴장본수 차이가 6개 이내가 되도록 긴장작업을 진행하였다. 긴장관리는 기본적으로 압력관리를 채택하였으며 탄성변형을 감안, 긴장순서에 따라서 정착압력으로 긴장하였다. 신장에 대해서는 약 6ton에서의 세그 부착상태를 초기값으로 하고 정착압력의 신장을 계산치와 비교하여 1케이블당 평균치가 ±5%를 만족하는 것을 확인하였다.

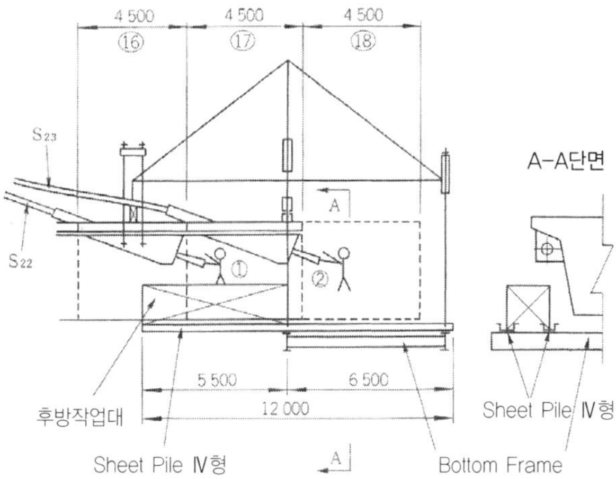

① 케이블의 긴장 : Form Traveller를 제17블럭 앞으로 이동시킨 다음 뒤쪽 작업대에서 S22를 긴장한다.
② 케이블의 가설 : S22긴장후 제 18블록을 타설할 때까지 S23을 가설한다.
(주) 시공시 계산상으로는 제18블럭을 타설할 때까지 S22의 긴장을 완료하면 된다

그림-7 케이블의 가설 · 긴장시기의 예 (단위 : mm)

3-3-2 Form Traveller 후방작업발판

본 공사에 사용된 Form Traveller에는 후방작업발판이 없다. 그래서 Bottom Frame 위에 Steel Sheet Pile(Ⅳ형, L=12m, 편면2개)을 교축방향에 고정하고 뒤쪽으로 5.5m돌출시켜 그 위에 거푸집을 놓고 후방작업발판으로 사용하였으며 케이블의 긴장작업 및 Web 외측면 보수작업(P Cone 되메움작업)을 시행하였다.(그림-7) 케이블의 긴장에는 바닥판 횡방향텐던과 같은

Single Strand Jack을 사용하므로 주탑에서의 긴장에 비하여 작업성이 양호하였다. 그리고 후방작업발판에서 Web 외면보수작업은 Form Traveller가 전진한 다음 시행하므로 공정상 유리하기도 하다.

3-3-3 Strand 우선삽입

Pushing Machine으로 당초에는 콘크리트 타설후에 켄티레버케이블(12S15.2)의 삽입작업을 시행하는 것으로 되어 있었다. 그러나 쉬스연장이 80m가 되어 켄티레버 가설이 반 정도 진행되면 정착부 근처의 휘어진 부분에서 마찰저항으로 인하여 삽입중인 Strand가 멈추어 들어가지 않는 경우가 종종 있었다. 그래서 정착부에서 쉬스가 직선이 되도록 Rib Cast Anchor를 마감거푸집에 임시고정하여 마찰저항을 줄이고 콘크리트 타설전에 Strand를 삽입하였다.(그림-8) 선삽입으로 변경함으로서 문제발생 빈도가 줄어들고 문제가 발생하여도 시간적 여유가 있어 공정에 지장을 주는 일은 없게 되었다.

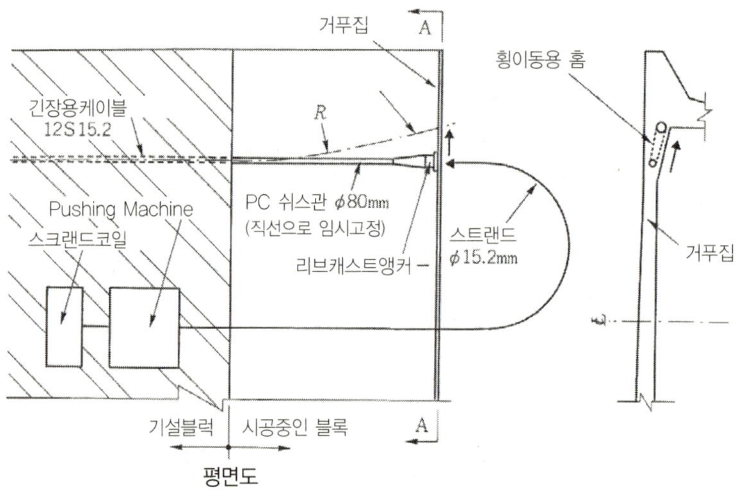

그림-8 Strand의 우선삽입

3-3-4 콘크리트타설

주경간과 측경간의 콘크리트타설은 원칙적으로 같은날 오전 또는 오후에 Unbalance Moment 때문에 측경간 블럭보다 가벼운 주경간 블럭을 먼저 타설하였다. 콘크리트 타설량은 1블럭당 48~60㎥로 주경간에 대해서는 펌프카에서 배관(ϕ125mm)을 이용 압송하였다.

외기온도가 34℃에 이르는 조건에서도 Workability와 압송능력을 확보하고 본 공사에만 있는 특징(펌프카가 고장날 경우 다른 펌프카의 조치가 곤란하고 부품역시 조달곤란)을 감안하여 콘크리트는 슬럼프 15㎝인 유동화콘크리트(고성능AE감수제, 배치플랜트에서 첨가)를 사용하여 펌프카에 주는 부담을 줄였다.

3-4 주탑의 시공

본 교량의 케이블은 주탑에 작용하는 비틀림모멘트가 상쇄되도록 지그재그로 교차정착시켜 평면상으로는 4열의 리세스파이프가 탑의 단면내에 촘촘히 배치되게 되므로 리세스파이프 고정용 강재Frame을 정밀하게 배치하는 것이 무엇보다 중요하다.

사진-9 주탑의 리세스파이프 거치

그러므로 수직재는 등변L형강(L-100), 브레이싱재는 D29철근으로 만든 입체Frame을 작업장에서 현장용접으로 제작하여 치수검사를 마친 다음 50ton 크롤러크레인으로 주탑에 설치하였다.(그림-9) 정밀하게 제작되어야 하는 강재Frame은 일반적으로 공장제작이어야 한다고 생각하지만 본 공사에서는 치수관리를 철저히 하여 충분한 정밀도를 확보하였다.

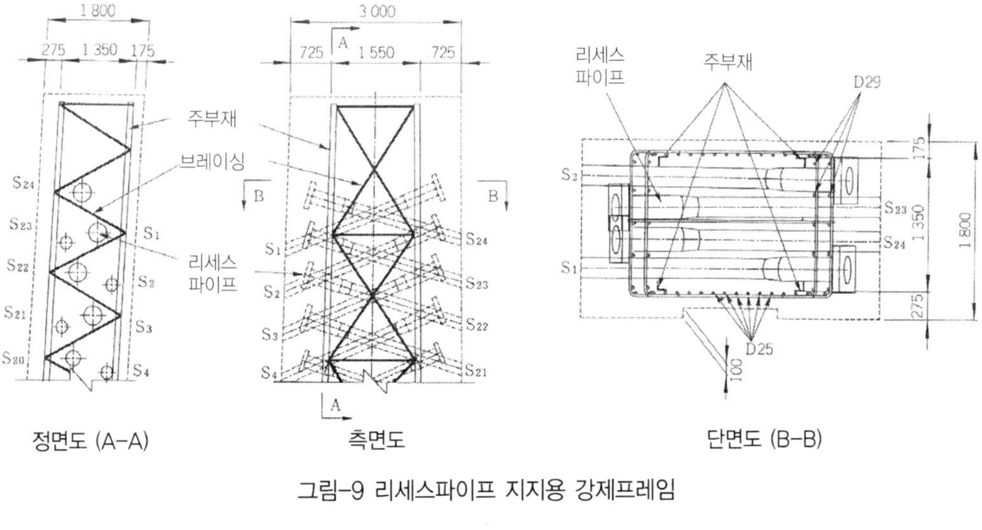

정면도 (A-A) 측면도 단면도 (B-B)

그림-9 리세스파이프 지지용 강제프레임

3-5 측경간의 폐합

측경간 폐합부는 접지식동바리로 Form Traveller의 Bottom Frame을 지지시키고 두 구역으로 나누어서 시공하였다.(그림-10) 본 교량은 주경간 쪽으로 넘어지려는 휨모멘트가 교각에 발생하기 쉬운 지간분할이므로 완성계 사하중시(크리프완료시)에 교각기부가 전단면압축이 되도록 하기 위하여 측경간의 PC Girder 선단을 40mm 밀어 내린 상태에서 폐합하도록 하였다. 켐버량의 조정은 다음 방법으로 시행하였다.(그림-11)

① 켄티레버식 가설 완료시 측경간 선단의 EL.이 밀어내림후 예정EL.보다 20~60mm 높아지도 록(시공시 및 완성시 교각응력에 따라 교좌장치반력을 감안, 관리폭 설정) 이제까지 얻어 진 Camber관리 자료에 기초하여 제16, 17, 18블럭의 거푸집 Setting위치 높이를 약간씩 수정하였다. 온도의 일일변화에 대해서는 이른 아침에 측정한 주형Elevation을 기준(측경간 PC Girder 선단의 EL.변화는 20mm정도)으로 하였으며 실제 켐버량은 목표치 40mm에 대하여 P_2가 55mm, P_1이 60mm였다.

② 측경간 PC Girder 선단부근(제16블럭)의 PC Girder안에 Counter Weight Concrete를 40ton 타설함으로서 EL.을 30mm 밀어 내렸다.

③ Form Traveller의 Front Truss와 교대를 게빈디스터브(φ32mm) 4개로 연결하고 Main Jack에 서서히 압력을 가하여 Form Traveller에서 PC Girder를 밑으로 밀어내리는 마지막 조정후 접지식동바리 상단에 목재받침을 끼워 넣어 Bottom Frame을 고정시켰다.

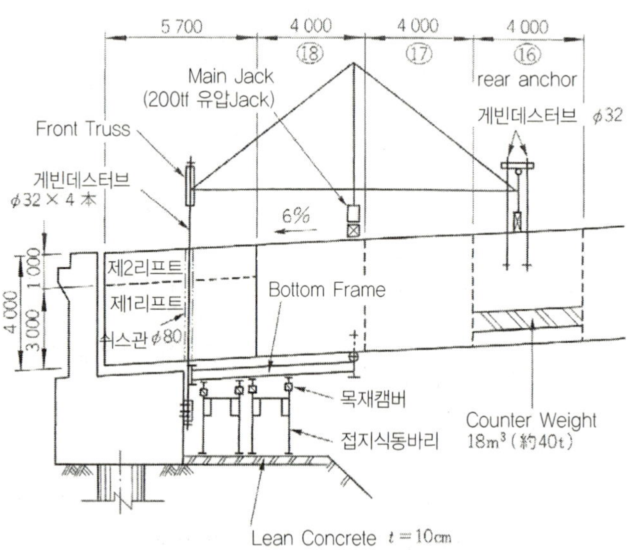

그림-10 측경간 폐합부 시공요령

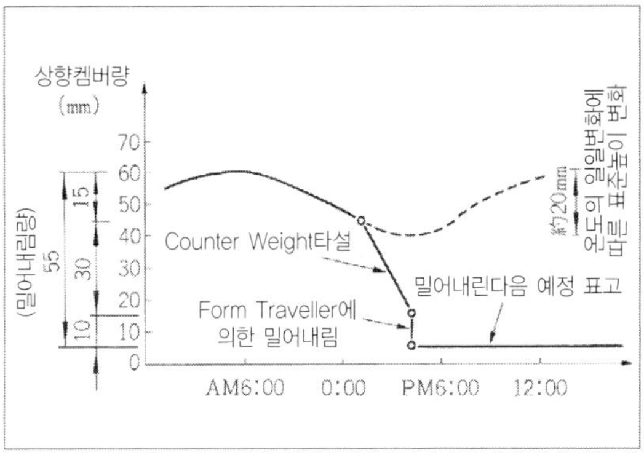

그림-11 캔버량 조절시 PC Girder의 선단부 변화

사진-10 측경간 폐합부

일반적으로 매달기동바리에서 폐합시키는 경우 매달기동바리의 강성영향과 폐합부를 두 부분으로 나누어서 시공하였기 때문에 폐합부 콘크리트 타설로 처짐량을 조정하는 것은 매우 어렵다. 특히 본 교량은 PC켄티레버시공부분의 선단과 교대전면이 가까워 오차로 인한 턱이 생길 수 있었으나 상기방법으로 턱이 발생하지 않도록 무사히 폐합시공할 수 있었다.

4. Steel Girder의 가설

4-1 개요

Steel Girder의 단면은 높이 3.5m, U리브 부착형 강상판으로 1 Cell Box Girder이고 폭원은 내풍안정성 관점에서 PC Girder보다 넓은 13.2m로 하였다.(1999년에 요코하마국립대학에서 풍동실험 시행) PC Girder와 Steel Girder의 접합방식은 후면Plate방식으로 후면Plate에는 1단면당 직경 32㎜인 42개의 PC강봉 및 12S15.2인 PC케이블 4개를 사용 정착하는 것으로 하였다.(그림-12) 도장시방에 대해서는 해상에서의 장기방청과 PALAU공화국의 유지관리작업을 줄여주기 위하여 아연알루미늄 의사합금용사(용적비 Al 55%/Zn45%, 130㎛) 및 용사피막 위에 내후성이 우수한 불소수지도료(30㎛×2층) 방식을 채택하였다.

대블럭(길이 77m, 중량 470ton) 및 접합부에 사용되는 Connection Girder(길이 4m, 중량 37ton×2)의 제작은 베트남의 하노이(판넬제작)와 중국의 광저우(조립, 도장)에서 시행하여 운반선(7,000ton)으로 대블럭위에 Connection Girder를 올려서 함께 운반하였다. 접합부 시공에 시간적인 여유를 확보하기 위하여 Connection Girder만 먼저 운반하는 방안도 검토하였으나 수송비문제로 인하여 동시에 운반하게 되었다. 크레인선을 현장으로 부르는 것은 비용측면에서 불리하므로 Connection Girder와 대블럭을 들어올리는 Erection Nose를 사용하였다.

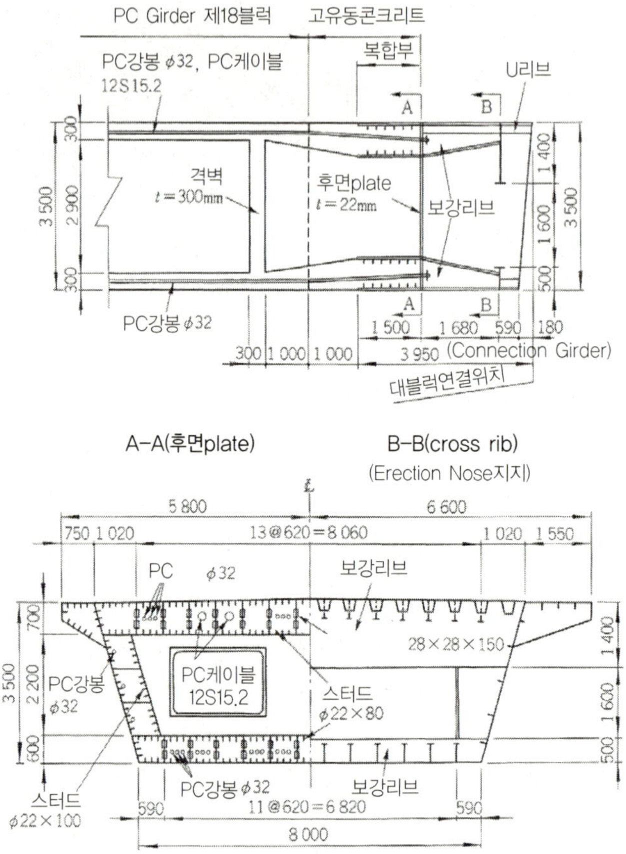

그림-12 접합부 일반도

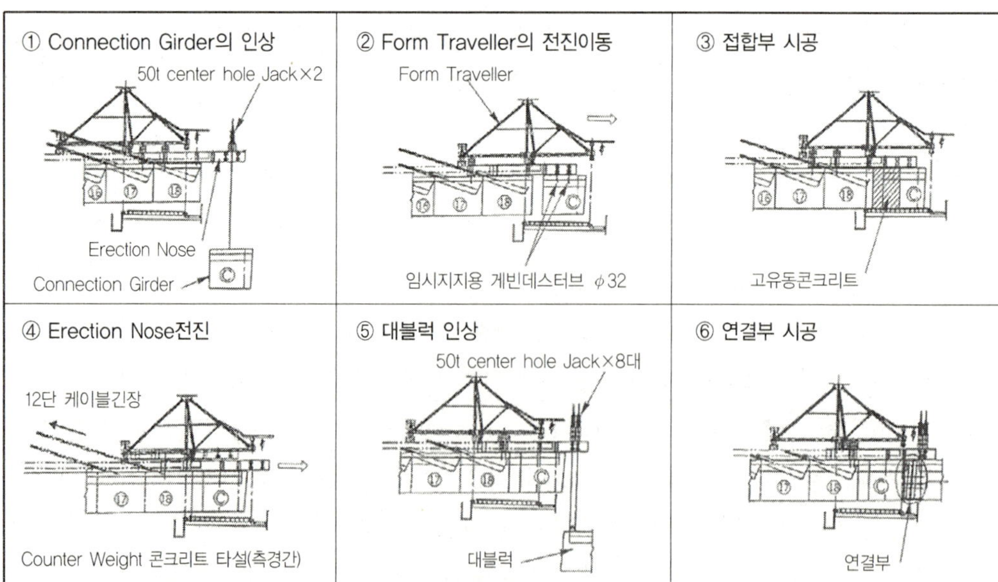

그림-13 Steel Girder의 가설순서

가설순서는 그림-13과 같으며 Connection Girder를 들어 올려 Form Traveller로 고정하고 고유동콘크리트를 타설한 다음 프리스트레스를 도입, 12단째 케이블을 긴장하고 측경간 주형내부에 Counter Weight Concrete를 타설한 다음 대블럭을 일괄가설하였다. 운반선 도착에서 대블럭을 들어올리기까지 소요된 시간은 14일이었다.(표-6)(밤12시까지 작업)

▶ 표-6 Steel Girder의 가설 공정표

			2001년													
			7/4	7/5	7/6	7/7	7/8	7/9	7/10	7/11	7/12	7/13	7/14	7/15	7/16	7/17
최대조위차(m)			1.7	1.8	1.8 대조	1.8	1.7	1.6	1.4	1.3	1.1	1.1	0.9 소조	0.9	1.1	1.3
운반선 위치	마라칼항															
	임시정박지															
	가설현장															
가설현장	P_2	Connection Girder 인상														
		Form Traveller전진														
		Connection Girder거치														
		접합부거푸집, 철근, PC강선 조립														
		접합부 콘크리트타설														
		양생														
		프리스트레스도입														
		케이블긴장														
		Counter Weight타설														
		Erection Nose전진														
		Form Traveller후퇴														
		들어올리기 Jack거치														
	P_1	Connection Girder 인상														
		Form Traveller전진														
		Connection Girder거치														
		접합부거푸짐, 철근, PC강선 조립														
		접합부 콘크리트타설														
		양생														
		프리스트레스도입														
		케이블긴장														
		Counter Weight타설														
		Erection Nose전진														
		Form Traveller후퇴														
		들어올리기 Jack거치														
	최종 Check															
	대블럭인상															

4-2 Connection Girder 및 大블럭 일괄가설

4-2-1 Form Traveller 및 Erection Nose

Erection Nose는 Form Traveller의 레일 양옆에 배치된 2개의 912-H형강을 주부재로 하는 구조물로서 Form Traveller가 912-H형강 사이를 자유롭게 전진 및 후진할 수 있도록 하였다.(그림-14) 이것은 일련의 작업을 신속하게 수행하여 운반선의 PALAU 체선기간을 최대한 단축하기 위한 조치로서 Form Traveller에는 Connection Girder 거치용 가설대, 접합부 시공을 위한 거푸집, 大블럭 접합작업용 비계 등을 미리 설치하여 두었다.

들어올리기Jack은 50ton Center Hole 유압Jack을 사용하여 Connection Girder 가설에는 2대(1대/지점×2지점), 대블럭 가설에는 16대(4대/지점×4지점)를 사용하였다. 이 유압Jack은 상

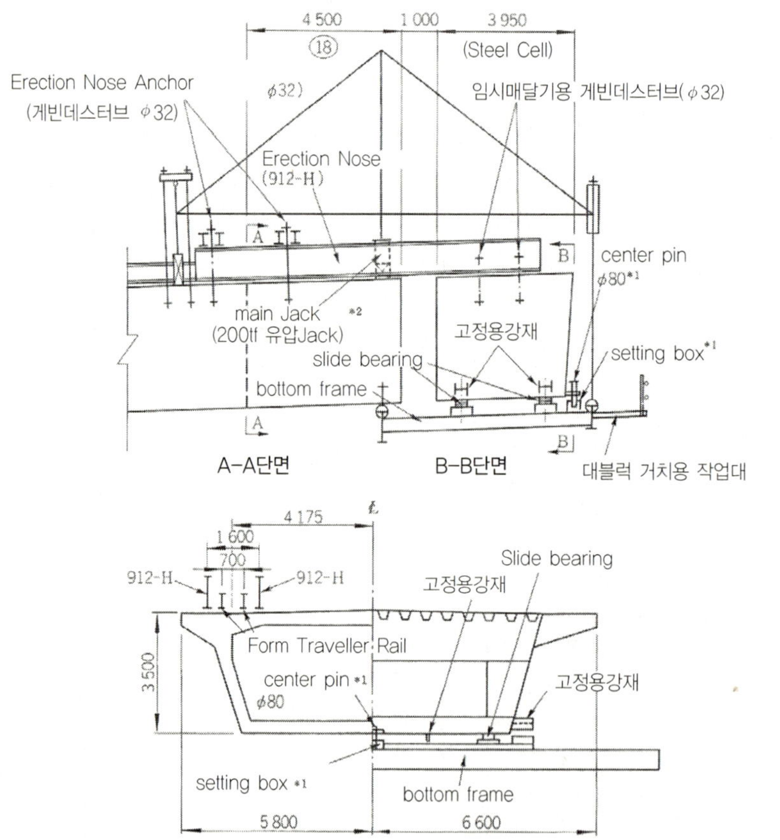

(주) *1. setting box를 소정위치에 용접 고정시킨 다음 center pin을 설치하고 center pin을 중심으로 Connection Girder를 회전시킨다.
*2. 좌우의 Main Jack을 올리거나 내려서 Connection Girder의 경사를 조정한다.

그림-14 Erection Nose · Form Traveller의 일반도

하2개소에서 Wedge로 매달기케이블(직경 26mm 스트렌드)에 연결되어 정착되는 메커니즘을 이루고 있으며 분기관을 통해 일정한 압력이 유지되고 압력센서를 이용하여 매달기하중을 표시하면서 조작하는 방식이다.

사진-11 대블럭 및 Connection Girder의 수송

4-2-2 Connection Girder 거치

Connection Girder를 들어 올린 다음 게빈데스터브(φ32mm) 4개로 Connection Girder를 지지하게 하고 들어올리기Jack을 제거, Form Traveller를 전진시키면서 Connection Girder를 Bottom Frame에 내려놓으며 거치한다. Bottom Frame을 사용한 접합부 시공은 이제까지 사례가 없었고 대블럭 일괄가설을 성공시키기 위한 핵심사항이므로 다음 방법을 사용, Connection Girder의 거치정밀도를 확보하였다.

사진-12 Connection Girder의 거치

사진-13 대블럭의 거치

① 가조립검사(중국 광저우의 제작공장에서 시행)에서는 대블럭을 다점지지하여 무응력상태로 대블럭 전체연장(수평거리)을 측정하였다. 그리고 Camber를 주게되면 주형단부가 경사 지게 되므로 대블럭과 일치여부를 확인하였으며 이것을 가설현장에서 확인하기 위하여 Connection Girder · 대블럭의 바닥판상면에 중심선을 표시하고 Connection Girder 상면(4점)에서 Level측량을 시행하였다. 대블럭 전체연장 측정에는 가설현장에서 광파거리계로 검증된 Steel Tape(JIS 1급)을 사용하였다.

② Connection Girder의 거치위치는 가조립검사에서 실측된 대블럭의 전체연장과 Connection Girder 설치후 발생되는 수평이동, 회전 및 들어 올릴 때 대블럭의 회전을 감안하여 대블럭을 들어올린 후 틈새간격이 소정의 치수가 되도록 결정하였다.(표-7)

① 가조립검사(무응력상태)

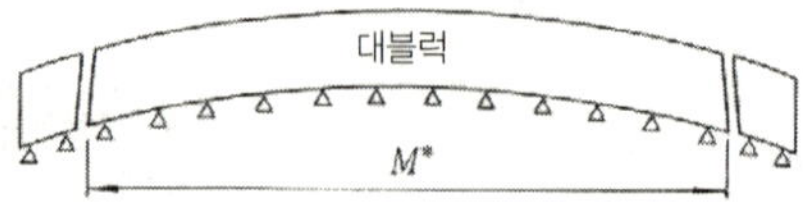

② Connection Girder 거치시

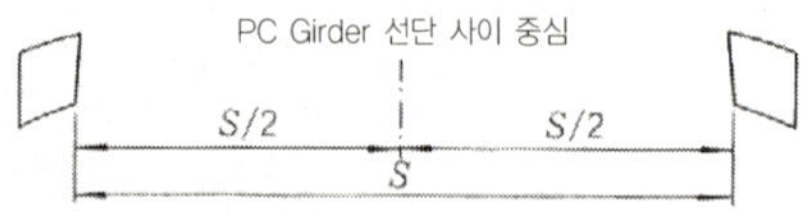

③ Connection Girder 거치 – 대블럭인상

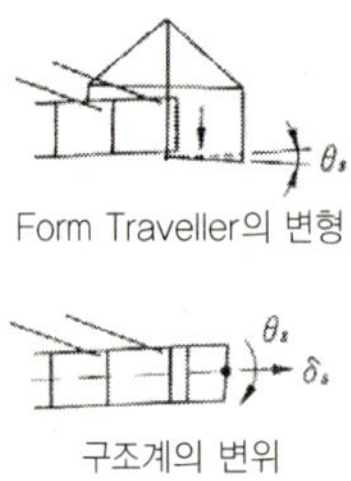

		δ_s (mm)	θ_s (rad/1,000)
Form Traveller 변위		–	+2.2
구조계 변위	접합부 콘크리트타설	+6	+1.3
	프리스트레스도입	-1	-0.2
	케이블 긴장	-9	-1.9
	Counter Weight타설	-4	-0.2
	대블럭 들어올리기	+13	+3.5
	계	+5	+2.5
합 계		+5	+4.7

④ 대블럭 인상(단순보 상태)

$S = S^* + 2 \cdot \delta_s + 2 \cdot \theta_s \cdot h/2$

$S^* = M + 2 \cdot G$

$M = M^* + 2 \cdot \theta_M \cdot h/2$

ここに, S : Connection Girder거치시 부재간 거리

S^* : 대블럭 인상시 Connection Girder사이의 거리

M : 대블럭 인상시 대블럭 전체길이

M^* : 가조립검사시 대블럭 전체길이

δ_s, θ_s : Connection Girder거치후 발생되는 수평변위, 회전각

h : 형고, h = 3,500mm

θ_M : 대블럭 인상시 회전각, θ_M = 5.1(rad/1,000)

G : Connection Girder와 대블럭 간격의 목표치, G = 100mm

표-7 Connection Girder의 위치검토 방법

③ 대블럭과 Connection Girder를 접합하기 위한 목표정밀도를 틈새간격 및 바닥판의 단차 크기를 설정하고 그 값을 만족하도록 틈새간격(광파거리계로 측정)과 Connection Girder의 경사각(바닥판 상면 4점의 표고차) 등에 관하여 가설현장에서의 관리목표치를 설정하여 두었다. 틈새간격에 대한 목표정밀도는 이음부의 고장력볼트 배치계획을 이용하여 결정하였다. 바닥판의 차이에 대한 목표정밀도는 들어 올리는 장비의 능력범위에서 PC Girder, Steel Girder를 교정가능한 범위가 되도록 하였다.(표-8)

④ Connection Girder의 평면위치조정은 Form Traveller의 Bottom Frame 위에 설치된 4

모식도 (단위:mm)

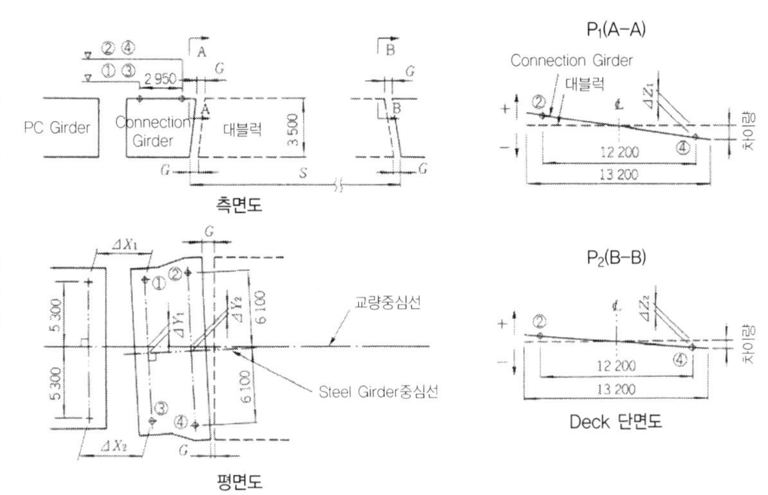

관리항목과 관리치	간 격			Deck 차이량	
	관리항목	관리치	간격	관리항목	관리치
	1) Connection Girder간 거리 S의 예정값과 차이	±30mm	±15mm	Connection Girder 비틀림량의 P_1, P_2의 차이 $\Delta Z_1 - \Delta Z_2$	±3mm
	2) 예상 차이 $\Delta Y1$ 및 $\Delta Y2$	±5mm	±1mm		
	3) Connection girder의 평면내 회전각 $\Delta X1$과 $\Delta X2$의 차이	±10mm	±6mm		
	4) 표고차(②, ①) 및 (④, ③)의 예상차와 차이	±10mm	±6mm		
	5) P1과 P2의 Connection girder의 표고차	±50mm	±1mm		
		합계	±29mm	차이량의 영향	±4mm
접합시 목표정밀도	간격 G=100±40mm			차이량 0±8mm	

표-8 Connection Girder의 거치정밀도 관리방법

개의 Slide Bearing(테프론판 사용)과 Connection Girder 선단에 설치된 Setting Box · Center Pin(ϕ80㎜)을 이용하고 Connection Girder의 경사각도조정은 Form Traveller의 Main Jack 2대로 시행하였다.(그림-14) Connection Girder의 측면 및 하면에는 Connection Girder고정용 강재를 부착하여 위치조정 완료후 Bottom Frame 위의 가설대에 용접, 고정 하였다.

⑤ Connection Girder 거치후에는 매일 아침, 작업개시전에 Connection Girder의 틈새거리 및 경사각도 등을 측량, 예정치와 비교하여 관리치를 만족하는지 여부를 확인함으로서 대블럭 매달기 Jack의 설치위치를 결정하는데 참고하였다.

4-2-3 가설시 내풍대책

Steel Girder 가설시에는 대블럭이 매달기케이블에 탄성지지되는 상태가 되어 풍속 12m/s의 옆바람에도 와려진동 발생이 염려되었다.(2001년 2월 미쓰이조선소에서 풍동실험) 그래서 와려

진동에 의한 동하중(정하중의 20%)을 매달기설비 설계시 반영하고 공기역학적인 대책으로 대블럭에 임시페어링(켄티레버길이 1.8m)을 설치하였다.

4-2-4 대블럭 매달아 올리기

매달기케이블의 꺽임각과 Erection Nose에 작용하는 수평하중 등을 감안하여 운반선의 위치결정에는 평면위치의 목표정밀도를 ±50㎝로 하였다. 매달기케이블과 대블럭의 접합부는 매달기케이블 선단부의 크레비스를 1개씩 앵커하우징에 핀(직경 90㎜)으로 접속하였다. 이 작업은 조류 때문에 가능한한 짧은 시간에 해야하기 때문에 나이론Rope(φ25㎜)로 크레비스를 주형위에서 붙잡고 인력으로 위치조정 함으로서 16개의 매달기케이블을 30분만에 접속하였다.(작업인부 50명 동원)

접속작업 도중 조위가 내려가 먼저 접속한 매달기케이블에 힘이 걸리지 않도록 작업당일 조위를 예측하고 매달기케이블을 약간 길게 하여 모두 접속이 완료후에 매달기Jack은 느슨한 상태를

사진-14 들어올리기용 Jack

사진-15 Connection Girder 위치조정용 Sliding Bearing

사진-16 가설 훼어링

사진-17 매달기 케이블의 접합부

유지할 수 있었다.

매달기Jack을 내릴 때에는 10단계로 나누어서 내리고 작업선에서 1m 위치에서 정지시켜 대블럭하면 지점부의 도장을 보수한 다음 매달기작업을 시작하도록 하였다.

4-2-5 Connection Girder와 대블럭의 접합

Web와 하부플렌지는 고장력볼트접합(M22, F8T, 용융아연도금볼트)하였고 강상판 Deck Plate(t=12㎜)는 맞대기용접하였다. 본교량은 Rigid Frame구조이고 유압Jack 등으로 틈새간격을 강제적으로 조정하는 것이 곤란하므로 다음 방법에 따라서 이음부를 시공하였다.

① Connection Girder의 볼트구멍은 대블럭을 매달아 올린 다음 Splice를 대고 Marking한 다음 구멍을 뚫는 것으로 하고 Splice치수는 틈새간격 100±20㎜ 이내가 되도록 하였다.

② 온도의 일변화로 인한 틈새간격의 변동에 대해서는 틈새간격이 일정해지는 깊은 밤에 Marking한 다음 낮에 구멍을 뚫고 다시 깊은 밤에 볼트 구멍위치가 일치할 때를 기다려 볼트를 넣고 아침까지 체결을 완료하였다. 그리고 온도변화에 의한 틈새간격의 변동량은 Deck에서 20㎜정도, 하부플렌지는 10㎜정도였다.

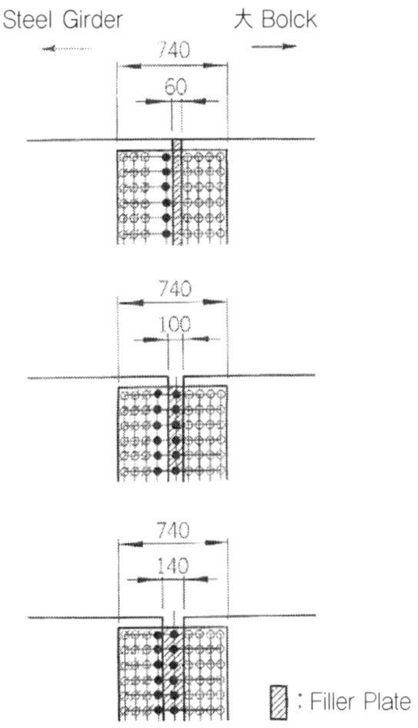

	∅	●	○
모재	현장	현장	공장
스플라이스	공장	현장	공장

그림-15 연결부 고장력볼트 배치도 (단위 : mm)

③ Web의 볼트체결이 완료될 때 까지 낙교방지대책으로 Erection Nose(300-H형강 8개)를 설치하고 강선(φ16㎜)으로 앵커하우징과 Erection Nose를 묶어 두었다.

④ 강상판에는 약 250㎜의 Clearance를 두어 실측하면서 절단가공한 Deck Plate를 끼워넣어 맞대기용접하였다.

그리고 온도가 내려가는 심야의 주형접합은 교량자체의 응력(특히 교각 기부의 휨응력) 측면에서도 바람직하였다.

4-3 접합부 시공

4-3-1 철근망

사진-18 연결부 천공작업

공정단축을 위하여 현장에서 미리 가공한 철근망을 운반선으로 운반하여 Connection Girder 내부에 삽입, 고정하였다. 철근이 밀려나와 Connection Girder를 매달아 올리는 작업에 방해가 되지 않도록 축방향철근(D16)에는 기계이음을 사용하였다. 그리고 철근망 삽입작업시 두 번 작업이 되지 않도록 현장에 Connection Girder의 목제 모형을 만들어 철근망의 가공치수를 확인하였으며 철근망 치수게이지를 사용하여 중국의 제작공장에서 Connection Girder의 내부치수를 미리 점검하였다.

4-3-2 고유동콘크리트

사진-19 목제 모형

콘크리트의 충진성을 확보하기 위하여 고유동콘크리트(슬럼프 60㎝)를 사용하였다. 타설방법은 그림-16과 같으며 단면을 스테인레스철망으로 5등분하여 표고가 낮은 PC Girder쪽 거푸집에 설치된 타설관(φ125㎜, 150㎜)으로 콘크리트를 투입하였다. 표고가 높은 후면Plate 부근의 Connection Girder상면에는 Air Hole(하부 바닥판:블레이드 호스 φ25㎜, 상부 바닥판:PE관 φ70㎜)을 설치하였고 타설상황을 파악하기 위하여 마감거푸집 상면과 Connection Girder 상면에는 점검용 개구부(10㎝×10㎝), Hole(φ26㎜)을 각각 설치하였다. 펌프카에서 배관을 밀폐된 거푸집으로 직접 연결하는 경우 고압으로 거푸집이 부서질 염려가 있고 배관용 분기밸브 등은 조달이 어려운 점도 있어 다음 방법으로 배관작업의 생력화, 타설시 교체작업의 시간단축을 도모하였다.

① 하부 바닥판, 상부 바닥판에 대해서는 펌프카의 Flexible Hose에서 타설관 상단에 부착된 깔때기관으로 콘크리트를 투입하여 Head차를 이용 충진시켰다.

② Web는 누두관에 접속된 비닐제품 Hose(φ100㎜)를 상부상판의 타설관을 통하여 Web내부로 집어 넣어 타설하였다.(낙하고 약 1.5m)

그리고 이상의 방법에서 필수적인 고유동콘크리트의 분리저항성과 유동성을 미리 확인하기 위하여 Connection Girder의 목제모형을 이용 Web 및 하부 바닥판의 일부분을 이용한 실물모델을 제작하여 시공성 실험을 시행하였다. 그 결과 재료분리 없이 Connection Girder내부의 구석구석까지 충진되는 것이 검증되었다. 이 시공성실험은 필리핀기술자들과 작업인부들에게 견고한 거푸집이 필요하다는 것을 인식시키기 위한 시도도 겸하고 있었다.

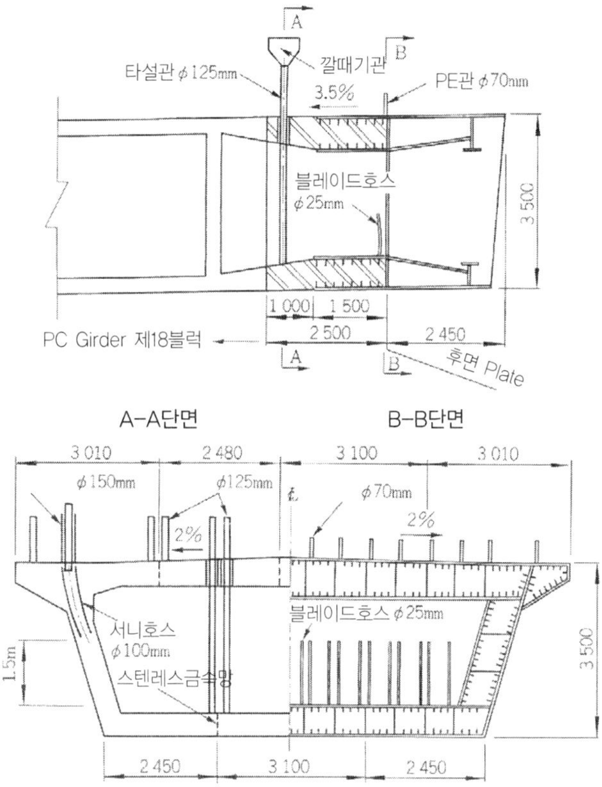

그림-16 고유동콘크리트의 타설방법

사진-20 접합부의 고유동콘크리트 타설

사진-21 고유동 콘크리트의 시공성실험

4-4 운반선의 예항, 계류

4-4-1 운반선의 예항경로

PALAU공화국에 도착된 운반선은 우선 PALAU 유일의 상업항구인 마라칼항에 입항하여 통관, 검역, Connection Girder 내부의 철근망 삽입작업, 공구, 비계 등을 설치하였다. 다음날 현장근처의 임시정박지로 이동하여 하루를 보낸 다음 Connection Girder의 거치작업을 위하여 가설현장 근처로 예항하였다. Connection Girder를 시공하는 동안 마라칼항으로 돌아가 대블럭가설에 필요한 가설훼어링을 설치하고 돌아와 대블럭을 가설하였다.(표-6)

4-4-2 운반선의 계류

그림-18은 Connection Girder 가설시 및 대블럭가설시 운반선의 계류방법을 나타낸 것이고 표-9는 계류작업에 사용된 선박, 주요기자재, 설비 등을 나타낸 것이다. 가설현장은 최대조류속도 약 4노트, 최대조위차 1.8m에 이른다. 그리고 본 교량의 옆 70m 지점에 가설부교가 있는데 이것이 장애물이 되어 예인선과 운반선의 움직임을 방해하는 것 뿐만아니라 해협을 넘어 다니는 유일한 통로인 가설부교가 운반선과 충돌하여 부서지는 일이 있어서는 안되는 조건이었다. 그리고 해협의 바다속에는 암층이 노출되어 가설현장에 진입한 운반선을 닻으로 정박시키는 것이 곤란하였다. 그래서 조류를 거슬러 가설현장으로 운반선을 진입시키고 조류가 느려지는 때를 기다

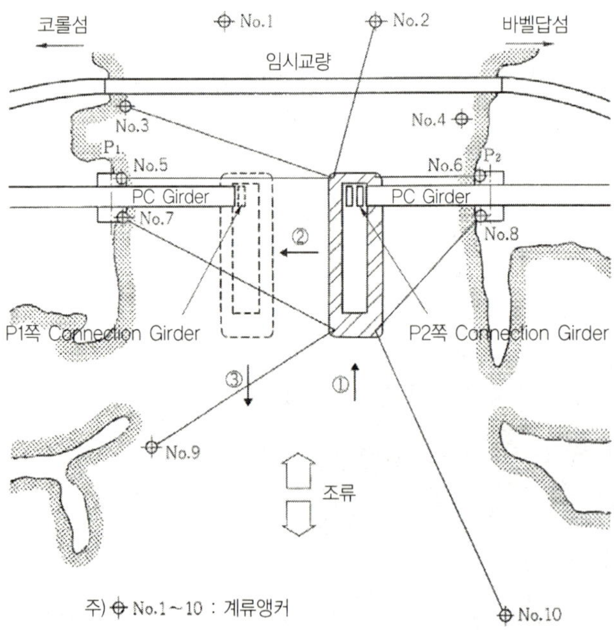

그림-17 작업선의 계류(Connection Girder 거치시)

려 작업하는 것으로 하여 여러날 운반선을 작업현장에 계류시켰다. 계류앵커의 설계조건은 조류속도 4노트, 풍속 10m/s, 파고 0.2m로 하였다. Connection Girder를 들어 올릴 때에는 운반선을 조류방향으로 계류시켜 P2쪽 Connection Girder를 들어 올리고 운반선을 옆으로 이동시켜 대기시키고 다음날 이른 아침에 P1쪽 Connection Girder를 들어 올리고 조류가 멈추는 때를 기다려 운반선의 계류를 풀었다.

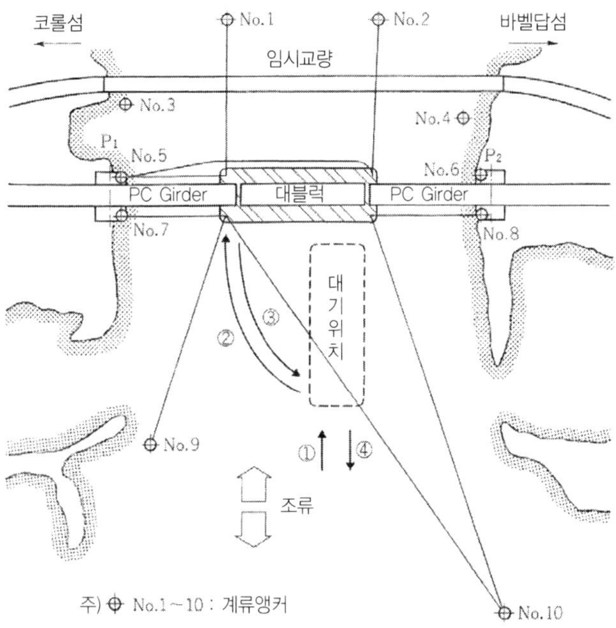

그림-18 작업선의 계류(대블럭 거치시)

대블럭 들어올리기는 조류가 느려진 가설 2일전에 운반선을 가설지점으로 진입시켜 조류방향에 따라 계류시키고 가설 당일 이른 아침에 운반선을 90도 회전시켜 매달아 올린 다음 다시 90도 회전시켜 다음날 조류가 느려지기를 기다려 계류를 해제하였다.

기타 시공상 유의점은 다음과 같다.

① 가설현장에서 조류속도(도플러 유속분포계와 전자유속계로 측정)와 함께 조위를 실측하여 조위와 조류의 시간변화를 예측, Time Schedule을 작성하는데 참고한다.

② 운반선의 작업지휘와 윈치조작은 일본인, 예인선 선장은 PALAU人, 보조작업자는 필리핀人이므로 언어소통으로 인한 문제가 발생하지 않도록 운반선, 예인선의 움직임을 작업단계마다 스켓치하여 작업에 참여하는 전체인원이 모두 이해하도록 한다.

▶ 표-9 계류작업에 사용된 선박, 주요기자재, 설비

항 목	명 칭	시방조건	수 량
운반선, 의장	운반선	7000ton	1척
	윈치	10ton 쌍동식	5기
	닻	3.5ton	2기
예인선	주예인선 A	700마력	1척
	주예인선 B	850마력	1척
	보조예인선 A	700마력	1척
	보조예인선 B	200마력	1척
	Anchor Boat A	300마력(Twin Screw)	1척
	Anchor Boat B	350마력(Twin Screw)	1척
계류 Anchor	No. 3,4,9,10	H-300×2개/개소 L=12m, 근입장 9m	4개소
	No. 5,6,7,8	RC구조(sheet pile과 일체화)	4개소
	No. 1,2	가설부교Anchor 수중중량 약 100ton	2개소

5. 기술적인 특징

본 공사의 기술적인 특징은 다음과 같다.

① 케이싱회전굴착식 All Casing공법으로 지중장애물 굴착

② Slump 40㎝인 수중콘크리트로 현장타설말뚝시공과 Core Sample압축강도 시험

③ Form Traveller로 PC Girder시공과 Connection Girder 시공

④ 해상부 Steel Girder에 장기방청을 감안하여 아연알루미늄 의사합금용사

⑤ 고유동콘크리트로 접합부 시공

⑥ Erection Nose로 대블럭 일괄가설

⑦ 최대조류속도 4노트인 해협에서 운반선 계류

⑧ 조류 · 조위관측과 예측계산 및 운반선 계류력 해석

⑨ Steel Girder가설시 내풍안정성 검토

⑩ 고강도, 고내구성을 감안한 케이블의 상호연결식 제진장치

⑪ 바람 · 진동계측으로 내풍대책 타당성 확인

⑫ 개질아스팔트를 사용한 해외 포장공사

본 교량은 2001년 7월 17일 주경간 Steel Girder를 일괄가설하여 교량을 연결하였으며 2001년 11월 대부분의 공사를 완료하여 2002년 1월에 개통식을 거행하였다.

7 PART

Hybrid 교각의 Extradosed교

Design and Construction of Miyakodagawa Bridge

Hybrid 교각의 Extradosed교

Design and Construction of Miyakodagawa Bridge

머리말

미야코다가와(都田川)교는 제2토오메이고속도로에 설치되는 연장 268m의 강관 · 콘크리트 Hybrid구조 교각을 가진 2경간연속 PC Extradosed교이다.

가설지점은 험준한 지형이 이어지는 급경사지이고 하천과 양 경사면 중간에 위치하는 도로를 횡단하며 발주처가 대규모지진대책 특별법으로 지진방재대책을 강화하는 지역으로서 내진성 확보가 구조상 가장 중요한 설계핵심이었다. 그리고 가설지점의 상류에는 캠프장, 하류에는 공원이 있으므로 Land mark 기능도 추가적으로 요구되었다.

이와 같은 조건을 감안하고 구조특성, 시공성, 경제성, 유지관리, 경관 등의 관점에서 다양한 교량형식을 검토하여 최종적으로 2경간연속 PC Extradosed교를 선정하게 되었으며 구조적인 특징으로는 높이 56.4m의 교각 및 주탑에 강관 · 콘크리트 Hybrid구조를 채택하고 단부 교좌장치에 면진받침을 사용하여 내진성을 향상시켰다.

상부공은 2 Cell Box Girder의 PC Extradosed형식이고 이동작업차(Wagen)를 사용하여 양쪽에서 동시에 켄티레버식으로 시공하였다. 켄티레버길이 96.5m는 Extradosed교로는 일본에서 가장 큰 규모를 자랑한다.

미야코다가와교(都田川橋) 전경

Saddle의 가조립

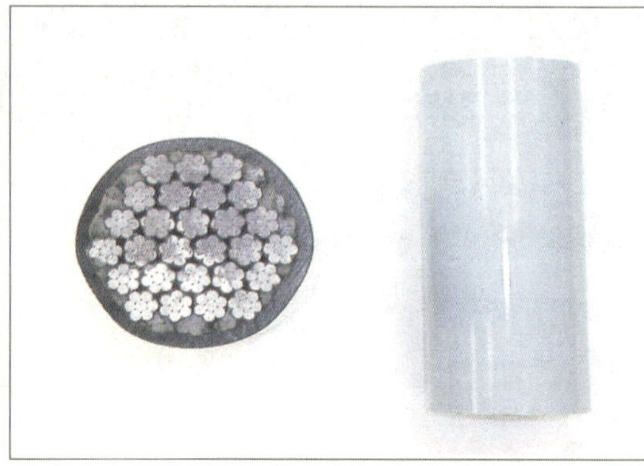

케이블단면과 착색폴리에틸렌관

면진Bearing(고감쇄적층고무Bearing)

케이블의 가설전경

주두부 시공중

주두부 시공완료

교각 강관

A1측경간 동바리

주형의 켄티레버식 가설

1. 교량 개요

구조형식 : 2경간연속 PC Extradosed교	지간구성 : 2@134=268m
유효폭원 : 16.5m×2(상하행선)	평면선형 : R=∞
종, 횡단경사 : 2.0%, 2.5%	교각구조 : 강관 · 콘크리트 Hybrid 구조(H=56.4m)

그림-1은 교량 일반도이며 가설조건상 교각을 1기만 설치해야하고 편도 3차로의 광폭원 주형 단면(16.5m×2)을 갖는 구조이므로 교각은 높이 56.4m에 강관 · 콘크리트 Hybrid 구조를 사용하는 것으로 하였고 교축직각방향에는 교각이 3개 나란히 설치되는 독특한 Rigid Frame구조를 가지게 된다.

주탑에 대해서는 외측에 2개, 안쪽에 1개인 3주탑이므로 상하행선의 주형을 3개의 주탑으로 지지시키는 형식이 되면서 좌우대칭에 독특한 경관을 창출하도록 고안하였다.

표-1은 상부공에 사용되는 주요재료를 정리한 것이며 주방향 PC강재는 내외부 겸용이며 External케이블에는 에폭시수지피복 스트랜드를 사용하였다. 주탑 케이블에는 공기단축과 품질향상을 위해 공장제작된 Non grout type의 PC케이블을 사용하였다. 케이블 본체는 그림-2와 같이 15.2㎜ 소선을 폴리에틸렌피복시키고 이것을 27개씩 엮은 다음 다시 외부에 폴리에틸렌 피복관을 씌워 소선이 2중방청되도록 조치하였다. 태양광선의 영향과 경관을 고려하여 컬러코팅을 시행하였으며 바닥판의 횡방향강선과 웨브의 연직강재에는 Pre grout type의 PC케이블을 채택하였다.

▶ 표-1 상부공 주요재료

공 종	수 량	단 위	비 고
콘크리트	12,200	㎥	주형 (σ_{ck}=40N/㎟)
	1,236	㎥	주탑, 주두부 (σ_{ck}=30N/㎟)
거푸집	36,366	㎡	주형, 주탑, 주두부
철 근	1,690	ton	주형, 주탑, 주두부
PC강재	357	ton	주방향 Internal케이블(SWPR7B 12S15.2)
	86	ton	주방향 External케이블(SWPR7B 12S15.2)
	24	ton	가로보 횡방향케이블(SWPR7A 12S12.4)
	86	ton	바닥판 횡방향케이블(SWPR19 1S28.6)
	12	ton	웨브 연직케이블(SWPR19 1S28.6)
케이블	165	ton	SWPR7B 27S15.2

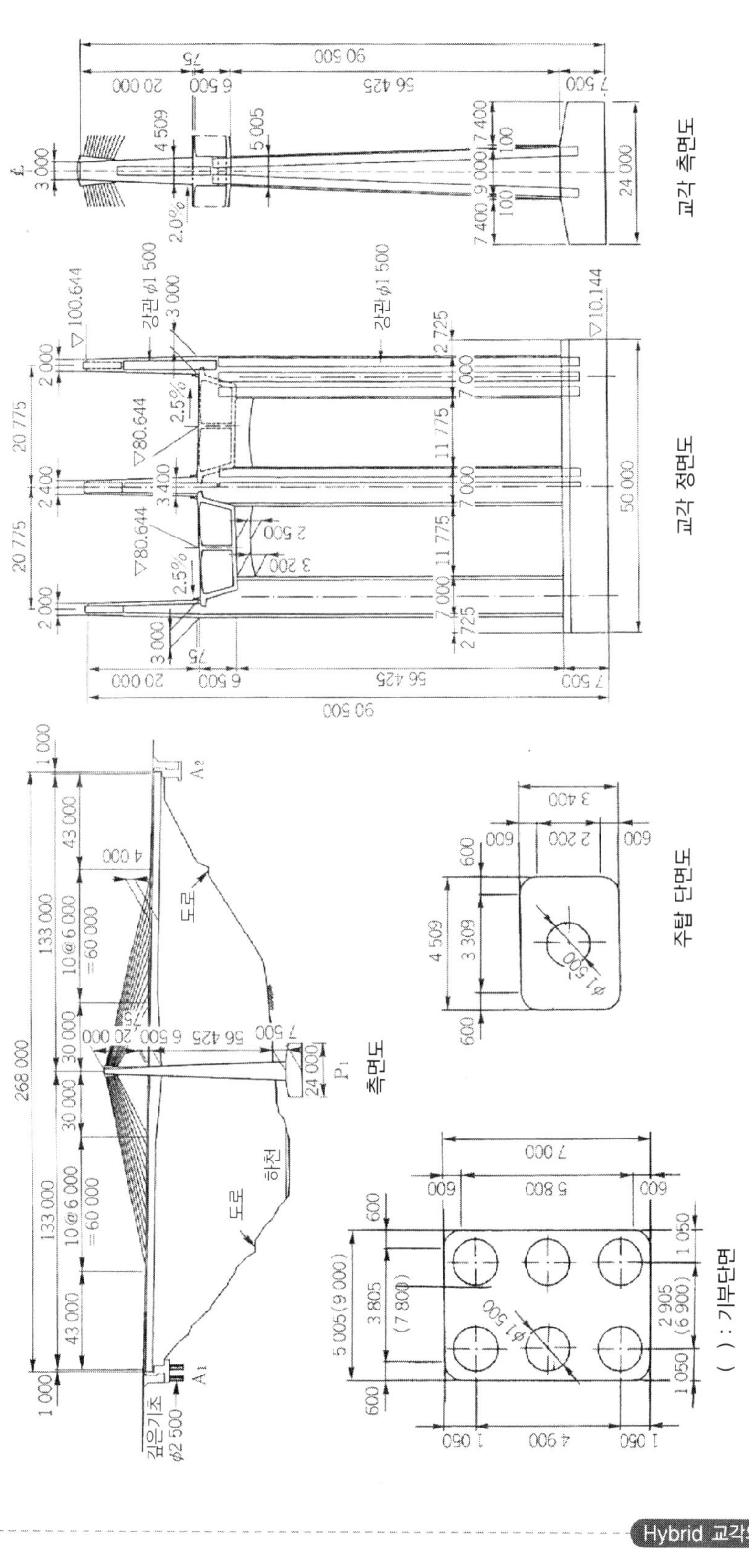

그림-1 교량 일반도

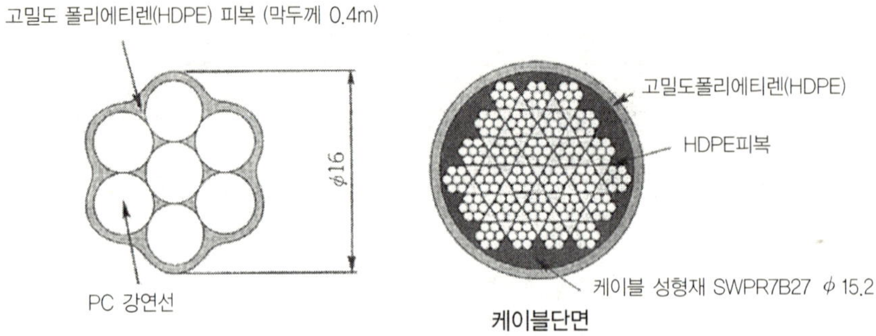

그림-2 케이블 단면도

2. 설계상 특징

2-1 강관 · 콘크리트 Hybrid구조의 채택

본 교량의 교각에는 강관 · 콘크리트 Hybrid 구조를 채택하였으며 이 구조는 그림-3과 같이 기존 RC교각의 철근을 대신하여 강관과 고강도 PC강연선을 나선형으로 감아올린 띠철근을 조합시킨 Hybrid 구조이다. 두 재료의 효과로 보다 우수한 전단내하력과 인성을 발휘함과 동시에 PC강연선의 채택으로 시공성을 한층 더 향상시켰다. 그리고 강관은 철근과 비계의 지지철물역할

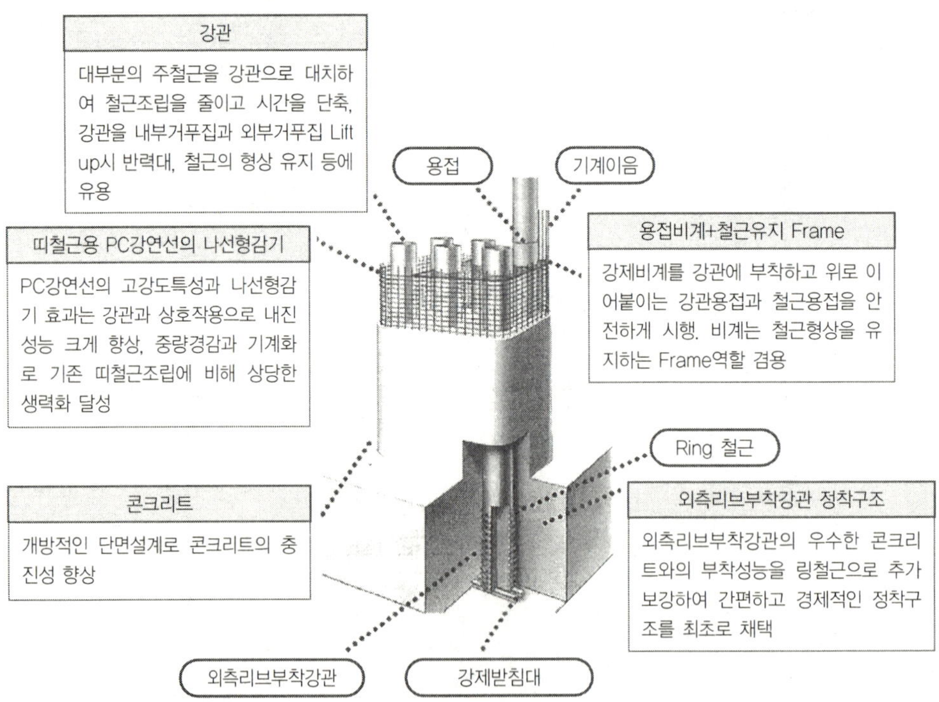

그림-3 강관 · 콘크리트 Hybrid 교각

등 여러 목적으로 사용되어 Total cost의 절감에도 기여하는 효과를 나타냈다. 이와 같은 이유로 이 구조는 일본 제2토오메이(東名)고속도로 고교각의 표준구조로 채택되었으며 본 교량은 교각뿐만 아니라 주탑에도 처음으로 채택되어 내진성 향상과 동시에 시공의 생력화, 시공정밀도 향상에도 크게 기여하였다.

2-2 내진설계

2-2-1 교각의 축력변동에 대한 검토

본 교량은 강관 · 콘크리트 Hybrid 구조인 고교각이며 고차 부정정 구조물이므로 대규모 지진동에 대해서는 동적해석에 의한 설계를 기본으로 하였다. 그리고 교각은 3주 Rigid Frame이고 교축직각방향 지진시 축력의 변동으로 내하력의 변화가 예상되었다. 예비검토 결과, 초기상태의 축력에 대하여 ±65%의 범위에서 축력이 변동되는 것으로 판단되었다. 그림-4는 교각 상부에서 축력과 균열모멘트 및 초기항복모멘트의 관계를 나타낸 것이다. 이에 따르면 축력이 위와 같이 변하는 경우 균열모멘트 및 초기항복모멘트가 −17%∼+18% 변화되는 것이 확인되었다. 그러므로 설계시에는 축력변동을 반영한 비선형동적해석을 시행하였으며 그림-5는 교각 상부에서 모멘트와 회전각의 응답이력을 나타낸 것이다. 축력변동으로 소성화가 일어나고 소성곡률이 최대 $\mu\phi=4.6$인 응답치 발생이 확인되었다.

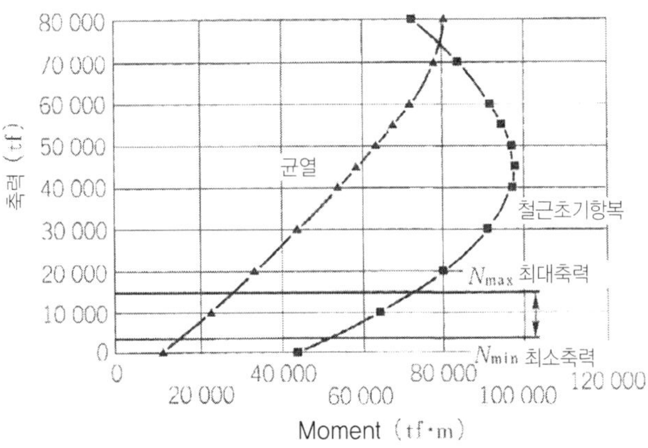

그림-4 축력과 균열 · 초기항복모멘트의 관계(교각 상부)

이에 대하여 강관 · 콘크리트 Hybrid 구조 교각의 허용소성곡률은 $\mu\phi_a=12$로서 일반적인 RC 교각에 비해 대변형 영역까지 내하력의 유지가 가능하므로 본 구조의 채택은 우수한 내진성확보로 연결되게 되었다.

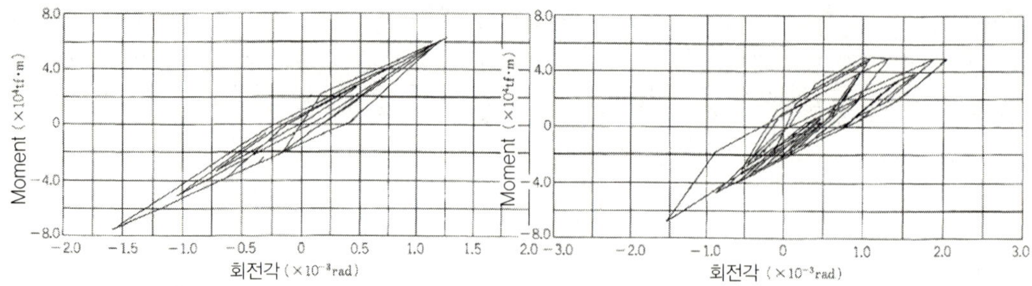

(a) 축력변동을 고려하지 않는 경우 (b) 축력변동을 고려하는 경우

그림-5 모멘트와 회전각의 응답이력(교각 상부)

2-2-2 면진받침을 사용한 효과

교좌장치에는 고감쇄 적층고무받침(최대반력 1,200tf)을 사용하였으며 면진받침에 의한 감쇄효과를 확인하기 위해 받침에 감쇄를 주는 경우와 주지 않는 경우에 대하여 응답치를 비교하였다. 교축방향의 대규모지진을 대상으로 하는 검토결과를 정리한 것이 그림-6으로 감쇄를 줌으로서 거의 모든 부분에서 변위, 휨모멘트, 전단력의 응답치가 감소하며 특히 주형의 전단력에 대해서는 최대응답치를 내하력 이하로 낮추는 효과가 나타났다.

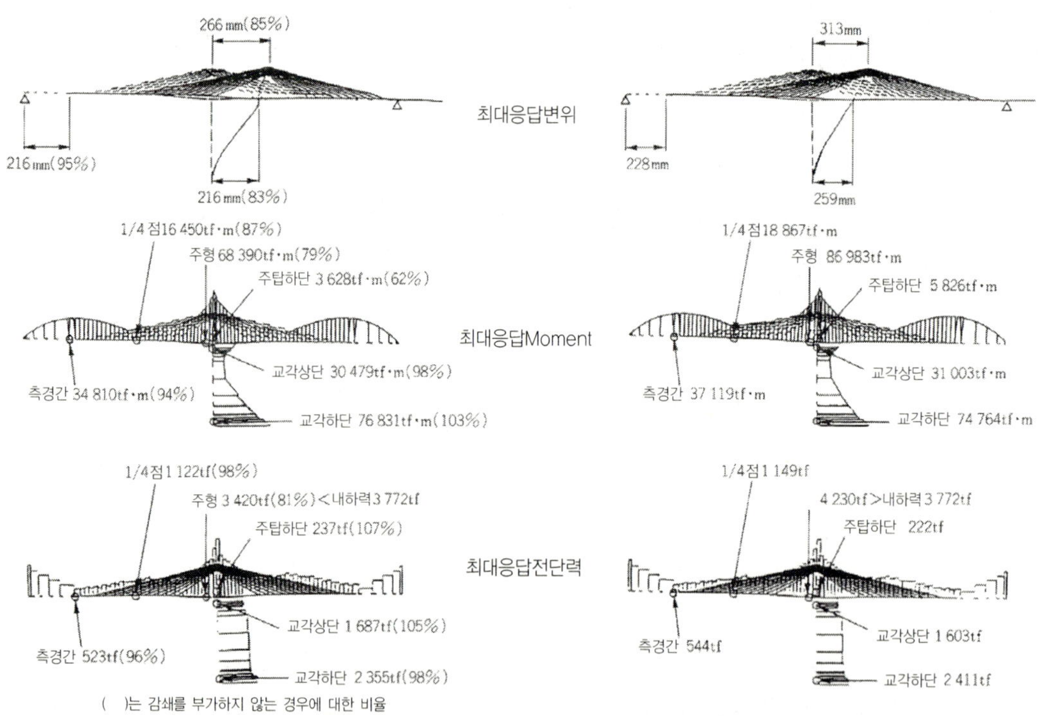

(a) 감쇄를 부가하는 경우 (b) 감쇄를 부가하지 않는 경우

그림-6 면진Bearing의 효과(교축방향 대규모지진동의 해석결과)

2-3 바닥판 설계

기본설계의 주형형상은 바닥판 지간이 6m인 3Cell Box Girder였으나 실시설계에서는 주형의 경량화 및 시공성, 경제성 향상을 목적으로 그림-7과 같은 2Cell Box Girder로 변경하였다. 바닥판 설계는 지간이 8m로 넓어지므로 T활하중을 실재하시킨 FEM해석으로 휨모멘트를 산출하였다. 하중 재하방법과 FEM해석 결과를 각각 표-2, 3에 나타냈다.

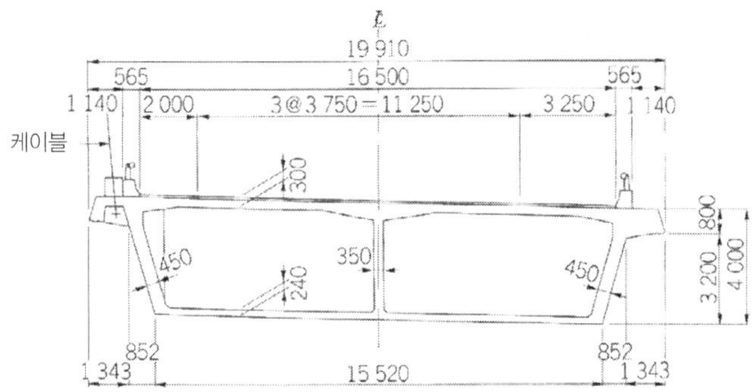

그림-7 주형 단면도

▶ 표-2 T하중(B활하중)의 재하방법

Case 1 편측 3차로 재하	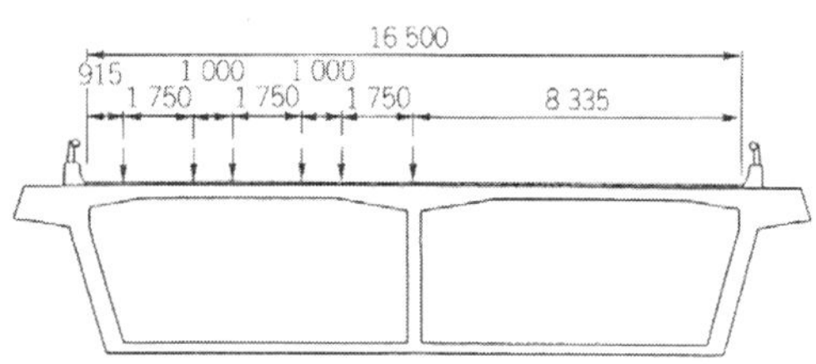
Case 2 편측 2차로 재하	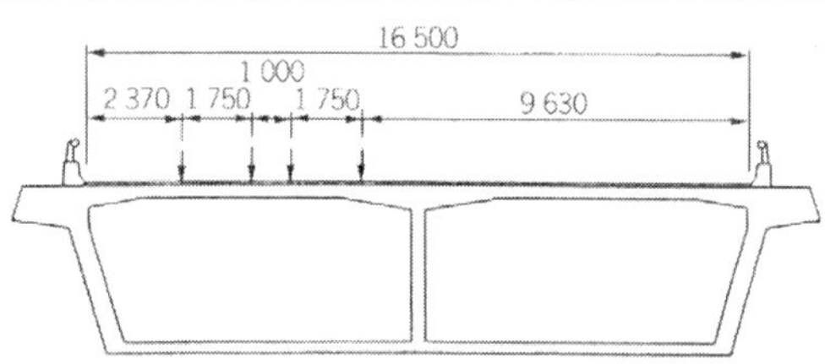
Case 3 양측 5차로 재하	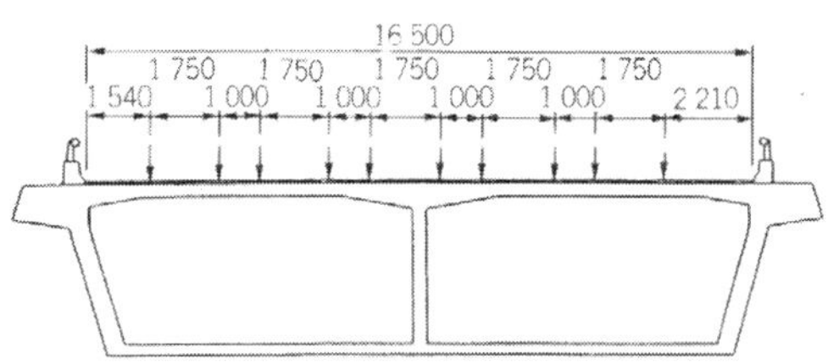

▶ 표-3 바닥판의 설계휨모멘트(단위 tf · m)

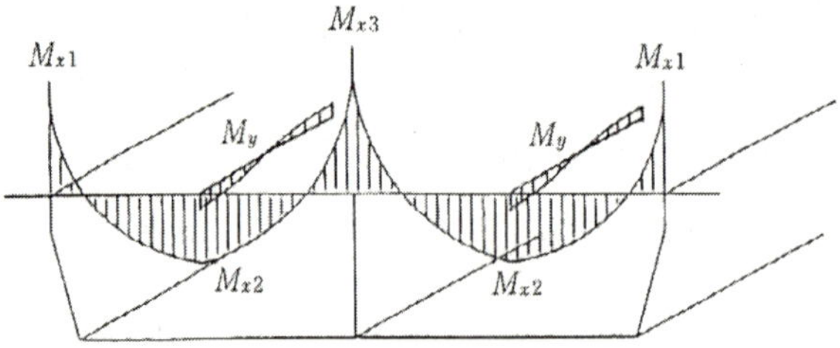

		Mx1	Mx2	Mx3	My
FEM해석	Case 1	-9.844	5.531	-8.471	5.145
	Case 2	-7.021	4.591	-9.372	4.659
	Case 3	-5.967	3.603	-12.532	3.568
	최대 · 최소	-9.844	5.531	-12.532	5.145
설계휨모멘트(FEM×1.1)		-10.828	6.084	-13.785	5.660
일본 도로교시방서식		-16.874	10.493	-16.874	6.695

설계휨모멘트의 설정은 TT-43하중을 실재하시킨 경우 휨모멘트와 비교검토하여 FEM해석치를 10% 늘려 사용하였다. 이 설계휨모멘트에 대하여 바닥판의 지간방향은 PC구조, 지간직각방향은 RC구조로 설계한 결과 바닥판 두께 30㎝에 대하여 횡방향PC강재(1S28.6 Pregrout강재)의 배치간격은 50㎝, 교축방향 주철근은 D22@125로 결정하였다. 그리고 지간방향에 대해서는 일본 도로교시방서식을 준용한 경우에도 인장응력이 콘크리트 인장강도를 넘지 않도록 설계하였다.

2-4 전단에 대한 검토

주형이 광폭원 2Cell Box Girder인 점, 케이블이 외측Web에만 정착된다는 것 때문에 내 · 외Web의 전단력 분담율을 감안할 필요가 있었다. 설계에서는 그림-8과 같이 Full 입체FEM으로 단면력을 해석하여 내 · 외Web의 전단력 분담율을 산출하였으며 그림-9는 그 결과를 정리한 것이다. 여기에서는 전단력을 각각의 Web에 등분배하는 경우(분담율 33%)의 할증계수를 1.0으로 하고 각 설계단면의 전단력 할증계수를 산출하는 것으로 하였다. 그림에서 알 수 있듯이 내 · 외Web의 전단력 분담율은 케이블 정착블럭 사이에서 크게 달라지는데 특히 가로보 부근에서 크게 변화되며 이것은 가로보에 의한 Web 거동이 국부적으로 구속되기 때문인 것으로 판단된다.

이상과 같이 전단에 대한 설계에서는 ① 분담율이 등분배율을 초과하는 곳에 대해서는 FEM으로 계산된 값을 그대로 적용하였고 ② 분담율이 등분배율을 밑도는 곳에 대해서는 최저분담율 개념으로 등분배율(33%)를 채택하였다. 이상의 개념에 기초한 설계전단력을 산출하여 Web의 안전성을 검토하였다.

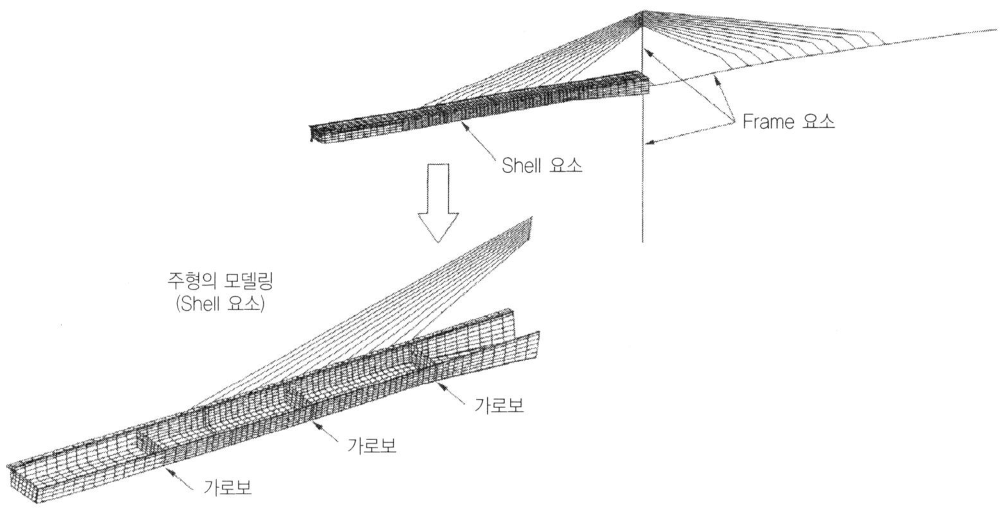

그림-8 전체계 3차원 FEM해석 모델

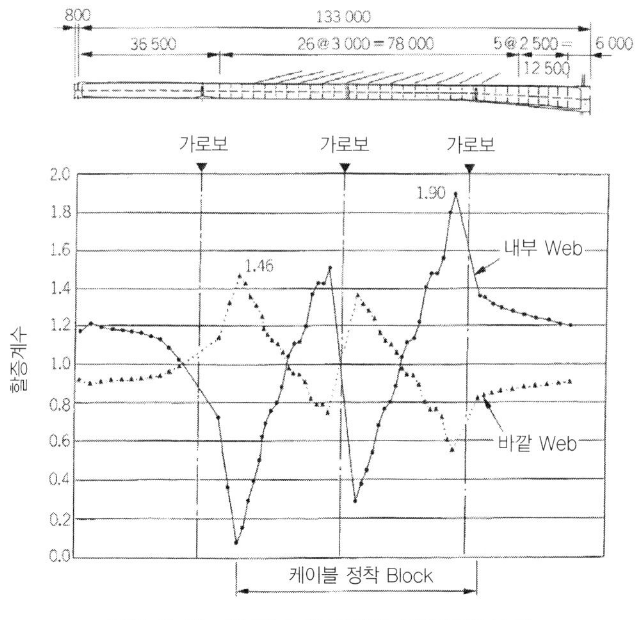

그림-9 내 · 외 Web의 전단력 분담율(완성계)

2-5 주형 케이블 정착부의 설계

케이블 정착부의 설계는 시공시 Wagen반력 등도 포함된 전체 하중을 재하시킨 3차원 FEM해석 모델을 이용하여 검토하였다. 안전성 검토를 위해서는 콘크리트의 인장응력을 3N/㎟이하, 철근의 발생응력을 100N/㎟이하라는 제한을 설정하는데 이 콘크리트의 제한치는 External케이블방식을 채택한 다른 공사에서 시행한 실물크기 공시체의 내하력시험 결과를 감안하여 설정하였다.

검토에서는 우선 Web에 연직PC강재만 배치한 구조에 대하여 해석하였으며 그 결과는 정착부 근처의 Web와 켄티레버 바닥판에 국부적으로 콘크리트 인장응력의 제한치를 초과하는 것으로 판명되었다. 그 보강방법으로는 PC강재를 추가 배치하고 보다 발생응력을 완화시켜 원활한 응력 분산을 위해서 외측Web 안쪽에 두께 600㎜의 리브를 설치하는 것으로 하였다. 그림-10은 정착부의 일반도이며 켄티레버 바닥판의 보강에는 중공PC강재를 사용하였다.

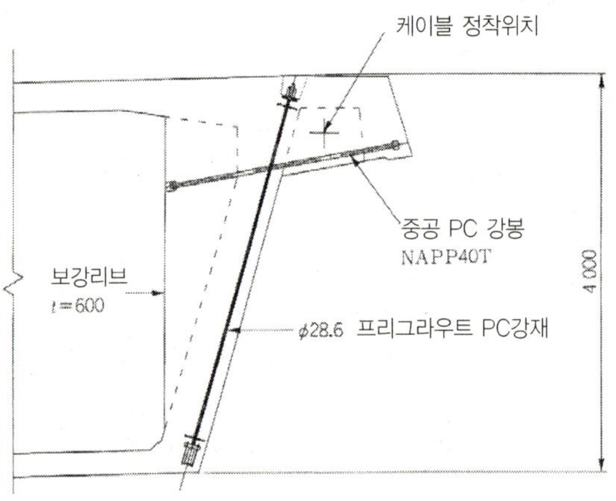

그림-10 케이블 정착부 일반도

3. 시공상 특징

3-1 주형의 시공

주형의 시공은 우선 교각 두부 및 주두부는 브라켓 동바리를 이용, 시공한 다음 이동작업차(Wagen)를 이용한 켄티레버식 시공을 시행하였다. 양 측경간부는 FSM을 이용하여 시공하였으며 켄티레버식 시공이 종료된 다음 폐합부를 시공하여 교량을 완성하였다. 켄티레버식 시공과 측경간의 시공상 특징은 다음과 같다.

3-1-1 켄티레버식 시공

켄티레버식 가설은 한쪽당 31개 Block으로 길이는 2.5~3.0m이다. 케이블은 9번 Block에서 29번 Block까지 홀수Block에 배치(정착간격 6m)되어 있으며 나머지 표준Block에 대해서는 Internal 케이블을 이용하여 각 Block에서 케이블을 긴장하면서 켄티레버식 가설을 진행하였으며 표-4는 Cycle 공정을 나타낸 것이다.

이동작업차는 광폭원 2 Cell Box Girder를 시공하기 위해 보강된 3 Frame Wagen을 사용하였다.

▶ 표-4 Cycle공종

공 종 \ 가동일수	1	2	3	4	5	6	7	8	9	10	11
작업차 이동	—										
거푸집조립 및 해체		—	—			—	—		—		
철근 · PC강재조립			—	—	—	—	—				
케이블정착체				—							
콘크리트 타설								—	…	…	
긴장											—
케이블 전개 · 삽입							—		—		

3-1-2 측경간의 시공

가설지점의 A1쪽은 무너지기 쉬운 崖錐퇴적물로 덮힌 급경사면(최대경사 약 45도)이 하천 기슭에서 100m 높이까지 분포되어 있다. 이 부분의 시공은 당초 역켄티레버식 시공으로 계획되어 있었으나 배면의 지반이 무너지기 쉬운 상황이므로 앵커 보강이 상당량 필요하기 때문에 공기와 경제성 관점에서 벤트식 동바리를 사용하는 시공법으로 변경하였다.

시공요령은 그림-11과 같으며 시공순서는 경사면에 먼저 Footing을 설치하고 그 위에 벤트식 동바리(높이 22m)를 설치하고 교대와 벤트식 동바리 사이에 트러스식 거더(길이 35m)를 가설하여 그 위에서 주형을 시공해 간다. 벤트식 동바리에는 상하행선 합쳐 약 2,000tf의 연직하중이 작용하게 되므로 기초는 지지력을 확실하게 견딜수 있는 깊은기초(φ3,500)를 적용하였다.

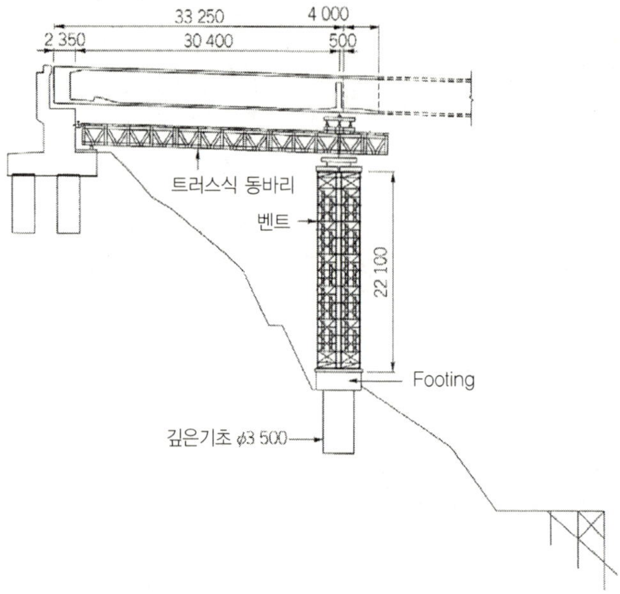

그림-11 A1측경간 동바리 일반도

3-2 주탑의 시공

주탑에도 내하력 향상 및 케이블 정착체인 Saddle 지지대에 강관을 병용하였기 때문에 교각과 같은 강관 · 콘크리트 Hybrid구조를 채택하였다. 사용된 강관은 리브부착강관(φ1,500)이며 강관의 내부에는 모두 콘크리트를 충진하는 것으로 하였고 띠철근으로는 PC스트렌드(φ10.8)를 사용하였다. 주탑의 시공은 주두부 시공완료후 교면위에 비계를 설치하여 시공하였다. 콘크리트의 타설 간격은 주탑하부는 3Lift(3.6m+2@5.3m)와 Saddle 설치부(6m)로 4분할하였다.

주탑은 단면크기가 4.5m×3.0m(기부)로 커 매스콘크리트에 해당한다. 그리고 설계기준강도 30N/㎟의 부배합 콘크리트를 사용하는 점, 공정상 겨울철 시공이 되는 점 등을 감안하여 균열에 대한 대책을 수립할 필요가 있었다. 그래서 실제 시공에 앞서 온도균열해석으로 콘크리트 타설순서의 검토, 양생방법 등의 대책을 강구하여 균열을 방지하도록 하였다.

3-3 케이블의 시공

케이블의 정착시스템으로 주탑부는 Saddle형식, 주형쪽은 External 케이블용 정착시스템을 채택하였다. 정착체는 두 곳 모두 교환가능한 Double Tube System을 채택하였으며 그림-12는 Saddle의 구조를 나타낸 것이다.

Saddle은 곡관이 3차원으로 각 케이블이 서로 다른 위치에 배치되기 때문에 정밀도를 확보하기 위해 지지가설대와 일체화시켜 공장제작하였다. 제작은 운반 및 크레인 용량을 고려하여 전체를 3분할하고 공장에서 가조립 검사해 정밀도를 확인한 다음 현장에 반입·거치하였다.

그림-13은 케이블의 가설요령도이며 Saddle을 통과한 와이어를 케이블 선단에 부착하여 이 와이어를 윈치로 감아 드럼에서 케이블을 풀어낸다. 이 때 보호관이 손상되지 않도록 크레인으로 들고 주탑비계와 Saddle 입구에는 롤러를 설치하여 부드럽게 삽입되도록 하였다.

특히 케이블이 Saddle을 통과하고 전체 길이를 모두 펼친 상태에서 교면위의 운반차에 임시보관한다. 케이블의 전개는 케이블 정착Block의 콘크리트 타설전에 하며 타설 후 양생중에 케이블을 주형쪽 정착체에 집어 넣어 가설을 종료한다.

긴장은 550ton Jack을 사용하였으며 긴장작업은 Extradosed교로 일본내 최대규모의 켄티레버식 가설이라는 점 때문에 높은 정밀도가 필요하게 되었다. 그래서 도입력 관리를 비롯해 시공중 거더응력과 처짐에 대하여 모니터링을 시행하고 수집된 정보를 Real time으로 집중관리함으로서 공사의 안전과 필요한 품질을 모두 확보할 수 있었다.

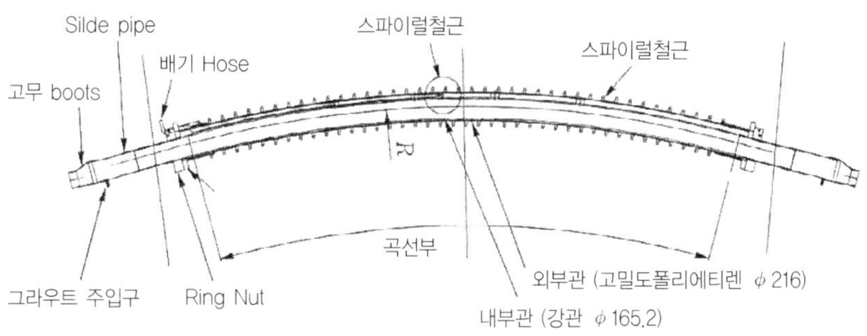

그림-12 Saddle 일반도

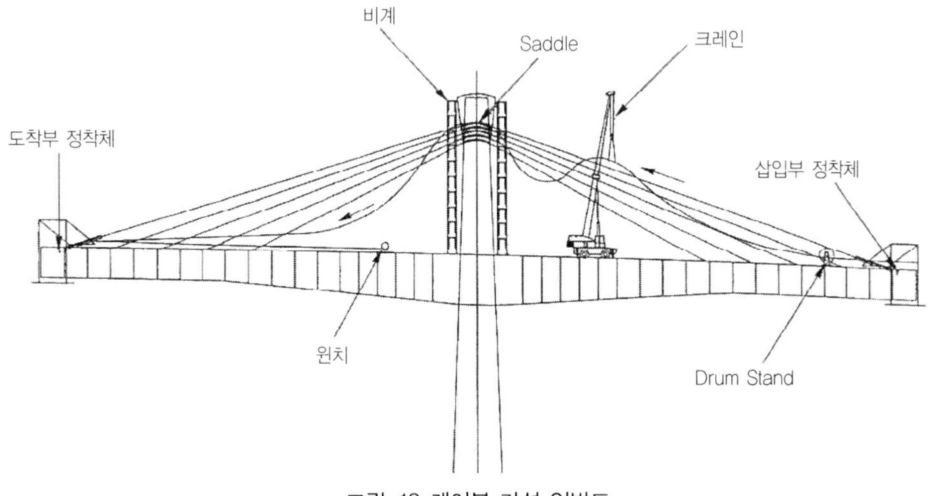

그림-13 케이블 가설 일반도

【参考文獻】

(1) 水田, 馬淵, 市川, 加藤：横道橋下部工(ハイブリッド・スリップフォム)の開發と施工例, 橋梁と基礎(1994. 12)

(2) 山縣, 市川, 大內, 小島：鋼管・コンクリート複合構造高橋脚模型水平加工試驗, 土木學會論文集(1995. 8)

(3) 猪熊, 黑岩：第二東名高速道路(靜岡縣內)における橋梁計劃, 橋梁と基礎(1996. 9)

(4) 加藤：鋼管・コンクリート複合構造橋脚を用いた高橋脚の新工法, 橋梁と基礎(1999. 8)

(5) 猪熊, 福永, 上平, 駒井：第二東名高速道路都田川橋の計劃と檢討, 第9回プレストレストコンクリートの發展に關するシンポジウム論文集, (1999. 10)

(6) Terada, Fukunaga, Honma : Design and Construction of Steel Pipe-Concrete Pier in the 2nd Tomei Expressway, 第10回REAAA道路會議(2000. 9)

8 PART

1Cell 광폭원 Extradosed교

Design and Construction of Hozu Bridge

1Cell 광폭원 Extradosed교

Design and Construction of Hozu Bridge

머리말

호즈(保津)교는 가츠라가와(桂川)를 횡단하는 교량으로 기존교량이 노후되고 폭원이 협소하여 가츠라가와 개수사업과 함께 재가설공사를 진행하고 있다. 본 교량은 1997년 일본 건설성 교량 정비사업의 하나로 지정되어 지역간 교류를 활발히하고 매력이 넘치는 지역만들기 사업의 일환으로 진행되고 있으며 다음과 같은 신기술을 다수 도입하여 합리적인 설계, 현장 생력화를 목표로 시공되었다.[1)]

① 광폭원 1Cell Box Girder(바닥판지간 9.6m)

② Rigid Frame구조와 내진설계

③ 등형고의 Extradosed 도로교

④ 신와겐공법(Girder철근의 Prefabrication化)

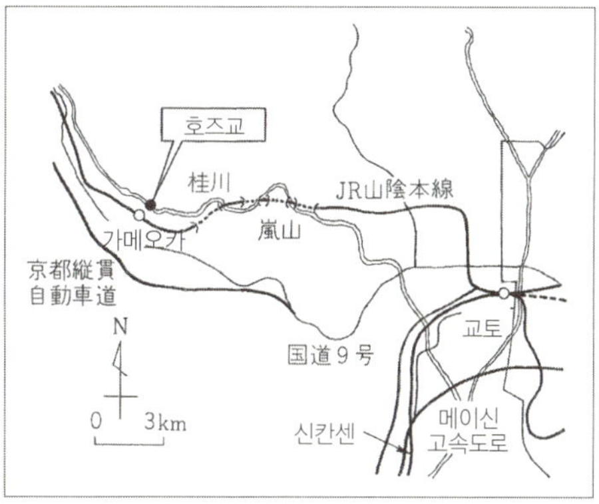

그림-1 위치도

사진-1 호즈(保津)교

조립가설대 위의 철근

매달기프레임과 철근

조립된 철근의 들어올리기

트레일러를 이용한 이동

Prefabrication철근을 시공하는 가설작업차

육상부의 시공광경(1)

육상부의 시공광경(2)

운반장치와 Prefabrication철근

하천부의 시공광경(1)

하천부의 시공광경(2)

1. 교량의 개요

구조일반도는 그림-2, 주요수량은 표-1, 교량제원은 표-2에 표기하였다. 본 교량은 연장 386m로 6경간연속 PC Extradosed교로 형고 2.8m, 총폭원 15.3~18.3m, 바닥판지간 8.6~9.6m, 웨브두께 0.45~1.27m인 등형고 1Cell Box Girder단면이다. 평면선형은 A_1~P_2 사이는 R=360m의 곡선이고 나머지는 직선구간으로 종단선형은 A_1~P_6를 향하여 0.96%의 상향 직선 구배이다.

주탑은 높이 10m인 독립식 double 기둥형식이고 8단의 케이블은 주탑내에서 편향되게 주형의

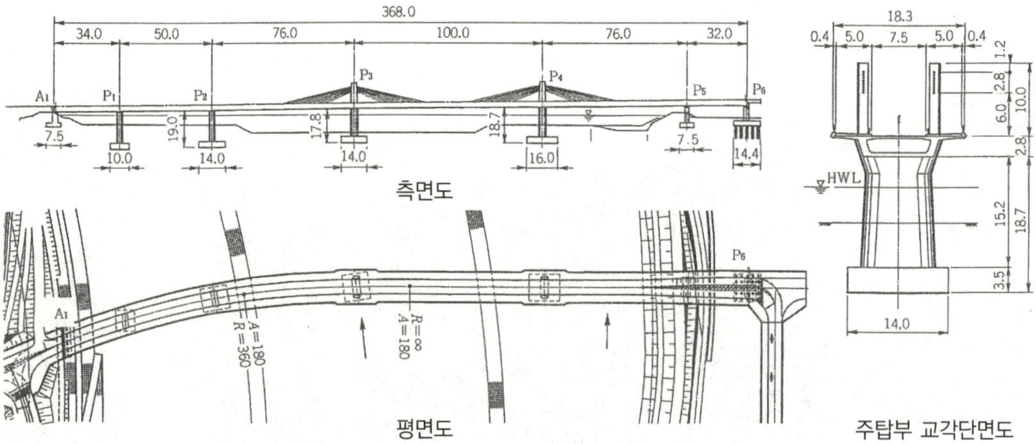

그림-2 일반도

▶ 표-1 주요 수량

	재 료	시방기준	수 량	적 용
주 형	콘크리트	f_{ck}=40N/㎟	4,912㎥	40-8-20(H)
	철 근	SD345	966 ton	-
	PC강재	12φ12.7 · 15.2	122 ton	종방향긴장재
		7φ12.7	50 ton	바닥판 횡방향긴장재
		95/120 φ32	24 ton	전단강봉
케이블	PC강재	19φ15.2	42 ton	-
	보호관	φ114, t=5.5~8.5	1,798 m	HDPE+시멘트그라우트
주 탑	콘크리트	f_{ck}=40N/㎟	181㎥	40-8-20(N)
	철 근	SD345	59 ton	H=10m 독립 Double기둥
	PC강재	95/120 φ32	1 ton	연직긴장재
교 각	콘크리트	f_{ck}=24, 30N/㎟	2,365 ㎥	P_3, P_4
	철 근	SD345	509 ton	P_3, P_4

Box Girder내에 정착되어 있다. 주형과 교각의 결합방식은 P_2~P_4는 Rigid Frame구조, A_1, P_1, P_5, P_6은 고무받침에 의한 탄성지지구조이고 기초는 모두 직접기초이다.

▶ 표-2 교량의 제원

형　식	6경간 연속 PC Extradosed교
하　중	B활하중
지간구성	34.0+50.0+76.0+100.0+76.0+32.0=368.0m
유효폭원	차도 6.5m, 자전거보도 3.5m×2

2. 설계

2-1 광폭원 1Cell Box Girder(바닥판지간 9.6m)

본 교량의 주형단면 형상은 웨브의 중량저감과 시공성향상을 위하여 바닥판지간 9.6m인 1Cell Box Girder를 채택하였다.(그림-3) 그러므로 케이블의 Box Girder내 정착이 가능하여 경관과 유지관리 측면의 향상이 이루어졌다. 이 바닥판지간은 일본최대이며 도로교시방서의 최대치인 6m를 초과하여 새로운 설계방법을 도입하였다.

도로교시방서의 산출식에 지간장 9.6m를 적용할 경우 단면력의 과대평가가 염려되므로 바닥판 하면의 균열폭을 허용치 이하로 제한하여 경제적인 강재의 보강이 이루어 지도록 하였다. 다른 한편에서는 입체FEM해석을 설계에 도입하여 윤하중을 20% 할증한 단면력에 대하여 바닥판이 Full 프리스트레스를 유지하도록 하였다[2]. 바닥판 횡방향PC강선의 종류 결정에는 경제성과 케이블과의 간섭을 피하여 대용량 PC강재인 7S12.7을 채택하고 65cm 간격으로 배치하였다.

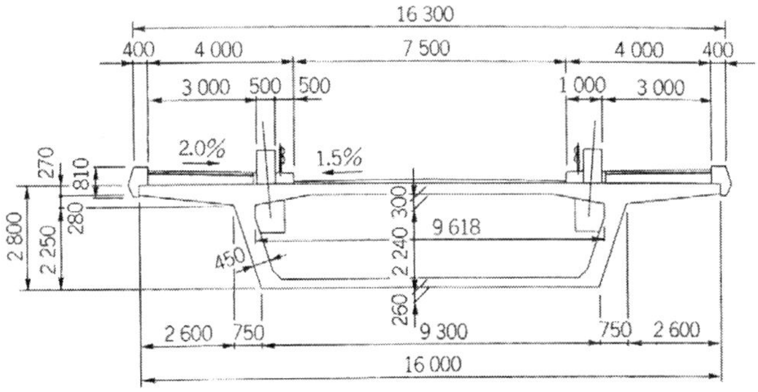

그림-3 주형 단면도

2-2 Rigid Frame구조와 내진설계

주탑이 설치된 P_3, P_4 및 인접 P_2교각에서 주형과 교각을 강결합시키는 Rigid Frame구조를 채택하여 교좌장치 비용의 절감을 꾀하였다. 교각 높이에 비하여 주형의 신축량이 크므로 지반탄성을 고려하고 주형의 연결순서를 한정함으로서 교각하단에 발생되는 설계단면력의 저감이 가능하게 되어 부하가 큰 P_2 교각에서 D51@150의 3단배근이 되었다.

본 교량의 내진설계는 한신대지진 이후 새로운 내진기준(1996년 12월)에 기초하여 진도법 및 지진시보유 수평내력법(정적해석법)에 의한 것으로 하고, 추가로 Rigid Frame구조이므로 동적해석법(비선형 시각력 응답해석)으로도 구조물의 안전성을 확인하였다. 이 경우 주형에 배치되는 강재로는 상하부 바닥판의 주방향철근 및 PC강재에 대하여 검토하였다. 해석 결과 교각에 대해서는 정적해석법으로 얻어진 배근용량으로도 충분한 내력을 갖고 있음이 확인되었다. 그러나 주형에 대해서는 최외측 철근의 항복변형을 제한하기 위하여 배근량을 대폭 증가시키게 되어 일부 구간에는 D25@125로 배근하였다.

2-3 등형고의 Extradosed 도로교

주형형상의 선정에는 경제성은 물론 고도 교토(京都)에 인접된 자연환경과의 조화를 고려하였다. 가메오카市 동쪽지역의 수려한 자연환경과 어울리고 연간 40만명의 관광객에게 위화감과 압박감을 주지 않도록 주형은 등형고 구조를 채택하였다. 경제적인 주형 높이를 선정함에 있어서는 Extradosed교의 형고/지간비는 1/40~1/30을 기준으로 2.3~3.3m 사이에서 5종류의 형고를 설정하여 구조성, 경제성 검토를 시행하였다. 그 결과 어떠한 경우라도 설계가 가능하므로 경제성이 우수한 형고 2.8m를 선정하게 되었다.

2-4 Saddle구조의 선정

Saddle의 구조는 이제까지 여러 형태가 사용되었으나 방청과 주탑 좌우의 Unbalance힘의 고정에 유효하고 프레팅피로에 대하여 실물크기 피로시험에서 안전성이 확인[3]된 것으로 하였는데 이것은 Unbalance된 인장력이 그라우트를 통하여 내측강관에 전달되고 그것이 반대쪽에 있는 링너트를 통하여 콘크리트에 압축력으로 변환되는 형태이다.

2-5 주탑의 보강

주탑의 교축직각방향으로는 중앙경간쪽과 측경간쪽의 케이블이 주탑을 경계로 평면적인 각도를 이루기 때문에 발생되는 수평력으로 항상 Unbalance Moment가 발생된다. 이 힘은 평면곡선의 반경이 큰 P_3 주탑 하류측에서 특히 크다. 균열발생으로 인한 내구성의 저하가 염려되므로 이러한 Unbalance힘을 없애기 위하여 주탑에 연직방향으로 PC강재를 배치하였다.

3. 시 공

3-1 시공의 개요

그림-4는 시공순서, 표-3은 공정표를 나타낸 것이다. 육상부인 A_1~P_2+24.5m와 P_5-4.5m~P_6은 FSM으로 시공하였으며 하천내인 P_2+24.5m~P_5-4.5m는 Wagen(가설작업차)을 이용한 켄티레버시공법을 사용하였다.

하부공은 갈수기간중에 완료하였지만 상부공은 홍수기간에 착공하게 되어 종종 하천물의 증가로 공사용도로가 끊어지기도 하였다. 그 때문에 공정상 크리티컬패스인 P_4교각의 주두부 시공에

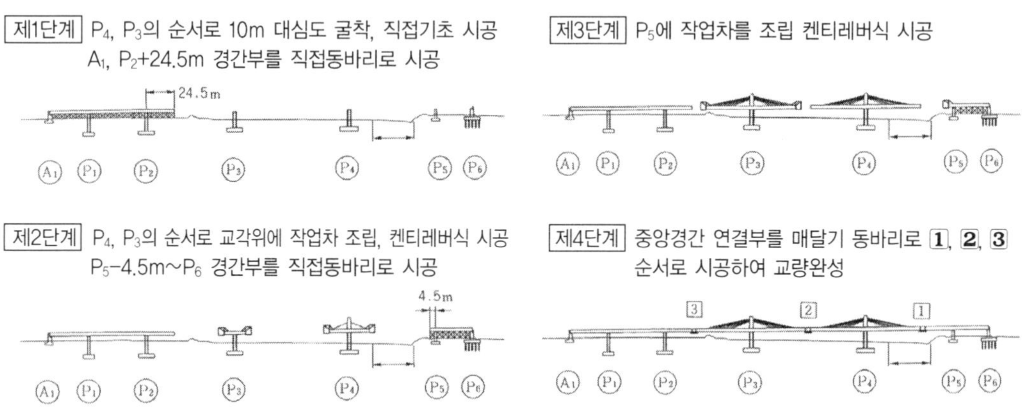

그림-4 시공 순서도

▶ 표-3 공사 공정표

				1999년												2000년											
공정	세부공정	11	12	1	2	3	4	5	6	7	8	9	10	11	12	1	2	3	4	5	6	7	8	9	10	11	12
하부공	$P_3 \cdot P_4$ 교각	━	━	━	━	━	━	━	━																		
상부공	A_1~P_2+24.5m					━	━	━	━	━	━																
	P_3 켄티레버시공								━	━	━	━	━	━	━	━	━	━	━	━	━	━					
	P_4 캔티레버시공								━	━	━	━	━	━	━	━	━	━									
	P_5 켄티레버시공																━	━	━	━							
	P_5-4.5m~P_6											━	━	━	━	━											
교면공																							━	━	━	━	━
호즈카와 하천유량상황		갈수기							홍수기				갈수기									홍수기			갈수기		

약 1개월의 공사지연이 발생하였다. 켄티레버식 시공을 갈수기에 완료하고 다음해 홍수의 영향을 최소한으로 하기 위하여 P_4교각에는 켄티레버식 시공에 의한 급속시공법을 검토하였다. 그 결과 각각 블럭의 철근을 Prefabrication하여 와겐시공 Cycle을 단축할 수 있는 와겐공법을 채택하게 되었다.

3-2 케이블의 시공

3-2-1 정착체와 Saddle의 거치

PC강재와 정착부 보호관의 절곡을 피하기 위하여 정착체를 케이블의 축선에 거치할 필요가 있다. 거치기준선은 주형쪽은 리브케스트앵커의 중심, Saddle쪽은 링너트의 중심으로 하여 주형의 처짐량을 감안, 기준선보다 아래쪽으로 10㎜ 편심되게 고정하였다. 고정방법은 리브케스트앵커와 거푸집을 볼트로 조이고 리세스관은 기설치블럭에 매설된 철근과 고정시켰다.

Saddle의 거치정밀도는 주탑에 작용하는 수평력과 PC강재의 프레팅피로강도에 영향을 미친다. 기존의 명확한 정밀도 기준은 없으나 본 교량에서는 표고 ±5㎜, 연직도(연직부재의 단위길이당 수평오차량) 0.1% 이내로 하였다. Saddle의 거치는 크레인을 이용하였으며 주탑 제1 rod에 매설된 4개의 PC강봉과 너트로 고정하였다. 목표 시공정밀도를 달성하기 위하여 측정결과를 감안, 고정너트를 상하방향으로 미조정하여 표고 및 연직도의 정밀도를 향상시켰다.

3-2-2 케이블의 가설

케이블은 Strand와 시멘트그라우트, HDPE관으로 방청구조이지만 기존에 사용되었던 스파이럴강선을 스페이서로 사용하는 구조가 아니고 HDPE 내부에 리브를 붙여서 스페이서로 사용하

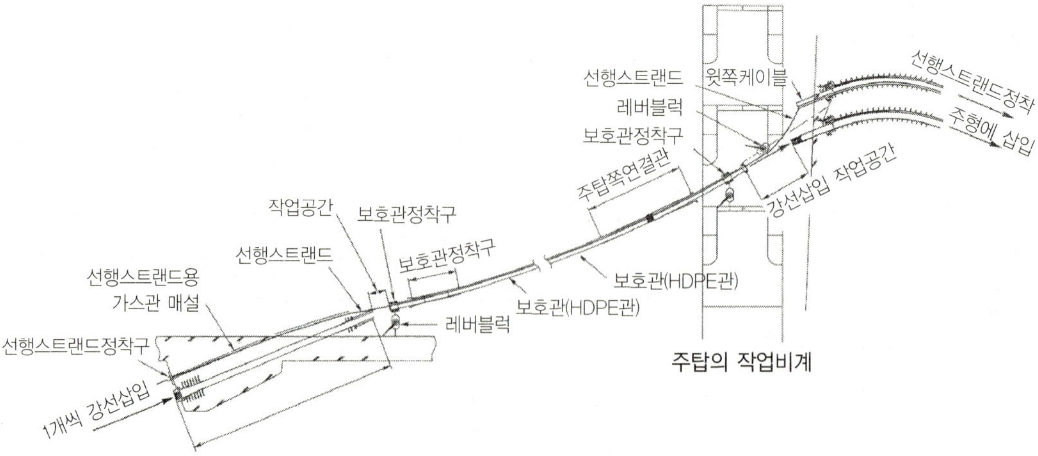

그림-5 케이블의 가설 일반도

는 구조를 채택하였다.

케이블의 가설방법으로는 HDPE보호관을 선행스트랜드를 사용하여 먼저 가설하고 그 안에 스트랜드를 삽입시키는 공중가설방법을 채택하였다. 그림-5는 케이블의 가설요령을 나타낸 것이다. 가설케이블 상단의 Saddle을 이용, 선행스트랜드를 삽입, 긴장하여 보호관을 소정의 위치까지 끌어 올린다. 이어서 19개의 스트랜드를 1개씩 Pushing Machine으로 삽입시켜 19S15.2의 케이블을 구성하였다.

3-2-3 케이블의 긴장관리

케이블의 긴장에는 Unbalance힘에 의한 면외방향 주형의 비틀림과 Saddle의 미끌림을 방지하기 위하여 주형쪽에 설치한 4셋트의 대형Jack으로 일괄긴장하였다. 케이블의 활하중 응력진폭은 3.3kgf/㎟으로 작으며 인장허용치는 다른 Extradosed교와 같은 0.6Pu(약 300tonf/개)로 설계되어 있다. 본 교량의 케이블은 자유장과 주형내는 직선배치이고 정착체 내부가 고밀도폴리에칠렌관의 2중구조이므로 마찰손실이 적다. 그러므로 긴장력(Jack의 Pump압)을 직접관리하는 방법을 채택하였다. 다만 신장량도 측정하여 Saddle내부의 마찰계수 및 PC강연선의 Young계수의 분포 등을 포함한 늘음의 오차가 최대 5%로 적은 것을 확인하였다.

가속도계와 Portable주파수해석기를 사용하여 케이블의 진동계측도 추가적으로 수행하였으며 목적은 시간변화계측에 의한 설계의 타당성확인과 사용중 유지관리이다. 시간변화를 계측하는 것은 주형 콘크리트의 어느 부분이 케이블진동의 고정단이 되는지를 명확하게 밝히고 그에 따라서 현의 길이를 켈리브레이션하여야한다. 그러므로 긴장작업중 케이블 8개의 탁월진동수를 계측, 진동방정식으로 현의 길이를 구한다. 그 결과 각 케이블의 현 길이는 최대라고 생각되는 길이(주형 앵커디스크에서 Saddle 스페이서까지의 거리)보다 1~4% 짧아지며 이 길이를 이용하여 장력의 시간변화를 계측하였다. 그래서 시공중 장력은 거의 설계와 유사한 추이를 나타내고 케이블 그라우팅 직전의 긴장력은 -3~+8%가 된다.

그리고 케이블그라우팅의 경화직후에도 진동을 계측하였다. 그라우팅에 의한 자중증가와 휨강성의 영향을 고려하여 그라우팅 자중 이외에는 장력이 변화되지 않는다고 가정하여 현의 길이를 역산할 때 현의 길이가 10% 정도 짧아지는 경향이 나타났다. 그 결과를 새로운 현의 길이로 하여 사용중에도 장력을 용이하게 추정하여 설계치와 비교하는 것도 가능하게 되었다.

3-3 중간 가로보 시공

켄티레버시공 구간의 중간 가로보는 강재 거푸집의 교체에 따른 공정손실을 피하기 위하여 후

타설 시공하였다. 후타설 시공은 선행타설되어 경화된 부분에 의해 수축이 구속되므로 균열이 발생되기 쉬우며 역타설 부분(바닥판과의 경계부분)에 블리이딩수와 레이턴스가 몰리기 쉬워진다. 이러한 결점을 없애고 가로보와 주형의 구조적인 일체성을 확보하기 위하여 재료비 측면의 검토까지 시행한 결과 팽창콘크리트와 유동성콘크리트를 두층으로 나누어 타설하는 방법을 채택하였다.

표-4는 주형, 팽창콘크리트(가로보 1차), 고유동 팽창콘크리트(가로보 2차)의 배합을 나타낸 것으로 고유동콘크리트는 한곳에서 타설하면 9.6m 전체에 펼쳐져 타설된다. 콘크리트의 28일 강도는 1차에 52MPa, 2차에 61MPa로 나타났다.

▶ 표-4 콘크리트의 배합

	시멘트 종류	호칭 강도 (MPa)	고성능 AE 감수제 (C+E)×%	단위량(kg/㎥)					물결합재 비율 (%)
				단위 수량	단위결합재료B		골재		
					시멘트	팽창재	잔골재	굵은골재	
				W	C	E	S	G	
주형콘크리트	조강	40	0.20%*1	172	435	0	689	1,015	39.5
가로보1차타설	조강	40	0.20%*1	172	391	44*3	689	1,015	39.5
가로보2차타설	조강	40	1.50%*2	175	430	43*3	887	807	37.0

주) *1 : 패릭SA, *2 : 패릭FP3000S, *3 : 엑스판

3-4 신와겐공법

3-4-1 개 요

일본의 켄티레버공법에 의한 PC교는 1958년 이가라시야마(嵐山)교 이후 1,500여개를 넘고 있으나 거푸집, 철근, PC, 콘크리트타설의 시공 순서는 40여년간 거의 변하지 않았다. 이번에 사용된 신와겐공법은 철근, PC강재, 거푸집의 일부분을 미리 조립하여 둠으로서 시공형태를 혁신적으로 변화시켰으며 공기단축을 크게 달성한 공법이다.

대규모 철근조립블럭을 Prefabrication시킨 신와겐(이동작업차)공법을 그림-6의 P4교각의 켄티레버시공 부분에 채택하였다. P4교각의 일부분에만 채택한 이유는 주형연결순서의 제한으로 P4교각이 공정상 Critical Path가 되기 때문이었다. 현장작업을 줄여 시공Cycle을 단축시키려면 현장 밖에서 조립하는 Prefabrication비율을 높일 필요가 있었으며 효율적인 철근구조와 배근방법의 연구로 그 비율을 95%까지 끌어 올릴수 있었다.

표-5는 P3교각에서 시행된 기존공법과의 시공Cycle을 비교한 것으로 Prefabrication Yard에서의 병행작업이 공정상 Critical Path가 되지 않기 때문에 기존공법에 비하여 공정이 30% 단축

되었다. 설비비용에 대해서는 프리케스트 세그먼트 공법의 1/20 정도로 공기단축된 약 1개월 분량의 현장경비에 상당한다. 표-6은 기존공법으로 시공된 P3교각과 신와겐공법으로 시공된 P4

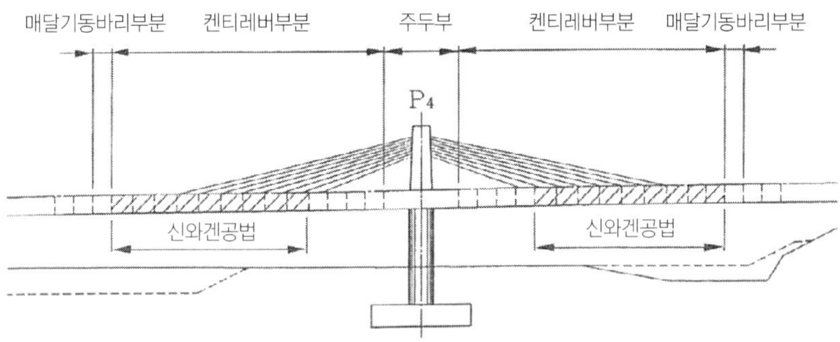

그림-6 신WAGEN공법의 시공위치

▶ 표-5 Cycle 공정

기존공법의 공정 Cycle(사재정착블럭)

공종 \ 일	1	2	3	4	5	6	7	8	9	10
외부거푸집조립	—	—								
철근 · PC조립		—	—	—	—	—				
내부거푸집조립				—	—	—				
콘크리트타설							—			
양생								—	—	
내부케이블긴장										—
케이블가설								—	—	
케이블긴장										—
Wagen이동										—

신와겐공법공정 Cycle(사재정착블럭)

공종 \ 일	1	2	3	4	5	6	7	
철근망가설	—							
외부거푸집조립	—	—						
철근 · PC조립		—	—					
내부거푸집조립		—	—					
매달기시설물철거		—	—					
콘크리트타설				—				
양생					—	—		
내부케이블긴장							—	
케이블가설					—	—		
케이블긴장							—	
Wagen이동							—	
철근망제작			—	—	—	—	—	

교각의 공정을 비교한 것이다.

▶ 표-6 Prefabrication에 의한 공기단축

Prefabrication Part 제5~13BL	1999년	2000년				실적공기
	12월 12/29	1월 1/3	2월	3월	4월	
켄티레버식시공 (기존공법)		1/14			4/27	104일
켄티레버식시공 (신와겐공법)	12/14			3/9		74일

차이 30일

3-4-2 철근 이음

Prefabrication비율을 높이려면 철근이음 구간을 짧게 하는 것이 필요하다. 일반적인 겹이음에서는 이음길이가 길어지므로 횡방향철근과 돌기철근 등으로 Prefabrication이 어려워 기존의 Prefabrication은 부재에 제한적으로 사용되었다.[4)~6)] 본 교량의 주철근은 내진설계에 따라서 위 아래 바닥판에 D25가 배근되었으며 겹이음길이가 188cm로 블록길이의 반 이상을 이음부가 차지하게 된다. 이 문제를 해결하기 위하여 전수 Roop이음의 채택을 검토하였다. 기존의 전수Roop이음의 채택경우와 비교하여 본 교량에서는 지진시 고압축응력하에서의 거동이 염려되므로 반복재하시 철근이 튀어나오는 것을 방지하는 대책(연직보강철근)을 적용하고, 실물모형실험으로 성능비교시험[7)8)]을 시행하였다. 그 결과 기존 겹이음과 비교하여 연직 · 수평보강철근인 이음장 40 cm의 Roop이음이 동등이상의 내력 및 변형성능을 갖고 있음이 확인 되었다. 본 교량의 상하부 바닥판에 적용된 이음구조는 그림-9와 같다.

웨브에는 겹이음길이를 할증한 전수겹이음으로 하여 철근망 가설시 시공성을 개선하였다.

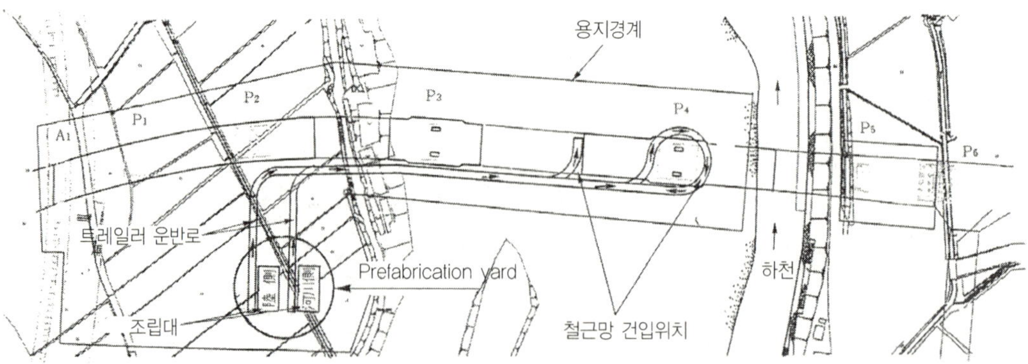

그림-7 Prefabrication철근의 시공 평면도

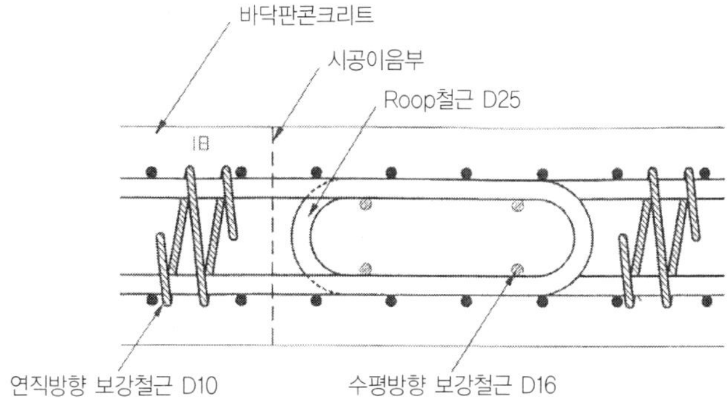

그림-8 전수루프이음의 일반도

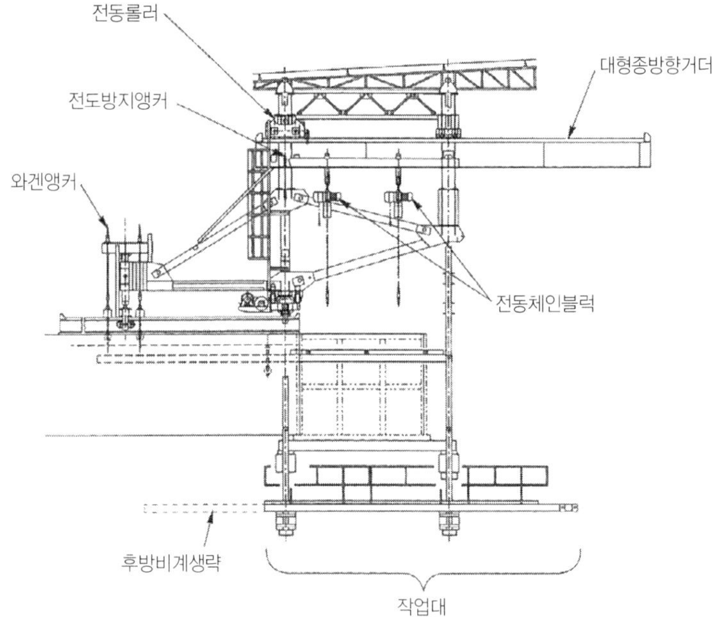

그림-9 WAGEN 일반도

3-4-3 와겐의 구조

와겐에는 철근망을 건입할 공간이 확보되는 구조가 필요하게 되었다. 전부터 사용되던 와겐을 최대한 이용하고 건입공간을 확보하는 방법으로는 작업대를 앞으로 이동시키는 Type Ⅰ과 작업대를 상하로 이동시키는 Type Ⅱ를 검토하였다. Type Ⅱ는 신설부재가 적어 경제적이지만 교량하부의 형하공간을 왕래하는 선박의 통행에 지장을 초래하므로 본 교량에서는 그림-9와 같은 Type Ⅰ 구조를 채택하였다.

기존 와겐과 다른점은 뒤쪽비계를 생략하고 트러스상부에 대형 종방향보를 설치하여 작업대를 전후로 움직일 수 있는 구조로 한 것으로 이것을 통하여 철근망을 뒤쪽에서 건입할 공간이 확보되었다. 건입공간의 교축방향 길이를 결정하는 요소는 와겐에 부하를 최소한으로 줄이면서 기존과 신설 Roop철근을 아슬아슬하게 물려서 들어올릴 수 있는 길이(블럭길이 3.5m+Roop철근 돌출길이 40㎝)에 배근오차와 바람에 의한 흔들림 여유량 0.1m를 더하여 4.0m로 하였다. 와겐트러스의 설계하중은 작업대를 앞쪽으로 이동시켜 철근망을 들어 올리기 위하여 기존 와겐의 설계하중을 40% 할증하였다. 재질은 SS40을 SS50으로 바꾸었으며 앵커강봉은 ϕ32에서 ϕ36으로 늘려 하중증가에 대처하였다.

사진-2 하부바닥판 철근 접합부

사진-3 철근망 들어올리기

3-4-4 철근 · PC의 조립

1) 배근상의 배려

건입시 블럭의 Roop철근에 신설블럭의 철근이 간섭되면 철근망의 모양이 손상을 입게 된다. Prefabrication조립된 철근을 효율적으로 설치하려면 기존의 현장맞춤방법과는 다른 약간의 배근상 조치가 필요하다.

① 주철근 배치

Roop철근의 상대적인 위치는 수평방향으로 철근직경+5㎜의 여유를 두고 연직방향으로는 상하부 바닥판의 Roop철근이 직선 · 평행이 되도록 배치하였다.

② 철근 당기기

스터럽과 바닥판의 횡철근은 앞에서 가조립하여 건입 완료 후 끌어당겨 접합하는 것으로 하였다.

③ 정착부 배근

케이블과 정착돌기 철근은 철근당기기 때 지장이 없도록 형상과 배근을 밀집구조로 하였다.

④ 스터럽

끌어당기기용 이외의 것은 폐합형상으로 하여 철근망의 강성을 증가시켰다.

2) 철근밴드

철근망은 끌어올리기와 이동시 철근망이 변형되는 것을 최소화하기 위하여 어느 정도 강성을 높일 필요가 있다. 그래서 철근결속에 금속밴드(폭19㎜)를 사용하였다. 이 철근밴드는 PC강연선의 묶음 등에 사용되는 것으로 신뢰성이 높으며 1개소당 결속시간은 약 10초 정도이다. 그리고 철근망의 변형량은 끌어 올릴 때 계측한 결과 상하부 바닥판폭과 주형높이 등에는 변화가 없어 유효한 것으로 판단되었다.

3) PC강재 조립

건입공간의 여유량을 철근망 전체 길이에 대하여 10㎝로 하였으므로 주형내 쉬스관을 길게 돌출시킬 여유가 없었다. 그러므로 기설주형내 쉬스관(L=20㎝)을 주형면보다 1㎝정도 돌출시켜 설치하고 거기에 신설쉬스관을 연결하는 것으로 하였다. 콘크리트 타설시 쉬스관 내부에 몰탈이 흘러드는 것을 막기위하여 폴리에틸렌관을 쉬스관 내부에 가설치 한 다음 콘크리트를 타설하였다.

케이블 정착체 강관은 기설블럭과 간섭되므로 두조각으로 나누어 제작하였으며 가설완료후 연결하는 구조로 하였다.

4) Prefabrication

표-7은 철근, PC강재, 거푸집 등의 시공상황을 나타낸 것이다.

▶ 표-7 Prefabrication 상황

재 료		상 태	Note 사 항
철근	주 철 근	◎	-
	횡 방 향 철 근	○	접합부는 가설후 끌어당기기
	스 터 럽	○	〃
	케이블 정착돌기	◎	-
	바닥판 정착돌기	◎	-
	피 복 유 지 철 근	×	매달아내리기시 공간적 지장 있음
	마 무 리 철 근	◎	-
	몰 탈 스 페 이 서	◎	-
PC강재	주 강 재	○	쉬스조인트 부분은 가설후
	바닥판 횡 방 향 강 재	○	접합부 1개는 가설후
	전 단 강 재	○	〃
케이블	정 착 체	○	2등분 조인트, 위치결정은 가설후
거푸집	절 단 면 거 푸 집	◎	-
	켄티레버바닥판 박공 거푸집	○	접합부는 가설후
	바닥슬래브 정착돌기 거푸집	◎	-
	기 타	-	기존과 방식과 같이 wagen 내부에 설치

주) ◎ : Prefabrication 실시, ○ : 부분적 실시, - : 시행안함

3-4-5 철근망의 제작 가설

1) 철근망 조립

Prefabrication Yard에는 그림-10과 같은 조립가설대를 2기 설치하였다. 조립가설대에는 철근 조립시 정밀도를 확보하기 위한 강성과 작업성의 확보 및 비계가 필요하였다. 그래서 본 교량에는 Base Concrete 위에 강재를 조립한 고정식을 채택하였고 상부바닥판과 켄티레버부분의 비계는 철망비계로 하였다. 설치비를 줄이기 위해 상부바닥판의 지지기둥을 착탈식으로하여 철근망 방출시 옆에서 꺼내기 쉽도록 하였다.

웨브의 양측면에는 거푸집설치가 필요없으므로 작업성이 향상되었다. 그리하여 철근, PC조립의 작업순서에 관한 제한이 적어 지게 되었는데 예를 들자면 철근조립 완료 후에도 PC부재의 조립이 가능하게 된 것이다. 따라서 공종마다 인원, 기자재에 관한 관리가 단순하게 되었고 분업화하여도 Loss time이 발생하지 않는 장점이 있었다.

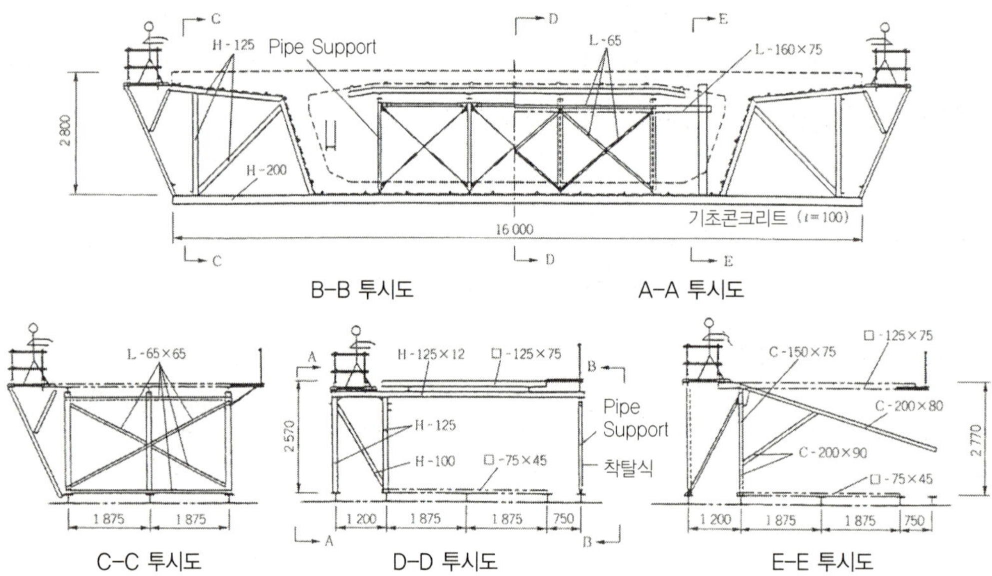

그림-10 조립가설대 일반도

2) 철근망의 상하차 · 운반

철근망의 중량은 14ton이다. 이것을 45ton 크레인으로 들고내려 트레일러에 실어 운반하게 된다. 철근망의 변형을 막기 위하여 철근망에 매달기용 프레임을 설치하였다. 운반시에는 트레일러 위에 가대를 부착하여 거기에 매달기용 프레임을 고정하였다. 그러므로 철근망에는 매달아 내리는 힘만이 작용하게 되어 변형방지가 가능하였다. 운반시 트레일러의 안전성을 확보하기 위하여 철근망 하단의 루프철근을 트레일러 수평방향에 고정함으로서 흔들림 발생시 수평력 작용위치를 낮춤과 동시에 사람이 걷는 것과 같은 속도로 제한하여 운반하였다.

3) 와겐에 넣는 장치

철근망을 와겐에 넣기 위해서는 5ton 전동체인블럭 4대를 와겐에 고정 설치하였다. 단 와겐에 넣을 때 철근의 수평방향 위치를 맞추기 위해서는 조립가대에서 철근망을 들어 올릴 때 매달기프레임과 철근망의 위치관계를 계측하고 수동으로 전동체인블럭의 위치를 미조정 가능한 구조로 하였다.

4) 철근망 가설

육상부 철근망의 가설은 철근망을 들어올리고 내릴 위치 바로 밑에 트레일러를 정지시켜 직접 와겐의 넣기장치로 들어올리는 방법을 사용하였다.

하천부에서는 육상부와 같이 트레일러에서 직접 들어올릴 수 없어 그림-11과 같은 운반장치를 이용, 철근망을 앞쪽으로 운반시켜 가설하는 방법을 사용하였다. 이 운반장치는 기설치된 주형에 설치한 레일 위에서 움직이는 자주식이며 Jack과 PC강봉으로 후방반력을 이용, 트롤리레일로 철근망을 앞으로 보내 가설위치까지 철근망을 이동시키는 구조로 되어있다. 운반 · 가설에 필요한 시간은 1블럭당 2시간, 거의 반나절에 육상부와 하천부의 가설을 완료하였다.

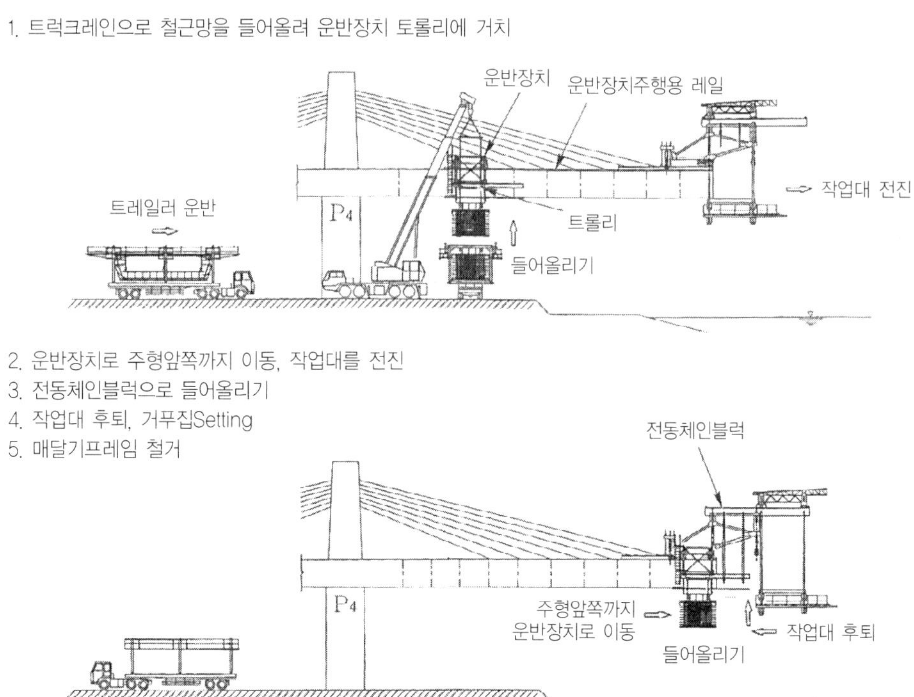

그림-11 하천부 가설도

5) 매달기프레임의 철거와 철근망 거치

철근망을 매다는 매달기프레임과 매달기부재는 철근의 변형을 방지하기 위하여 철근을 거푸집에 집어 넣은 후 철거하게 된다. 매달기프레임과 철근망 거치순서는 다음과 같다.

① 바닥과 웨브거푸집을 Setting한 후 하부바닥판의 매달기부재를 철거하여 하부바닥판의 자중을 바닥거푸집에 부담시킨다.

② 웨브와 하부바닥판을 접합시킨다.

③ 내부거푸집, 켄티레버거푸집을 Setting시킨 후 상부바닥판의 매달기부재를 철거하여 상부 바닥판 철근의 자중을 거푸집에 부담시킨다.

④ 매달기프레임을 철거한다.

⑤ 상부바닥판을 접합시킨다.

다음 공정은 기존 시공방법과 같이 콘크리트타설 · 양생 · 긴장 · 와겐이동의 순서가 된다.

6) 노무계획

신와겐공법에서는 철근망의 운반 · 가설에 필요한 시간이 1블럭당 2시간으로 짧아져 단시간에 철근, PC강재, 마구리거푸집의 짜맞추기가 가능하게 되고 이것을 거푸집에 Setting하여 다음 공정을 진행하기 위한 거푸집 조립이 Critical Pass가 된다. 따라서 거푸집공정에 걸리는 부담이 커져 기존의 와겐시공과는 다른 노무계획이 필요하다.

【参考文獻】

(1) 渡利：PC橋の合理的な設計と施工の省力化の事例, 月刊建設, 建設省 (1999. 7)

(2) 林, 岸上, 牧田, 齊藤：保津橋の計劃と設計, 第9回プレストレストコンクリートの發展に關するシンポジウム論文集(1999. 10)

(3) 新井, 藤田, 梅津, 鮒子多, 上田：大容量PC鋼より線の曲げ配置部におけるフレッティング 疲勞特性, 土木學會論文集(1999. 8)

(4) 鳥谷越, 奥田, 横山, 三島：新猪名川大橋の急速施工, プレストレストコンクリート技術協會第7回シンポジウム論文集(1997. 10)

(5) 富田, 佐々木, 西田, 須田：唐櫃新橋の施工, コンクリート工學(1998. 5)

(6) 川崎, 山内：またきな大橋における新しい設計施工手法, プレストレストコンクリート(2000. 5)

(7) 小田切, 藤田, 新井, 山崎：繰り返し高壓縮應力を受ける全數ループ繼手の性能評價, コンクリート工學年次大會論文報告集(1999. 7)

(8) 小田切, 新井, 岸上, 山崎：繰り返し高壓縮應力を受ける全數ループ繼手の性能評價, 第9回プレストレストコンクリートの發展に關するシンポジウム論文集(1999. 10)

(9) 日經コンストラクション：ズームアップ橋 保津橋上部工事 鐵筋の95%をプレハブ化 (2000. 2. 11)

9 PART

광폭원 1면매기 Extradosed교

Design and Construction of Shin-meisei Bridge

광폭원 1면매기 Extradosed교

Design and Construction of Shin-meisei Bridge

머리말

신메이세이(新名西)교는 일본 나고야시의 서쪽관문에 위치하고 있으며 구조형식은 Land mark 가능과 경제성을 감안하여 3경간연속 PC Extradosed교를 채택하였다.

사진-1 완성 예상도

1. 교량 개요

본 교량의 제원은 다음과 같고 주요 공사수량은 표-1과 같다.

교량의 입지조건은 1급하천을 통과면서 교통량이 많은 간선도로 바로 위를 통과하는 어려운 제약조건을 가지고 있다.(그림-2) 우선 하부공 형상이 받는 제약으로 인해 구조상 주형단면을 경량화하여 상부중량을 줄여야 할 필요가 있었고 시공상 관점으로는 입지조건상 가설장비를 대폭 줄여야하는 어려움이 수반되었다.

교량형식 : 3경간연속 PC Extradosed교	경간구성 : 88.501+122.340+81.220=294.321m
유효폭원 : 18.6~22.6m	활하중 : B활하중
횡단 경사 : 2.000~5.000%	종단경사 : 2.400~-0.675%(VCL=100, VCR=3500)

다음은 본 공사의 구조 및 시공상 특색을 정리한 것이다.

- 주형단면의 형상으로는 역사다리꼴 3Cell Box Girder를 채택하여 상부공의 중량 저감
- 교각에는 SD490의 고강도철근을 사용하여 교각폭의 제한에 대처
- 주탑쪽 케이블 정착구조를 Steel · 콘크리트 합성구조로 하고 Steel Cage부분은 Unit당 무게 를 50kN 이하로 분할하여 크레인 가설함으로서 가설장비 대폭 절감
- 측경간 시공법으로는 Precast된 주형단면의 일부를 먼저 가설하고 주형연결후 나머지 부분은 Wagen을 이용 현장타설하는 시공법 채택

▶ 표-1 주요 공사수량

구 분	재 료	시방 기준	단 위	수 량	비 고
주형	콘크리트	σ_{ck} =50N/㎟	㎥	5,029	
	철근	SD345, SD490	ton	1,050	
	PC강재	19S15.2	ton	43	종방향PC강재
		12S15.2	ton	54	종방향PC강재 외
		4S15.2	ton	8	종방향PC강재
		1S28.6	ton	64	바닥판 횡방향PC강재
		ϕ32	ton	20	종방향PC강재 외
교각	콘크리트	σ_{ck} =40, 27N/㎟	㎥	7,960	P_{78}~P_{81}교각
	철근	SD345, SD490	ton	2,103	P_{78}~P_{81}교각
주탑	콘크리트	σ_{ck} =50N/㎟	㎥	172	
	철근	SD345, SD490	ton	59	
	Steel Cage	SM520, SM570	ton	90	
케이블	PC강재	43S15.2	ton	27	
		37S15.2	ton	53	

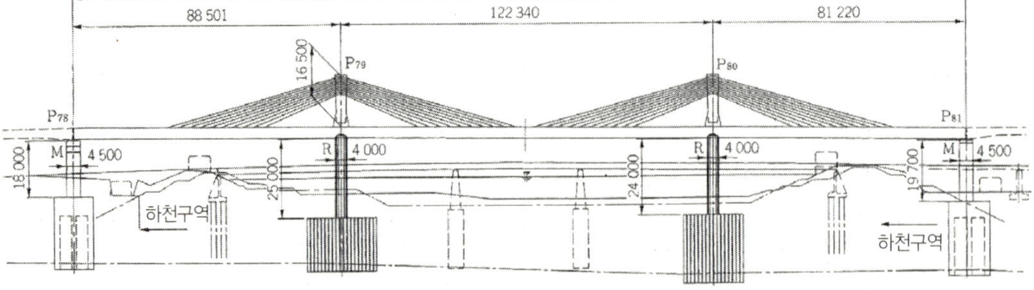

그림-1 일반도

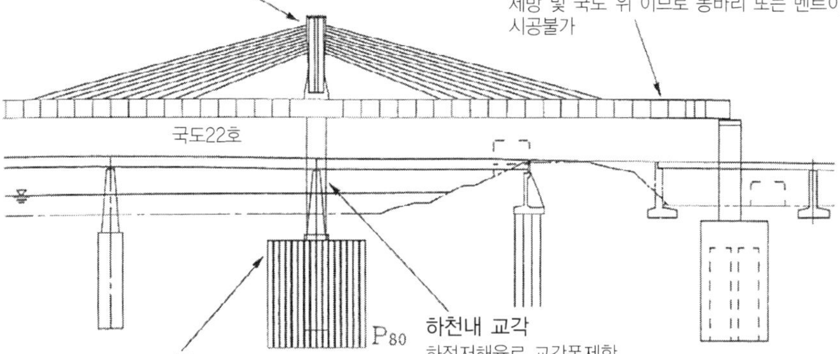

그림-2 입지 조건

2. 설 계

2-1 주형단면 형상의 결정

신메이세이교는 광폭단면을 갖는 1면매기 Extradosed교이므로 주형단면의 형상은 단면중앙부에 작용하는 케이블 장력을 주형전체에 효율적으로 전달시킬 필요가 있고 하부공의 제약조건에 따라서 주형단면의 경량화가 필요한 상황이다. 검토 결과 하부 바닥판의 폭(4.0m)을 일정하

▶ 표-2 주형단면의 비교표

	3Cell Box Girder	강봉Strut 1Cell Box Girder	역사다리꼴 3Cell Box Girder
주형단면	A=13.36m² (1.10) A=16.03m² (1.32)	A=12.13m² (1.00) A=14.40m² (1.19)	A=11.84m² (0.98) A=13.93m² (1.15)
특징	• 하부바닥판 폭이 넓어 자중이 크다 • 케이블장력을 주형 전체로 전달하기 위해 케이블 정착 부에 자중을 늘리는 격벽 설치 필요 • 하부바닥판의 폭이 일정하지 않아 Wagen의 시공성 저하	• 중간Web에 강봉 사용으로 주형자중 경감 • 케이블의 연직분력을 주형에 전달하는 효과가 1,3안 보다 떨어짐 • 하부바닥판의 폭이 일정하지 않아 Wagen의 시공성 저하	• 일반적인 Box Girder보다 자중 경감 • 하부바닥판, Web의 교차점을 일치시킴으로서 케이블장력의 전달이 뛰어나므로 자중증가 요인인 격벽 불필요 • 하부바닥판의 폭이 일정하여 Wagen의 시공성 양호
평가	○	○	◎

게 유지하는 역사다리꼴 3Cell Box Girder 단면을 채택함으로서 주형단면의 경량화 및 케이블 장력 전달이 우수한 주형단면이 되도록 하였다.(표-2)

또 폭원변화(18.6~23.6m)에 대해서는 그림-3과 같이 Girder형상은 변화시키지 않고 바닥판의 켄티레버 길이만을 변화시켜 처리하는 것으로 하였다. 그리고 Web 바깥쪽에 설치된 보강 Rib는 가설시 Wagen하중에 의해 Web에 발생되는 인장응력을 개선하는 효과도 있으며 하부 도로에서 보는 시점에 대해서도 경쾌한 Line으로 Accent를 주는 기능을 발휘했다.

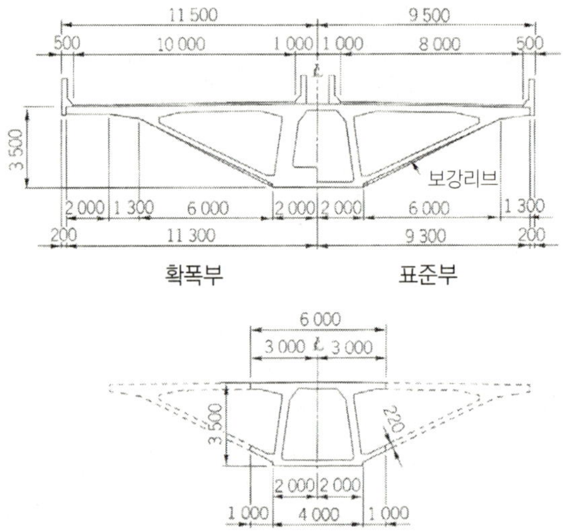

그림-3 주형 단면도

2-2 교각 구조

하천에 설치되는 교각은 하적저해율 때문에 교축방향폭(4.0m)이 결정되어 있는 상황에 대처하기 위해 교축방향 철근에 고강도철근(SD490, D51×3.5단)을 사용한 RC교각이 채택되었다.

통상 Rigid Frame 교각은 주형 주두부의 맨홀 및 외부케이블 정착부로 인해 교각 상단에서 계산상 유효한 정착장을 확보할 수 없는 철근이 발생된다. 그러므로 본 설계에서는 철근정착장이 부족하여 계산상 유효하지 않은 부분을 삭제함으로서 교각상단부를 경량화시켰는데(그림-4) 그 무게는 교각부 중량의 4%에 해당한다.

그리고 주두부 내부에는 주형높이 3.5m에 고강도철근을 여러 단 배치하였으며(그림-4, 5) 주두부의 정착구조를 모사한 Beam-Column Model로 정부교번재하실험을 시행하여 정착부의 안전성 및 고강도철근을 사용한 교각구조의 내진성능을 확인하였다.

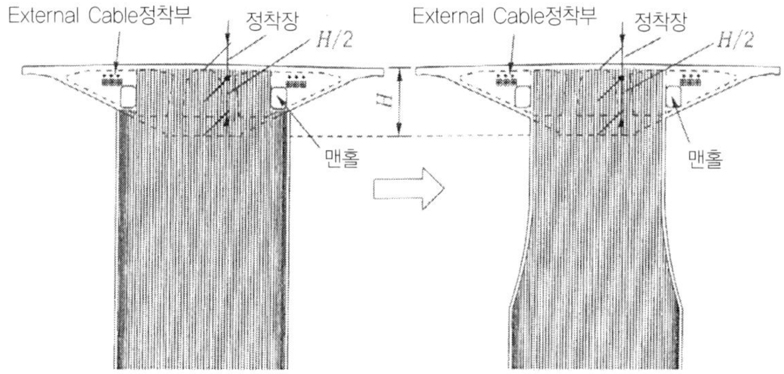

그림-4 주두부 교각의 주철근 배치

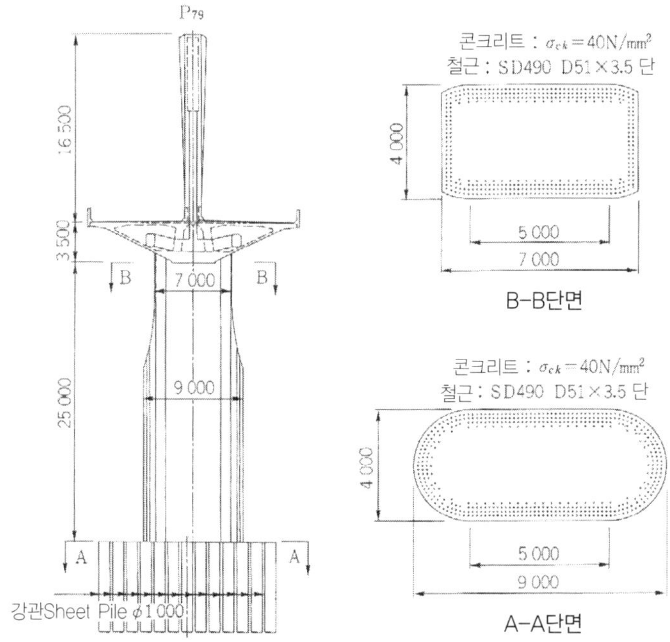

그림-5 주탑 · 교각의 정면도 및 배근도

2-3 주방향 설계

2-3-1 전단에 대한 검토

본 교량은 대부분의 전단력을 Web에서 부담하도록 경사진 Web를 설치한 3Cell Box Girder단면이다. 따라서 3차원 FEM해석으로 Web의 전단력 분담률을 확인하고 설계에 반영하였다.

해석 결과, 고정하중 작용시 Web의 전단력 분담률이 경사Web에서 최대 78%가 되지만 안전측으로 설계하기 위해 2개의 경사Web에서 100% 부담하는 것으로 설계하였다.

2-3-2 측경간 분할시공부의 검토

측경간부는 주형단면을 분할시공하므로 주방향으로 주형단면에 급변부가 발생한다. 이 구간에 대해서는 문헌1)을 참고하여 3차원 FEM해석으로 주형의 응력을 파악하고 그 결과를 평면골조해석에 반영하였다.

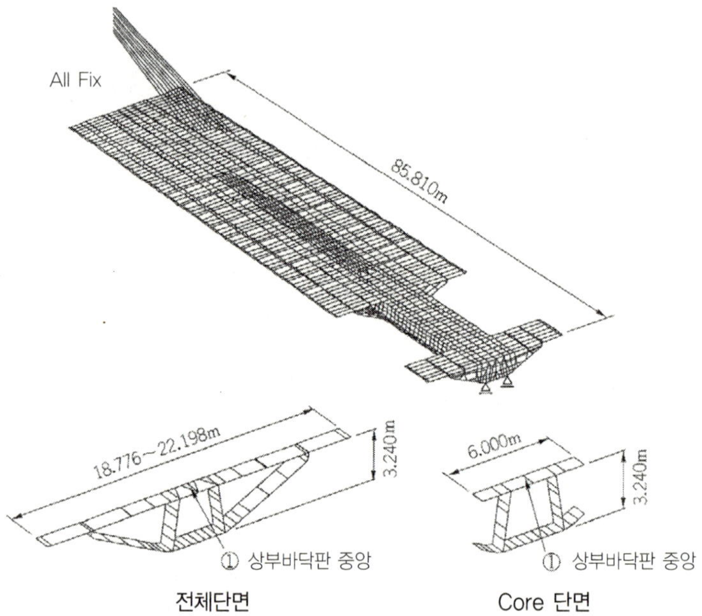

그림-6 FEM해석 모델

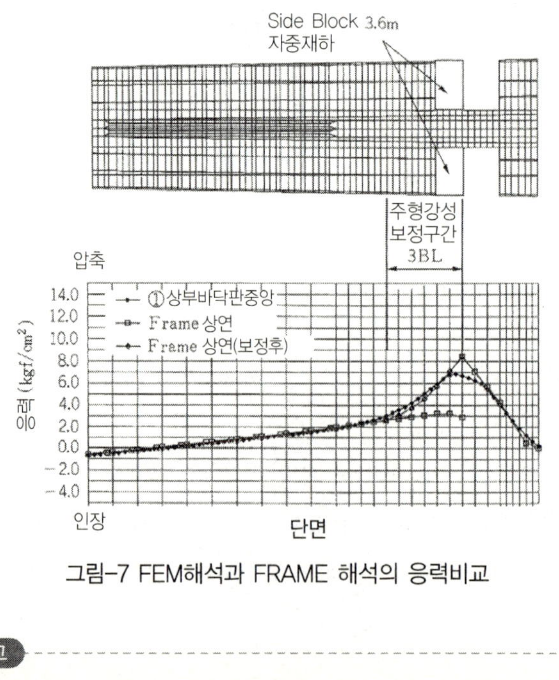

그림-7 FEM해석과 FRAME 해석의 응력비교

해석결과를 비교해 보면 하중으로 인한 주형의 응력은 주형강성을 3Block마다 직선보간해야 하고 프리스트레스에 대해서는 보간하지 않아도 일치되는 것을 확인하였다. 그림-6은 FEM해석 모델, 그림-7은 Side Block 자중재하시 FEM해석과 Frame해석의 결과를 비교한 것이다.

2-4 주탑 설계

2-4-1 주탑의 구조

주탑의 케이블 정착구조는 강 · 콘크리트 합성구조를 사용하고 있다.(사진-2) 주형에 작용하는 케이블 장력의 연직성분은 Stud를 통해 강 · 콘크리트 합성단면에서 부담하게 되며 케이블 장력의 수평성분은 Steel Cage가 부담한다. 그러므로 케이블 장력을 Steel Cage에서 모두 부담하는 기존 구조에 비하여 Steel Cage를 경량화 시킬 수 있다. 그리고 케이블 긴장시 콘크리트에 발생되는 인장력을 없애기 위해 측면콘크리트의 일부를 긴장후 타설하는 것으로 하였다.(그림-8)

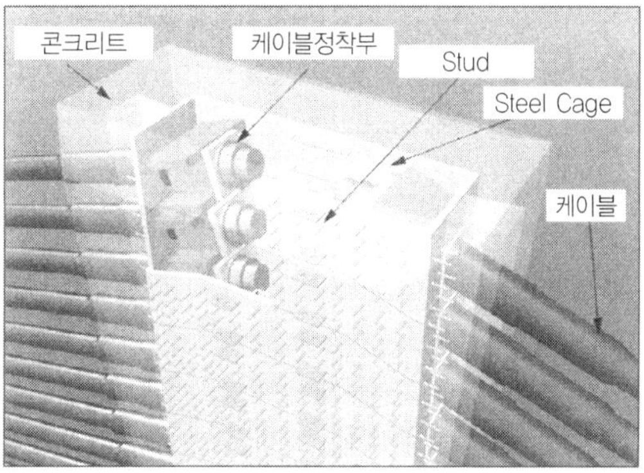

사진-2 주탑의 케이블 정착부

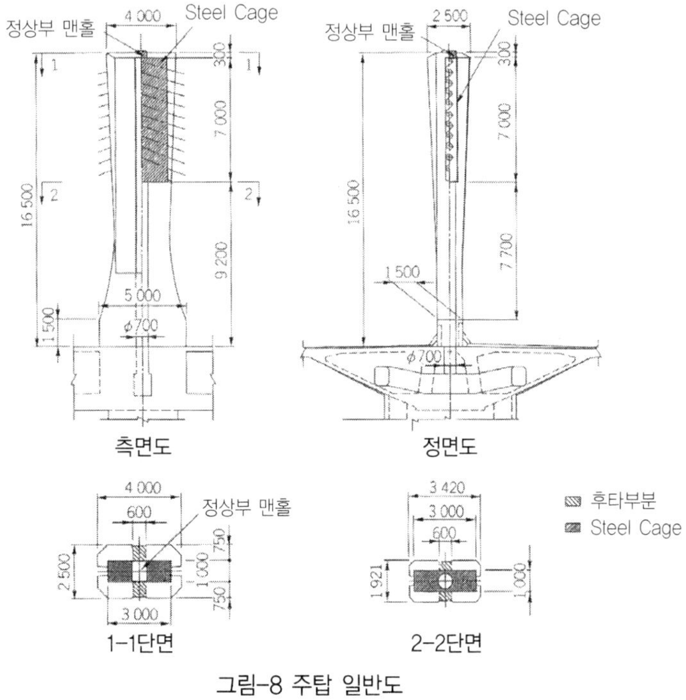

그림-8 주탑 일반도

Steel Cage는 대형기중기를 사용할 수 없는 현장입지조건을 감안해 11분할하여 Unit당 무게를 50kN 이하가 되도록 하였으며 이 경우 문제가 되는 사항은 주탑의 연직성을 확보하는 Unit 사이 접합방법이다.

현장용접하는 것은 작업성의 현저한 저하, 품질확보 및 Steel Cage의 열변형으로 주탑연직도 확보가 곤란한 문제점이 있었다. 그래서 Steel Cage의 각 Unit 사이를 공장에서 기계절삭가공하는 Metal Touch로 처리하고 이 Unit를 조립한 다음 콘크리트를 둘러치는 방법으로 현장용접을 없애고 동시에 주탑의 연직성도 확보하였다. Unit 사이는 산모양으로 가공하여 설치시 시공성 향상과 수평방향 전단에 대한 저항을 향상시켰다.(그림-9)

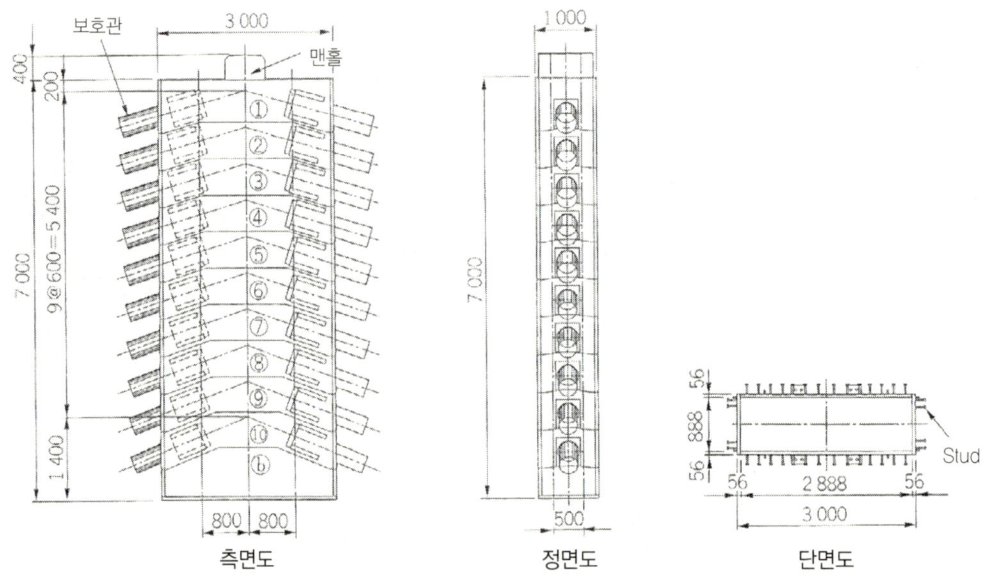

그림-9 STEEL CAGE 일반도

2-4-2 Steel Cage의 설계

Steel Cage는 Metal Touch한 면을 겹쳐 쌓았으므로 Steel Cage 사이에는 간극이 발생하고 최대치는 공장의 제작정밀도에 따라서 0.5㎜를 나타내고 있다. 이 간극이 비어있는 상태로 케이블 장력이 작용되는 경우 거동을 Shell요소를 이용한 비선형FEM모델로 확인하였다.

해석은 연직력이 큰 Steel Cage의 아래쪽 3단Unit를 Modelling하고 Steel Cage 사이의 접촉은 가장 불리한 상태가 되는 3점(3격점)에서 접촉되는 것으로 하였다.(그림-10) 해석 결과 Steel Cage에 발생하는 응력은 부재(SM520)의 허용응력 이하가 되고 문제가 되는 응력과 변형은 없음을 확인하였다.(그림-11, 12)

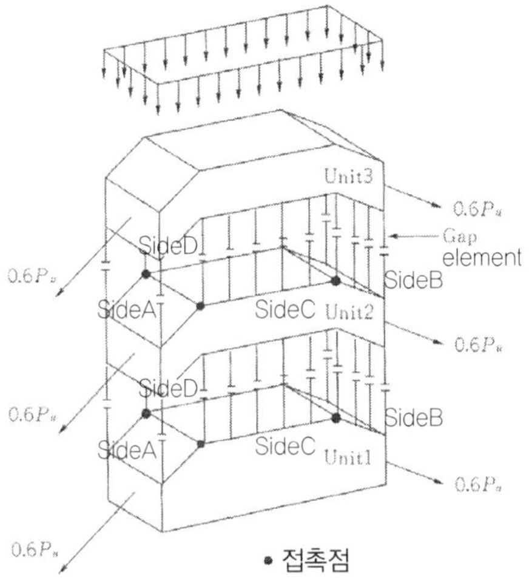

그림-10 해석모델(3점 접촉)

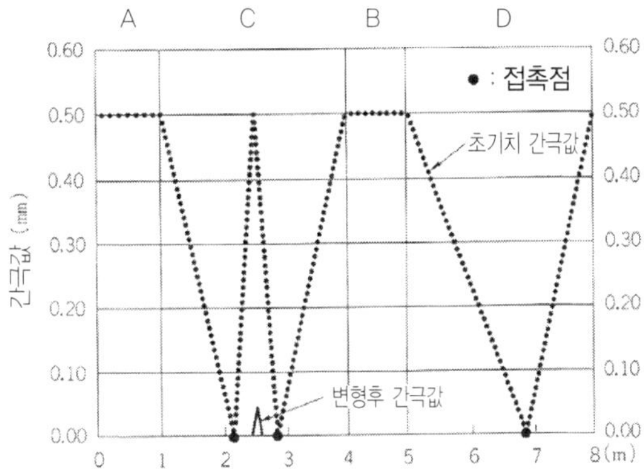

그림-12 간격 분포(3점접촉, Unit 1~2)

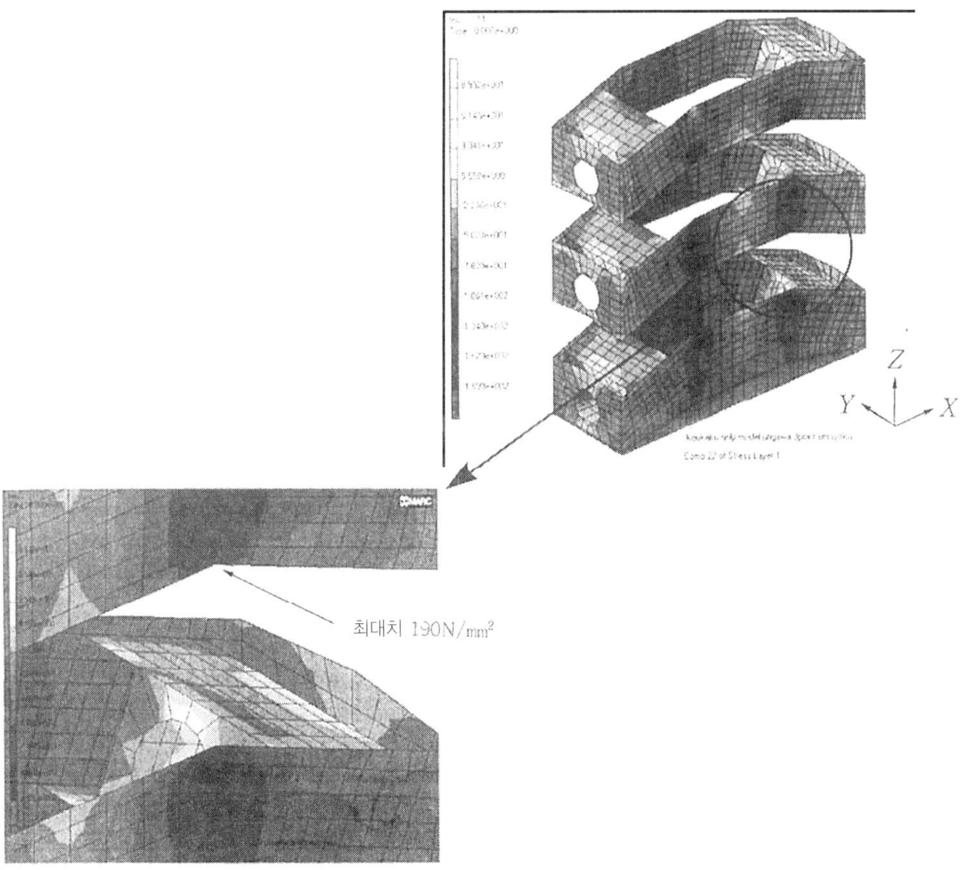

그림-11 연직방향의 응력분포

3. 상부공 시공

3-1 시공 개요

본 교량의 가설위치는 간선도로에 근접해 있고 1급하천을 횡단하고 있으므로(사진-3) 설계 · 시공상 많은 제약조건이 따르게 된다.

주두부 시공완료후 Wagen을 조립, 켄티레버식 시공을 시작하게 된다. 주형은 5Block까지 표준Block이며 6Block 이후는 케이블 정착Block이며 케이블은 10단으로 구성되어 있다.

사진-3 현장 시공 Yard

교각위치는 하천에서는 기존교량의 교각위치와 나란하게 계획하였고 양쪽 제방과도 만나게 된다. 따라서 본 교량은 중앙경간에 비해 측경간이 비교적 긴 경간구성을 나타내고 있다.

켄티레버식 시공 완료후 측경간을 시공하게 되는데 측경간 연결부 시공은 켄티레버식 시공 완료후 주형단면의 중앙부(Core Block 부분)를 프리케스트 세그먼트로 제작하여 켄틸레버식으로 시공한 다음 측경간 연결부를 폐합시키고 마지막으로 중앙경간을 연결한다.

그 후 측경간 연결부의 나머지 외측부분(Side Block부분)을 Wagen으로 켄티레버식 가설하여 일체화시키는 시공법을 사용하였으며 그림-13은 시공순서도를 나타낸 것이다.

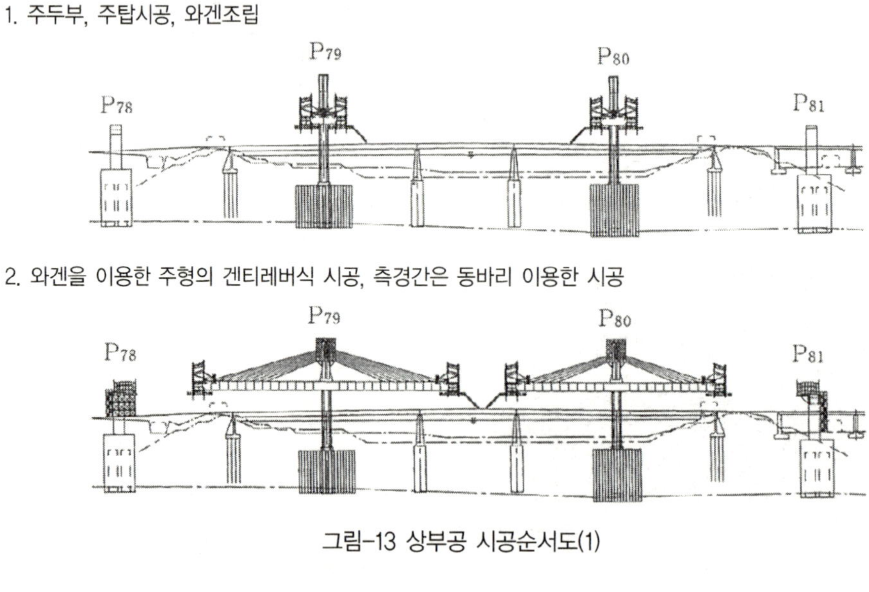

그림-13 상부공 시공순서도(1)

3. 주형 켄티레버식 시공 후, 측경간 Core Segment를 크레인가설

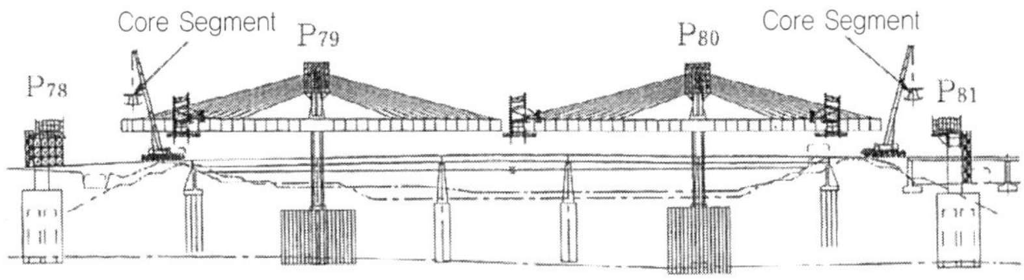

4. 측경간 Core Segment폐합후, 중앙경간 폐합

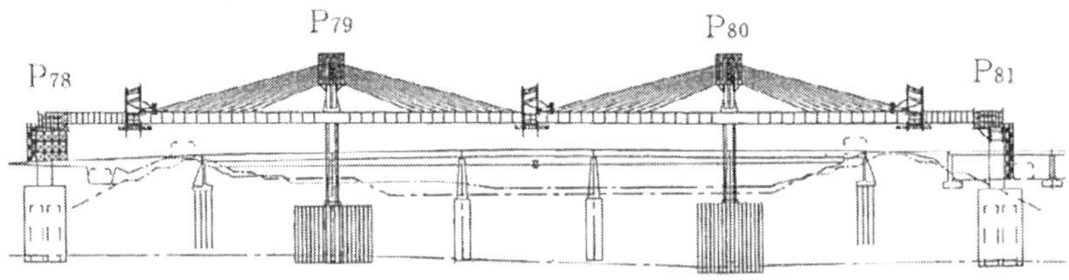

5. 측경간 Side Segment를 와겐으로 시공, 교량완성

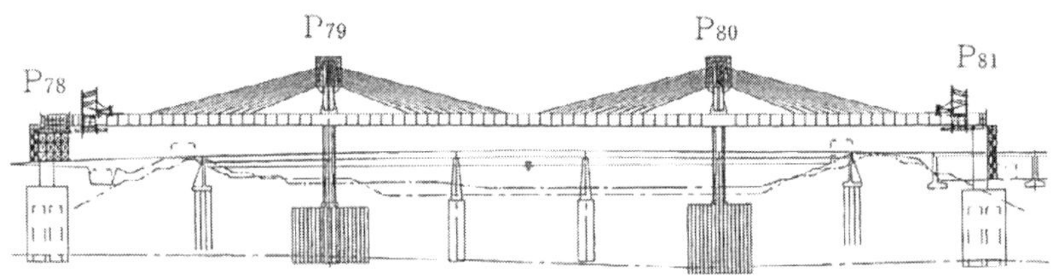

그림-13 상부공 시공순서도(2)

3-2 주두부 시공

3-2-1 주두부 동바리

주두부 동바리는 P_{80}교각의 주두부 시공이 홍수기간(6월~9월)에 이루어지게 되므로 하부 조건에 영향을 받지 않는 브라켓식 동바리를 채택하였고 다음 사항을 고려하여 직사각형으로 역사다리꼴 형태를 갖는 2단방식 브라켓을 채택하였다.

사진-4 주두부 브라켓

① 동바리는 높이방향으로 아래쪽은 홍수기 H.W.L, 직각방향으로는 기존도로 교량의 형하공간의 제약을 받는다.

② 필요한 동바리 면적에 비해 교각 단면이 작아 처짐을 제어하기 위해서는 기존의 브라켓 동바리로는 조건을 만족할 수 없었다.

③ 경사진 Web 바로 밑에 브라켓을 설치하는 것은 교각철근 D51이 3단 배치되어 있고 그 일부는 곡선가공 구간이므로 브라켓 Anchor를 철근 사이로 설치하는 것이 곤란하다.

3-2-2 주두부 시공

본 교량의 시공은 갈수기(10월~5월)에 시공하는 것으로 되어 있기 때문에 홍수기간(6월~9월)에는 하천에 설치된 잔교 등 시공관련 시설을 철거해야 한다. 그러나 P_{80}교각의 주두부 및 주탑 시공은 공정상 홍수기간에 이루어지게 되므로 우안 제방도로에 차량의 우회로를 설치하고 자재의 인양은 150ton 크롤러크레인을 사용하였다. 그리고 콘크리트타설은 52m붐을 가진 콘크리트 펌프카를 사용하였으며 펌프카 1대로는 하부바닥판과 Web를 동시에 타설할 수 없어 2번으로 나누고 총 3회에 걸쳐 타설하였다.

3-3 주탑 시공

주탑은 케이블 정착용 Steel Cage가 상부에 배치된 구조를 이루고 있으므로 주탑 콘크리트부분의 시공은 Steel Cage형상, 주탑단면의 형태에 따라서 4Lot로 나누어 시행하였다.

Steel Cage의 시공은 2Lot 시공종료후 그 위에 Setting시킨 Steel Cage 운반용 Anchor Frame위에 Steel Cage 基部를 설치하고 정확한 높이를 맞추고 아래쪽을 무수축몰탈로 충진하여 강도를 확인한 다음, 케이블 정착부 전체 10개를 가설하였다. Steel Cage의 가설(사진-5)은 120ton 크레인을 사용하였고 공장에서 가조립시 Steel Cage 바깥쪽에 미리 맞춤용 표시를 설치하여 두었으므로 그 표시를 기준으로 하루에 마칠 수 있었다. 그리고 Steel Cage의 간극, 어긋남, 경사 등은 기준치 이내로 맞추었다.

4Lot(케이블 정착측면)의 타설은 사재를 긴장한 다음에 시행하였으며 그림-14는 주탑의 가설

사진-5 STEEL CAGE 가설

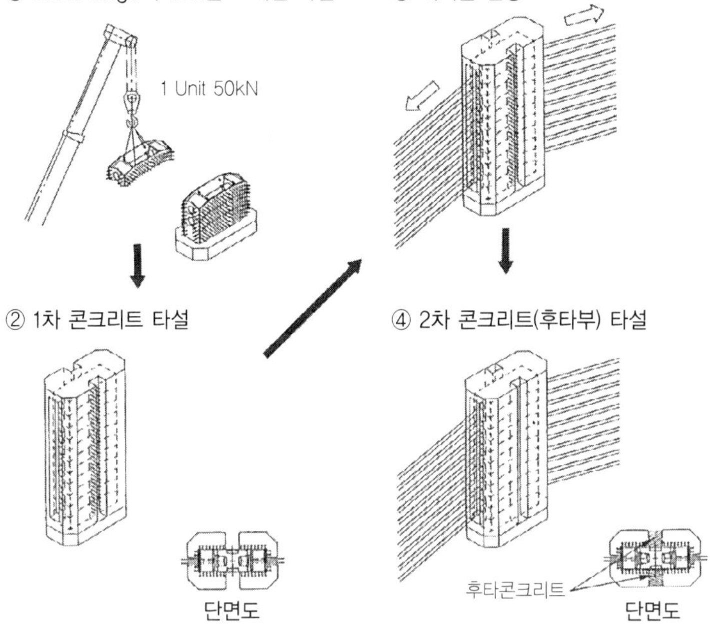

그림-14 주탑의 가설 순서도

상황을 정리한 것이다.

3-4 Wagen

3-4-1 구 조

Wagen의 구조는 본 교량의 구조 및 입지조건에 따라서 다음과 같은 특징을 갖고 있다.

① 기존도로의 형하공간 제약에 따른 低床型 작업대 채택 : 거푸집 지지대를 겸하는 작업대 가로보를 사용하여 Wagen의 하부치수를 최소화하는 구조가 되도록 하였다.

② 트러스부재의 하중분담률을 조정함으로서 경사Web 응력의 저감 : 상부 가로보를 2단구조로 하고 가로보 사이의 지지점 위치를 조정함으로서 바깥쪽 트러스의 하중분담을 안쪽트러스의 약 절반으로 줄였다.

③ 작업받침 특수방호 설비 : 국도위에서 작업하는 경우에 대비하여 Wagen 작업대의 고무시트양생 및 집수구설치로 물을 원활하게 처리하였다.

④ 지붕구조 : 국도에 우수가 떨어지지 않도록 횡단방향으로 경사를 두었다.

⑤ 상부가로보의 3분할 구조 : Wagen 후퇴시 상부가로보가 케이블과 간섭이 일어나지 않도록 가로보를 3분할하여 중앙부분만 철거할 수 있는 구조로 하였다.

그림-15는 Wagen의 일반도에 해당한다.

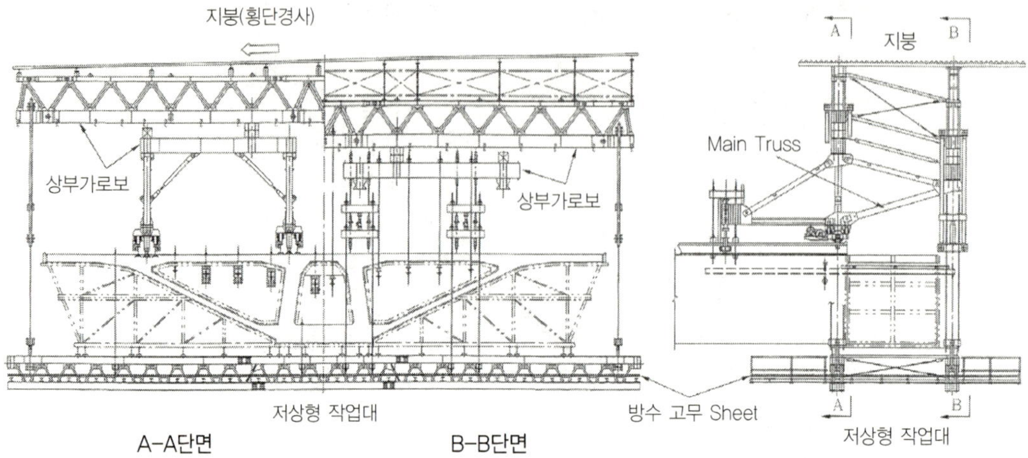

그림-15 WAGEN 일반도

3-4-2 시 공

P79교각의 좌측방향(1호 Wagen)부터 조립하기 시작해 2주간격으로 4호 Wagen까지 조립을 완료하였다. 기존도로에 가설되는 부재조립은 2개 차선을 통제하고 야간에 시행하였다. 하부작업대는 폭 26m이며 일괄조립해서 들어올리면 기존교량에 저촉되므로 분할해서 들어올려 조립하였다. 우선 16m분량을 도로의 반대쪽에서 조립하고 들어올린 다음 미리 주두부에 설치하여 두었던 레일을 이용하여 도로 위로 밀어 내고 지상조립된 나머지 10m분량을 들어 올려 결합시켰다.(사진-6)

사진-6 작업대의 횡방향 이동 가설

3-5 주형 켄티레버부분의 시공

Wagen 조립후 켄티레버부분을 시공하였다. 주형의 외부거푸집은 주두부에 사용하였던 것을 일부 개조하여 전용하였으며 내부거푸집으로 표준부는 강제거푸집, 케이블 정착용 돌기가 있는 부분은 목제거푸집을 사용하였다. 경사Web의 상부거푸집에 대해서는 전용을 감안하여 강제거푸집을 채택하였으며 타설용 덮개는 설치 및 제거가 용이하도록 선단부를 특수가공하여 사용하였다.

경사각 28도인 경사Web의 시공은 콘크리트의 충진성 및 시공성을 확인할 목적으로 미리 실물크기 모델을 사용하여 콘크리트타설 실험을 시행하였다.(그림-16) 실험결과를 감안하여 콘크리트타설 및 바이브레이터 투입구 위치를 결정하였고 콘크리트표면에 곰보가 발생하지 않도록 布製거푸집을 사용하는 것으로 하였다.

Slump Flow는 12㎝를 기준으로 하고 타설시간 · 타설량 관리에 따라서 콘크리트 슬럼프와 출하시간을 조정하는 것으로 하였다. 사진-7은 경사Web의 상부거푸집을 촬영한 것이다.

사진-7 WAGEN의 경사WEB 상면 거푸집

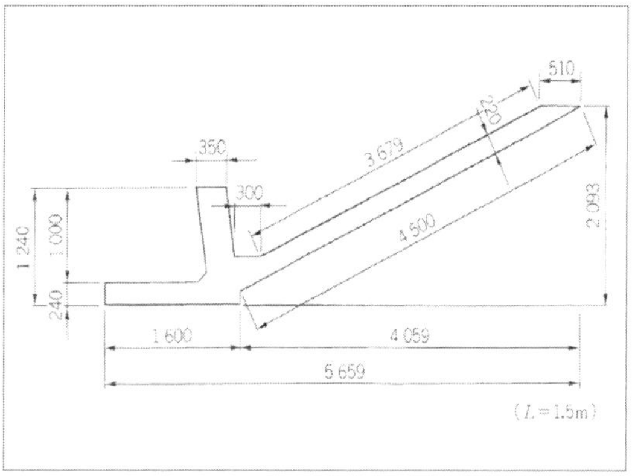

그림-16 콘크리트타설 실험용 공시체

3-6 측경간부 시공

Wagen을 이용한 켄티레버식 시공을 마친 다음 측경간의 단부구간을 약 30m 시공해야만 하는데 현장입지조건상 측경간 단부는 하천제방 위에 해당하여 동바리를 사용하는 시공이 불가능하다. 그리고 Temporary Pier를 사용한 켄티레버식 시공은 제방의 지내력이 부족하여 채용할 수 없었다. 그래서 측경간에 대하여 주형단면을 Core단면과 Side단면으로 분할하는 시공법을 채택하였다.

Step 1 : 프리케스트 Core단면을 트럭크레인으로 들어올려 가설하고 Core단면만 연결시킨다.

Step 2 : Side 단면을 Wagen으로 켄티레버식 시공하고 현장타설하여 완성한다.

공장제품인 프리케스트 Core단면 Block은 총중량이 250kN 이하가 되도록 교축직각방향 6.0m, Block Length 1.8m로 제한하였고 Core 단면의 Block수는 P78쪽이 13개, P81쪽이 10개이다. 그림-17은 측경간의 시공요령을 정리한 것이다.

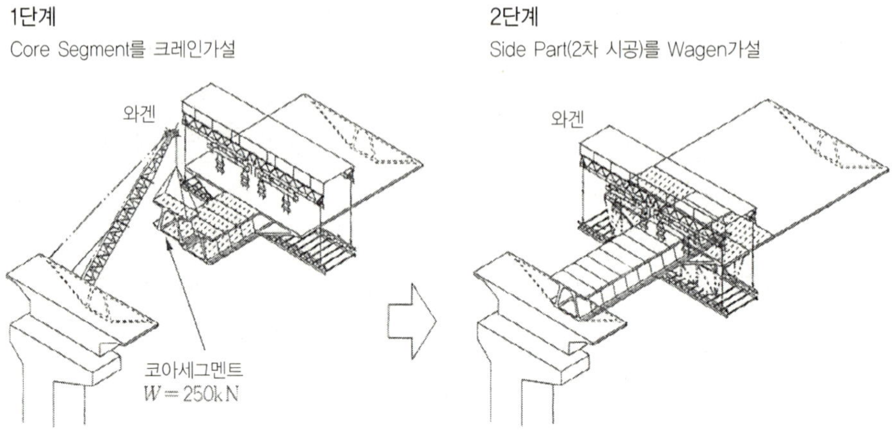

그림-17 측경간의 시공순서도

3-7 케이블 시공

케이블은 37S15.2와 43S15.2를 사용하였으며 케이블시스템의 방청시방은 케이블에 폴리에틸렌피복 아연도금 강연선을 사용하고 케이블 보호관으로는 FRP관으로 밀폐시키는 3중방청을 채택하였다. 폴리에틸렌피복 아연도금 강연선은 아연도금한 소선을 7개씩 꼬아서 방청재인 그리스로 봉입하고 표면에 폴리에틸렌피복을 입힌 것을 말한다.(그림-18)

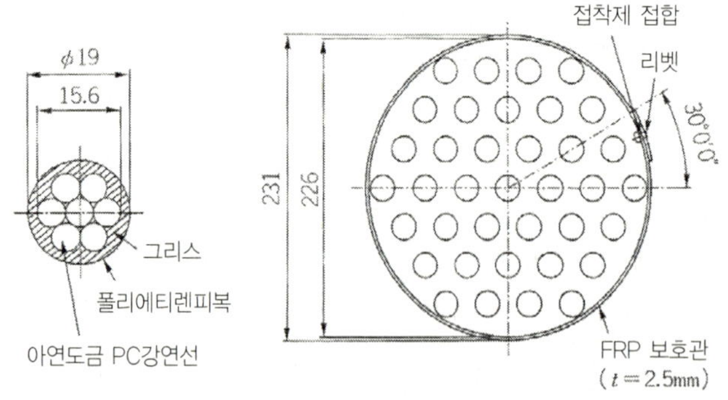

그림-18 STRAND 및 CABLE 단면도

케이블 가설은 먼저 2개의 Strand를 가설한 다음 이 Strand를 이용하여 FRP보호관을 조립하고 Winch관을 주탑에서 끌어 올린다. 이어서 Strand를 Pushing machine으로 밀어내 주탑쪽에서 보호관 안으로 삽입한다. 주형까지 Strand를 보내고 주탑에서 Strand를 소형Winch로 감아올려 주탑안에 삽입시키며(그림-19) 긴장은 주형쪽에서 Single Strand Jack을 사용하였다.

(a) 보호관 조립작업
(보호관 조립 및 인상)

(b) 케이블가설
(강연선 송출)

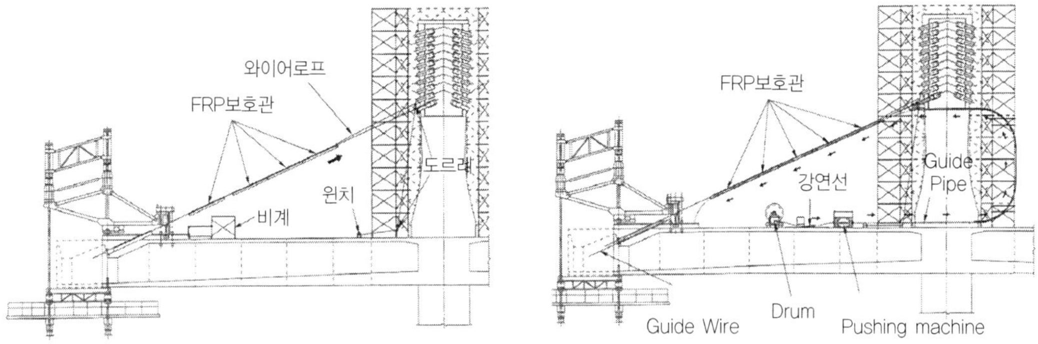

그림-19 케이블의 가설순서도

【参考文献】

(1) 伊藤, 今泉, 大岡, 春日：斷面分割架設による揖斐川橋側徑間部の設計と施工, プレストレストコンクリート技術協會, 第10回シンポジウム論文集(2000. 10)

(2) 池田, 水口, 小松, 中須, 前田：第二名神高速道路木曾川橋・揖斐川橋上部工の設計, 橋梁と基礎 Vo.33, No.11 (1999. 11)

(3) 飯田, 中山, 水野, 若狹, 春日：新名西橋の設計, プレストレストコンクリート技術協會, 第11回シンポジウム論文集(2001. 10)

10 PART

5경간연속 Skew Extradosed교

Construction of Shikari Ohashi Bridge

머리말

5경간연속 Skew Extradosed교

Construction of Shikari Ohashi Bridge

머리말

시카리(士狩)대교는 혹카이도(北海島)의 평야를 가로지르는 간선도로의 교량으로 1급하천을 횡단하여 가설되게 된다. 구조형식으로는 경제적으로 우수할 것, 형고를 낮추어 인접하는 IC의 면적이 줄어들도록 할 것, 경관성이 우수할 것 등의 조건에 따라서 External 케이블방식(Extradosed교) 5경간연속 PC Box Girder를 채택하였다.

시카리대교는 다른 Extradosed교와 비교하여 다음과 같은 특징을 갖고 있다.

① 교각이 사각을 갖고 있음에 따라서 켄티레버블럭도 사각을 갖고 있다.

② P3교각과 P4교각 중간부터 교폭이 넓어짐에 따라 P4교각을 경계로 Box Girder가 3 Cell 구조에서 4 Cell 구조로 변경된다.

③ External케이블 중에서 아래 3단은 상판을 통과하여 Box 내에 편향되어 인접하는 편향탑에 정착되는 구조(연속 External케이블)이다.

④ 반력분산형 적층고무받침을 이용하여 연결후 받침의 변형을 조정하는 방법을 통하여 조정량을 적절하게 선택할 수 있도록 하는 후변형 조정방법을 채택하였다.

시카리(士狩)대교 전경

1. 공사개요

- 구조형식 : External 케이블방식 5경간연속 PC Extradosed교
- 교량연장 : 95.0+3@140.0+94.5=610m
- 교량폭원 : 23.0~30.0m

▶ 표-1 주요공사 수량

콘크리트(40N/㎟)	철근(SD295A)	PC강재(19S15.2B)	PC강재(12S12.7)	PC강재(12W8)	PC강재(1B32B2)
16,253㎥	2,161ton	404ton	508ton	122ton	104ton

2. 주형의 시공

2-1 개요

그림-2는 시공순서도이다. 본 교량은 동바리방식으로 시공되는 주두부, 이동작업차로 시공되는 켄티레버부분, 동바리방식으로 시공되는 측경간 및 매달기동바리로 시공되는 중앙연결부로

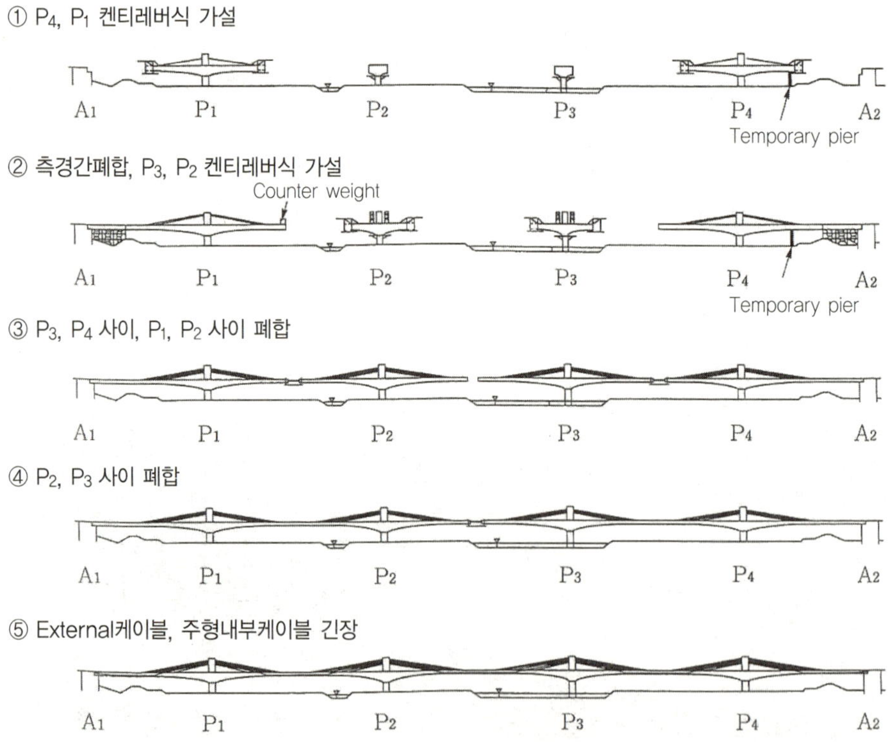

그림-2 시공 순서도

크게 구분된다. 켄티레버식 시공에는 이동작업차를 4대 사용하여 P_1 및 P_4를 먼저 시공하고 P_2 및 P_3에 전용하였다. 주형 연결후 주형 내외케이블 및 연속케이블을 긴장하였다.

교각이 갖는 사각을 주두부에서 흡수하는 구조인 경우 주두부를 교축방향으로 길게 할 필요가 있으나 본 교량에서는 주두부 및 켄티레버블럭에도 75도~80도 사각을 갖도록 함으로서 주두부 길이를 최소한으로 줄여 시공성을 개선하도록 하였다.

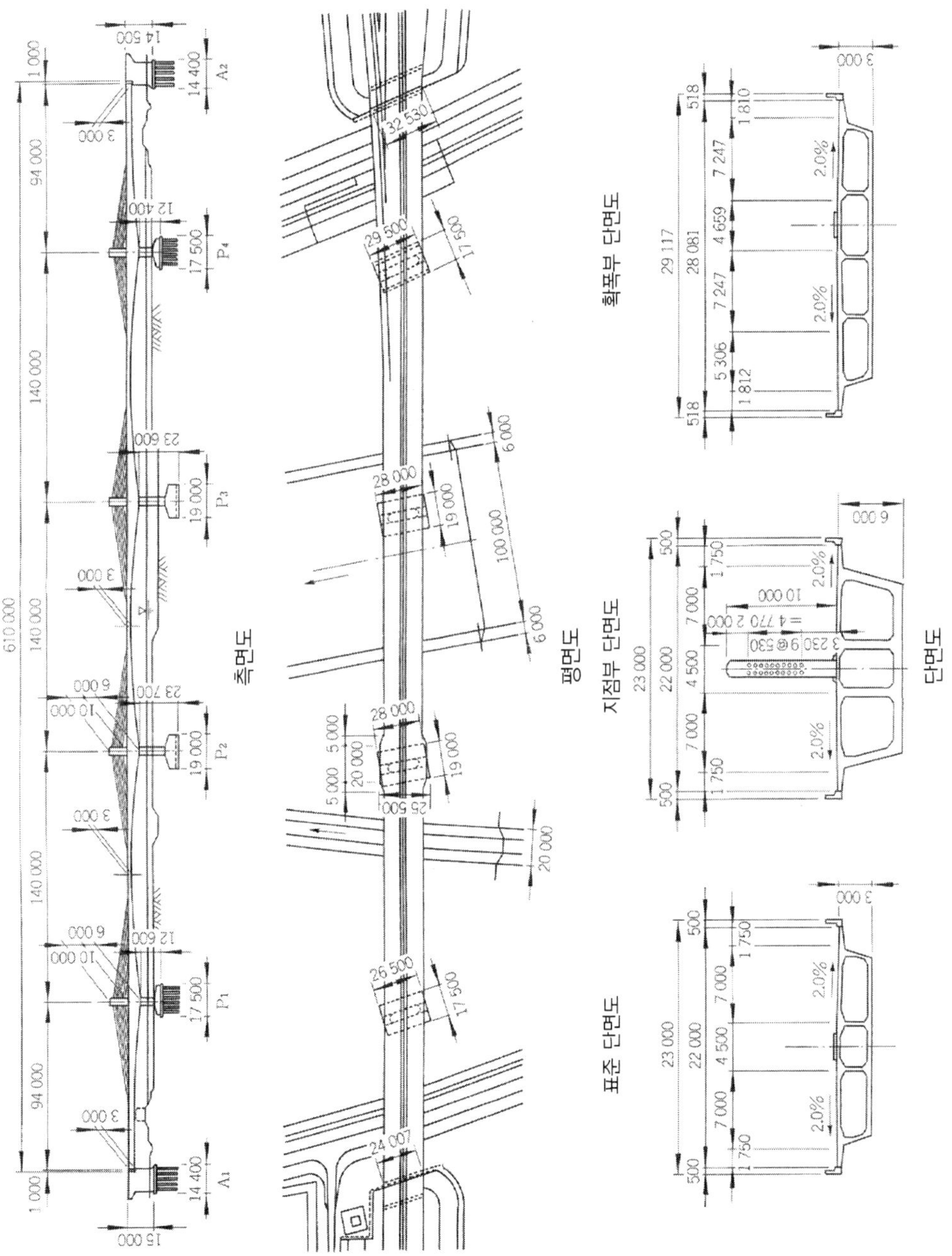

그림-1 일반도

2-2 주두부 시공

주두부의 교축방향길이는 12m로 콘크리트체적이 P1은 767m³, P_2 및 P_3가 754m³, P_4는 906m³이다. 고수부지에 위치하는 P_1 및 P_4는 접지식동바리로 저수로부에 위치하는 P_3은 브라켓식동바리로 시공하였다. 콘크리트의 타설은 주두부 가로보의 상부에 있는 주형 내외케이블 정착돌기 하단을 경계로 2층 타설하였다. 주두부는 사각구조로 특히 P_4는 주두부 가로보의 사각이 67도이고 켄티레버블럭의 사각은 75도로 다른 주두부보다 각도차가 크므로 철근 및 PC강재 배치에 보다 세심한 검토를 시행하였다.

주두부는 massive한 구조로 단위시멘트량이 400kg/m³ 이상인 부배합 콘크리트이므로 초기재령에서 내부구속으로 인한 표면균열의 발생이 우려되었다. 그래서 미리 온도응력해석을 시행하여 균열지수가 1.0이하가 되는 타설후 10일간은 탈형하지 않고 계속 양생하는 것으로 하였다. 그리고 P4 주두부에서 타설후 온도계측을 시행(그림-3)하여 해석의 타당성을 확인하였다.

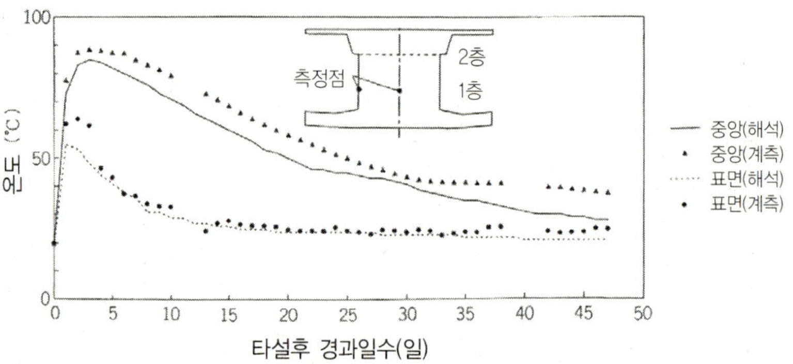

그림-3 콘크리트 온도의 시간에 따른 변화

2-3 켄티레버부 시공

2-3-1 이동작업차

본 교량의 이동작업차는 가장 큰 것이 전체높이 20m, 폭 35m, 중량 185ton으로 일반형 Main Frame이 설치된 것보다 비교적 큰 규모에 해당한다. 그리고 켄티레버블럭의 사각 및 확폭에 대응하기 위하여 특수한 구조로 되어 있다.

Skew구조에 대해서는 상하플렌지가 소정의 각도를 유지하도록 space peice를 사이에 끼우고 Main Frema과 가로보를 접합시켜 대처하였다. 확폭구조에 대해서는 양 외측 Box의 폭은 일정하므로 인접하는 2개의 Main Frame 꼭대기를 가로보로 연결하여 문형라멘을 형성시키고 그 가로보 중앙에 Slide장치를 설치, 문형라멘 전체가 이동할 수 있는 구조로 만들었다. 이렇게 함으로서 이동중 안정성 확보 및 Main Frame 하중분담의 균등화를 도모하였다. 그리고 P_4의 A_2쪽만 4 Cell 구조이므로 Main Frame이 5개 필요하게 되어 중앙의 Main Frame은 이동시 상부가로보에 매달려 이동하는 구조가 되도록 하였다.(그림-4)

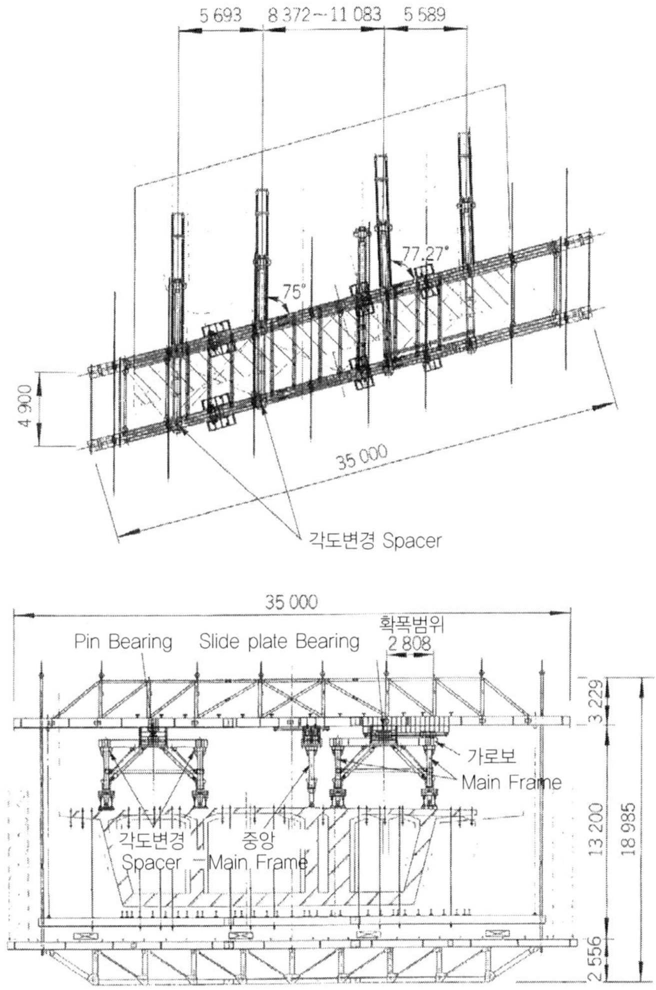

그림-4 사각 · 광폭원용 이동작업차

본 교량은 연중시공하므로 이동작업차의 지붕 및 측면전체를 이음부에 틈새가 없는 특수한 Sheet guide를 사용하고 채광성이 좋은 폴리프로필렌계 발포Sheet로 덮고 시공하였다. 또한 하부 통로는 스티로폼 및 방염Sheet로 덮고 양생조건을 만족하는데 필요한 콘크리트용 난방기를 설치하여 급열하도록 하였다.

사진-1 이동작업차의 방한덮개

사진-2 동바리 조립

2-3-2 켄티레버식 시공

켄티레버블럭은 A_1~P_1이 21개, P_4~A_2가 23개인 것을 제외하고는 모두 20개로 이루어져 있다. 블럭의 길이는 2.5m~4.0m로 콘크리트체적은 53㎥~104㎥이다. P1과 P4쪽은 좌우 켄티레버블럭수가 다르므로 각각 Counter Weight 및 Temporary Pier를 이용하여 Unbalance Moment를 처리하였다. 켄티레버시공중 Temporary Pier 위의 주형에는 상부에 인장모멘트가 발생되므로 Temporary Pier와 P_4 중간에서 도중정착되는 켄티레버케이블을 주형상부에 배치하였으며 Temporary Pier 철거후에는 반대로 아래에 인장응력이 발생되므로 Single Strand Jack을 사용하여 장력을 풀어 주었다.

2-4 Temporary Pier

P_4켄티레버는 A_2쪽으로 블럭이 3개 많을 뿐만아니라 확폭으로 인한 Unbalance Moment도 발생하므로 켄티레버길이가 50m에 이르는 시점에서 측경간이 폐합되기까지 P_4에서 A_2쪽으로 약 30m 위치에 Temporary Pier를 설치하여 켄티레버식 시공을 진행하였다. 반력은 켄티레버 시공이 진행됨에 따라서 증가하여 최대 약 3,000ton에 달했다. Temporary Pier구조는 이동작업차 통과후 주형하부의 한정된 작업공간에서 급속시공을 해야 하므로 H형강을 주부재로 하여 조립·해체가 용이한 구조가 되도록 하였다.(그림-5) 그리고 기초구조는 말뚝기초를 사용하여도 약간의 침하는 피하기 어려우므로 RC Footing의 직접기초로 하였으며 Temporary Pier 최상부에 침하대책으로 Jack을 설치하였다. Jack 용량은 300ton, Stroke 165mm인 특수유압 Jack을 15대 설치하였다.

Temporary Pier의 받침선도 켄티레버블럭과 같은 사각을 갖도록 하고 주형에 비틀림이 발생하기 때문에 3차원 Frame해석으로 Jack의 설계반력을 구하였다. 해석에서는 Temporary Pier

위치에서 연직변위를 구속하였으나 반력이 설계값과 같으면 주형의 응력상태도 같을 것으로 판단되므로 반력을 설계치와 같도록 조정하여 연직방향 변위가 거의 "0"인 것을 확인하도록 하였다.

반력조정은 유압Jack 자동제어System을 이용하였고 Jack반력 및 주형높이를 자동계측하여 항상 확인하면서 시공을 진행하였다. 그러므로서 반력 및 주형높이를 정밀하게 관리할 수 있었고 주형에 악영향을 미치지 않고 켄티레버식 시공을 완료할 수 있었다.[6]

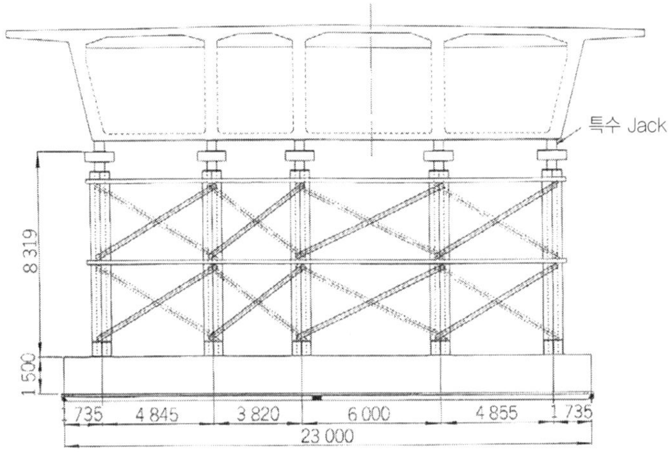

그림-5 Temporary Pier 일반도

3. 주탑 시공

주탑에는 병렬배치되는 10단 External 케이블이 분리고정방식으로 정착되게 되는데 곡선배치이므로 관통방식(Saddle방식)에 가까운 배치간격을 적용하였다. 그러므로 관통방식 Extradosed교에 비해 거의 2배의 밀도로 케이블이 배치되었으며 정착부와 편향부의 보강철근까지 배치되어 있으므로 주탑 내부는 매우 촘촘한 강재배치를 보이고 있다. 그래서 미리 공장에서 정착체와 보강철근 등을 조립한 주탑 정착부 가설대를 제작하는 것으로 하였다.

사진-3 주탑 정착부의 가설대

이 가설대는 정착부강관과 정착체 배치상 미세조정이 가능한 구조로 되어 있고 둘레거푸집의 지지가설대 및 복잡한 소형거푸집을 겸하고 있으므로 현장에서는 가설대 자체를 정확한 위치에 설치하게 되면 충분한 강재의 배치정밀도가 확보될 수 있도록 한 것이다.

그리고 주탑의 콘크리트타설은 주두부에 의한 외부구속이 염려되고 비교적 massive한 콘크리트인 점, 시공시기가 겨울철인 점 등을 감안하여 미리 온도응력해석을 시행, 그 결과에 따라서 일반적인 양생조건(타설후 10℃ 2일, 0℃ 2일)이 아닌 10℃ 2일, 5℃ 5일이라는 엄격한 양생조건으로 시공하였다.

4. External 케이블 시공

4-1 개요

본 교량에는 주형 내외케이블, 정착 External케이블 및 연속케이블 등 3종류의 케이블이 사용되며(그림-6) 모두 19S15.2를 사용하고 있다. 10단으로 구성된 External케이블 중 상부 7단은 주형에 정착되는 External케이블로 켄티레버시공중 긴장되는 것이다. 아래 3단은 상판을 관통하여 Box Girder 내부에 설치되어 인접하는 주탑에 정착되는 연속External케이블로서 주형연결후 지간의 +휨모멘트와 지점의 −휨모멘트에 대처하기 위하여 합리적으로 배치한 것이다.

External케이블의 방청시방은 케이블을 PE관에 넣고 긴장한 다음 시멘트그라우트를 주입하는 것으로 하였다. PE관은 공기가 내부에 남는 것을 막고 그라우트의 충전성을 확보하기 위하여 직선부분에는 두께 5㎜인 PE관 내면에 높이 5㎜인 나선형의 돌기를 설치하고 곡선부에는 PC강

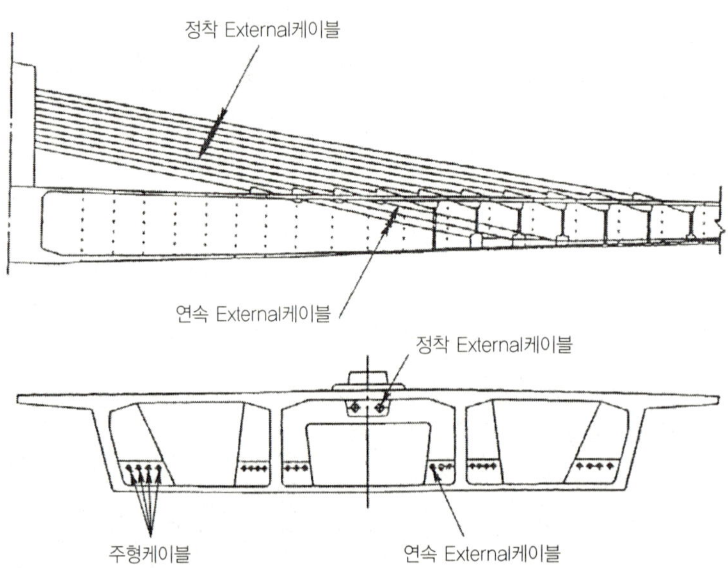

그림-6 케이블 배치도

재가 한쪽으로 몰려 겹쳐도 그라우트가 잘 스며들도록 두께 10.5mm인 PE관에 깊이 5mm의 나선형 홈을 설치한 것을 사용하도록 하였다.[4)]

플래팅피로대책으로 PC강재의 배치정밀도를 높이고 겹치는 것을 막기 위하여 편향부 및 주쪽에 spacer를 설치하였다.(그림-7) 그리고 그 효과를 확인하기 위하여 본 교량에서 가장 응력변화가 큰 주탑 곡선부를 가정하여 플래팅피로시험을 시행하였다.[3)5)]

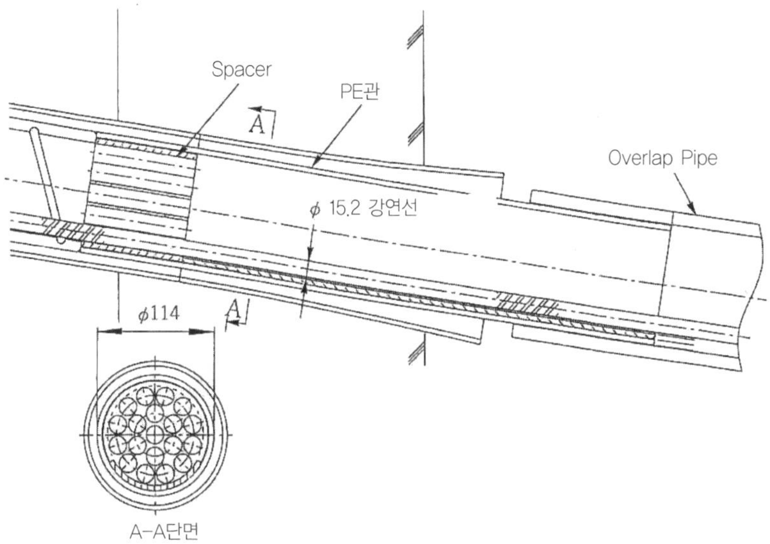

그림-7 케이블의 주탑 연결부 일반도

4-2 정착 External케이블 시공

케이블가설은 교면위에 설치된 Pushing Machine으로 주탑에서 부터 PC강재를 삽입하여 시행하는 것으로 하였다. PC강재의 배치정밀도를 확보하여 만곡부에서 서로 겹치는 것을 방지하기 위하여 Anchor Disk Hole과 같은 위치에 Spacer Hole이 오도록 하여 PC강재를 아래쪽에서부터 순서대로 삽입하였다.

본 케이블은 주탑에 위쪽으로 볼록하게 곡선배치되었고 주형쪽은 직선배치 되었으므로 자유장부분의 장력을 효율적으로 도입할 수 있도록 Box Girder 내부에서 긴장하도록 되어있다. 정착단은 신설블럭쪽에 가까우므로 긴장작업을 효율적으로 수행하기 위하여 Single Strand Jack으로 아래쪽 PC강재부터 순서대로 1개씩 긴장하는 것으로 하였다. 그리고 도입장력을 정확하게 관리하기 위하여 긴장Pump의 유압을 1kg/㎠단위로 계측할 수 있는 디지털지시계를 이용하여 긴장하였다.

케이블 설치 전경

주탑의 케이블 정착부(STEEL CAGE)

사진-4 PC강재의 삽입

사진-5 Single Strand Jack을 사용한 긴장

주두부 시공완료

4-3 연속 External케이블의 시공

케이블가설은 정착 External케이블과 같이 교면위에 설치된 Pushing Machine으로 Strand를 아래쪽에서부터 순서대로 삽입하였다. 연속 External케이블은 주탑내부, 바닥판 통과부분 및 Box Girder내 정착부 6개소에 정착되어 있고 10개의 Spacer를 통과하도록 되어있다. 그리고 케이블의 길이는 145m, 최대고저차는 7m이지만 1대의 Pushing Machine으로 큰 문제없이 삽입작업이 완료되었다.

긴장은 Multi Strand Jack으로 양쪽에서 시행하였다. 1경간당 6개의 External케이블이 설치되고 동일 경간의 케이블을 2개 연속하여 긴장하면 경우에 따라서 주탑 하부에 허용치를 넘는 응력이 발생되므로 긴장과 이동을 반복할 필요가 있었다. 그래서 교면위에 4.9ton용량의 크롤러크레인을 두고 Jack setting 및 운반작업에 사용하였다. 크롤러크레인 및 Jack은 3대를 사용하였으며 2대로 긴장작업하는 동안 1대는 이동작업을 시행하였다.

사진-6 크롤러크레인을 이용한 Jack의 Setting

연속External케이블은 일반적인 External케이블에 비하여 정착각이 크고 정착되는 곳도 많으므로 마찰의 영향을 많이 받을 것으로 판단된다. 그래서 설계에서 가정한 장력이 도입되는 것을 확인하기 위하여 정착부 전후의 케이블장력을 계측하여 마찰에 의한 영향을 조사하였다. 그림-8은 도입력 분포 계측치 및 설계치(마찰계수 0.3)를 비교하여 나타낸 것이다. 모든 곳에서 계

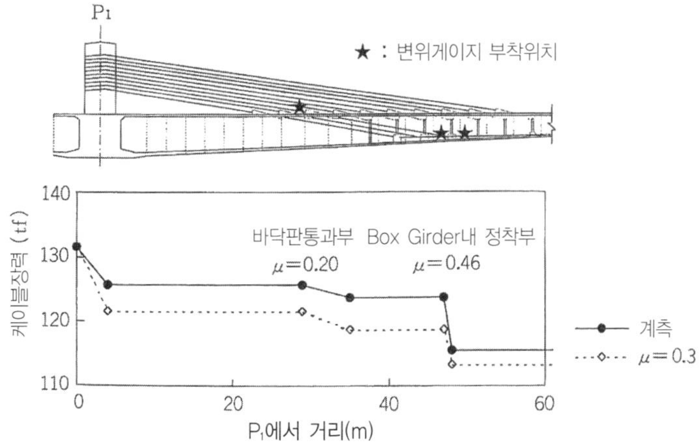

그림-8 계측위치 및 도입장력 분포

측치가 설계치를 상회하므로 모든 전체단면에서 설계시 가정한 도입장력을 확보하고 있음이 확인되었다.[7]

4-4 External케이블의 그라우트

연속 External케이블은 고저차가 크고 케이블길이가 145m로 길며 정착부에 총 10개의 Spacer가 배치되므로 주입압력이 커지게 되어 시공성이 떨어질 우려가 있었다. 그래서 중간배출구 및 주입공을 두고 중앙부 · 양쪽 단부의 3개소로 나누어서 그라우트를 주입하여 작업의 효율화를 도모하였다. 중간배출구 및 주입공에는 PE관을 수직으로 설치하여 확인가능하도록 하였다. 연속 External케이블은 주탑 내부에 그라우트부분이 있으므로 정상부분에 공기제거 구멍을 설치하고 그리우트주입시 공기제거구멍으로 그라우트가 배출되는 것을 확인하였다.

케이블 설치 전경

케이블의 바닥판 통과(Center Box)

주형내부의 케이블

5. 고무받침의 후변형 조정

5-1 개 요

본 교량은 주형연결후 발생되는 고무받침의 변형을 제거하는 방법으로 실측치에 적절한 조정시기 및 조정량을 선택할 수 있는 후변형 조정방법을 채택하였다. 후변형조정은 유압Jack으로 하부받침을 잡아당겨 Base plate위에서 Sliding시키는 방법으로 하였다.

5-2 고무받침의 구조

고무받침의 설계조건 및 시방은 표-2와 같고 구조는 그림-9와 같다.

▶ 표-2 받침의 설계조건 및 제원

항 목		P1	P2	P3	P4
고정하중 반력(ton)		10,205	10,072	10,111	11,559
활하중 반력(ton)		846	864	836	922
이동량	Creep · 건조수축	122	43	-31	-107
	온도변화	±32	±12	±8	±29
	지진시	±201	±194	±194	±201
평면형상 및 고무두께		180㎝×115㎝×2개 / 3.2×6=19.2㎝			

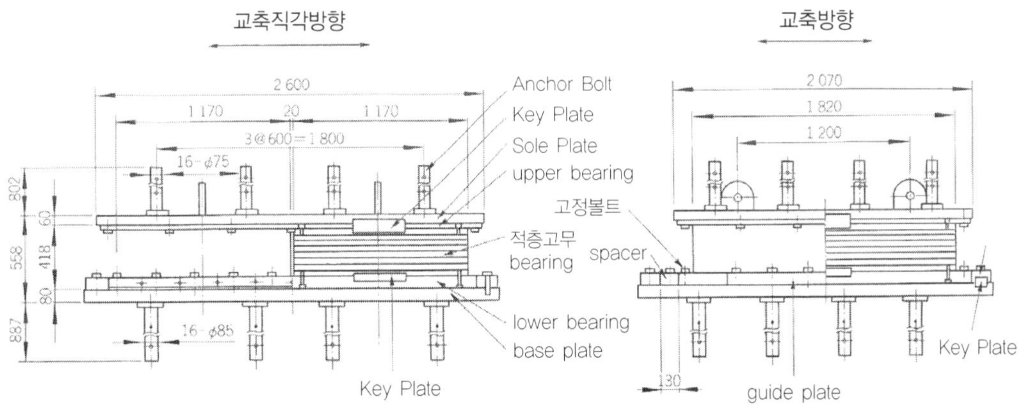

그림-9 Rubber Bearing의 일반도

받침의 설계반력은 각 받침당 2,900ton으로 크며 마찰 및 Camber량을 감안하면 조정시 설계 최대 인장력은 550ton이 된다. 그래서 φ32㎜ PC강봉을 9개 사용하는 것으로 하고 아래 받침판 정면에 PC강봉을 설치하기 위한 조치를 미리 취하여 두었다.

받침은 P_1 및 P_4에서 최대 130mm, P_2 및 P_3에서 최대 45mm가 조정가능한 구조가 되도록 하였다. 다만 P_1과 P_4에서는 32.5mm 간격, P_2 및 P_3에서는 22.5mm 간격으로 아래받침을 Base plate에 고정할 수 있는 구조로 하였으며 용접방법이 아니더라도 적절한 조정량 선택이 가능하도록 하고 단계적인 조정도 가능하도록 하였다.

5-3 후변형 조정 계획

본 교량은 Creep · 건조수축 및 온도변화의 영향으로 인한 신축량을 정밀하게 파악한 다음 후변형조정을 시행할 적절한 시기 및 조정량을 결정하기 위하여 주형이동량(교각과 주형의 상대변위), 콘크리트의 변형량, 콘크리트응력, 주형온도 등을 계측하였다. P_1에서 계측한 콘크리트변형 및 주형이동량을 예측치와 비교하여 그림-10, 11에 표기하였다. 콘크리트변형의 예측치는 설계에 사용한 Creep · 건조수축과 관련된 조건, 실측된 콘크리트응력 및 온도를 이용하여 예측한 것으로 주형이동량은 실측된 콘크리트온도를 이용하여 설계치를 보정하는 것으로 하였다. 두가지

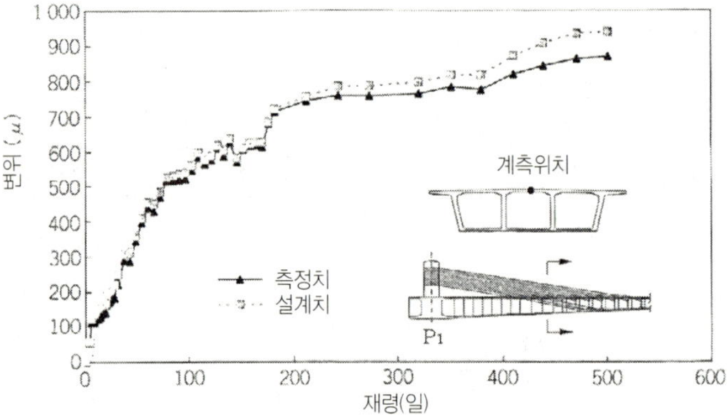

그림-10 콘크리트변형의 시간에 따른 변화

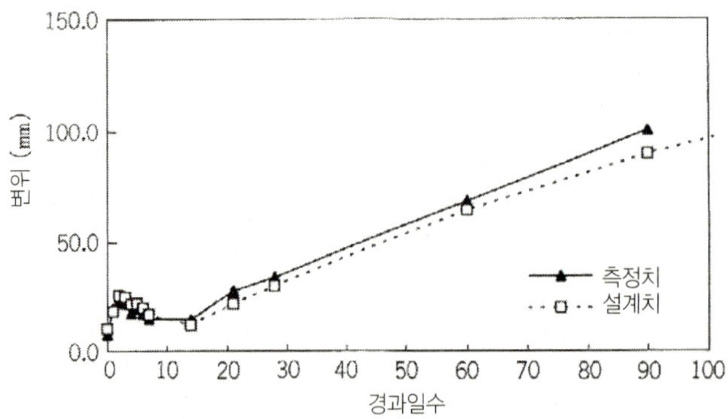

그림-11 P1교각의 주형 이동량

모두 설계치와 예측치가 거의 일치하였기 때문에 Creep변형에 대한 조건은 설계와 같은 것을 사용하여 조정계획을 수립하는 것으로 하였다.

표-3은 후변형 조정계획이고 그림-12는 P_1교각의 받침변형량을 예측한 것이다. 허용변형량은 상부공반력의 크기에 따라서 다르기 때문에 시공시, 교면공 시공후 사용개시전, 사용개시후 등 3단계로 나누어서 설정하고 각 단계마다 받침변형량이 허용치 이내가 되도록 계획하였다.

▶ 표-3 후변형 조정 계획

항 목		P1	P2	P3	P4
예측 주형이동량		158mm	57mm	-41mm	-142mm
조정량		130mm	45mm	-45mm	-130mm
예측 잔류 변형량		21mm	5mm	-4mm	-19mm
조정시기 및 받침수	연결후 9주째				3기
	연결후 10주째	4기			
	연결후 11주째				2기
	연결후 13주째			4기	
	연결후 14주째		4기		

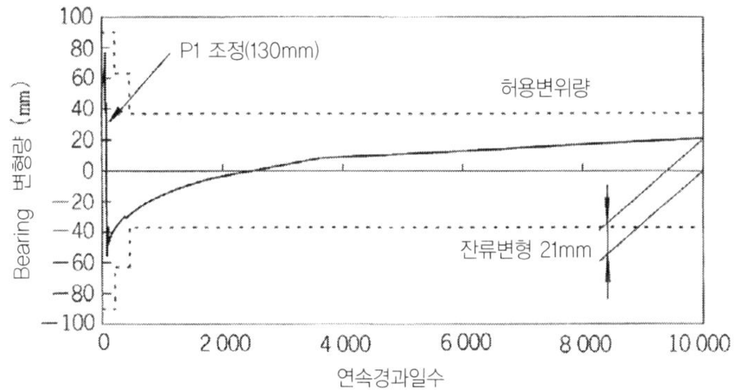

그림-12 P1교각의 교좌장치 변형예측

5-4 후변형 조정방법

본 교량에서는 하부받침을 끌어 당기는 유압Jack 반력을 받침의 Sole plate 및 Base plate가 직접 부담하는 Compact한 구조를 채택하였다.(그림-13) 이것은 연직재와 수평재로 이루어지는 역L형상이며 연직재 하단 Base plate로 반력을 부담하고 수평재 선단의 Sole plate로 반력을 부담하는 구조로 되어 있다. 9개의 PC강봉을 사이에 끼우고 연직재 배면에 설치한 2개의 U형강이 Center Hole Jack의 반력을 부담하게 하였다.

조정작업에는 9대의 Jack을 사용하였으며 이동량은 하부받침의 좌우에서 계측하여 이동이 한 쪽으로 치우치지 않도록 Pump의 반력을 조정하면서 시행하였다. 조정작업을 계획대로 종료할 수 있었고 받침의 변형량도 거의 계획과 같은 추세를 나타냈다.[8)]

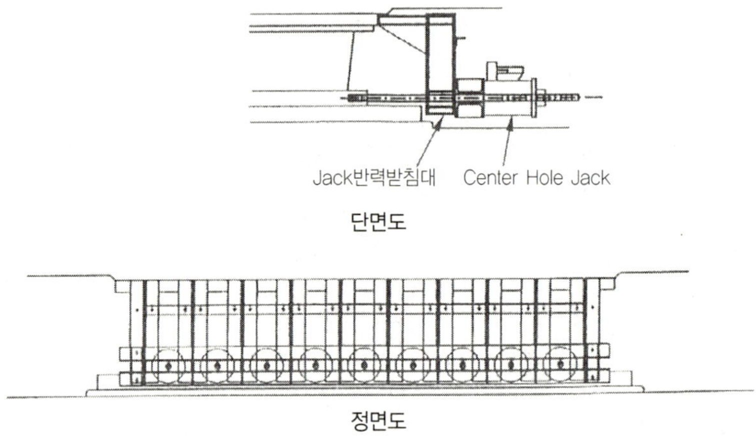

그림-13 Jack의 반력용 Jig

Rubber Bearing의 후변형 조정

사진-7 Jack 및 Jack 반력용 Jig 설치

6. 계측 및 확인시험

6-1 시공시 계측

본 교량은 여러 가지 구조상 · 시공상 특징을 갖고 있으므로 설계 · 시공시 다양한 특수해석을 시행하였다.[1)2)] 그래서 설계의 타당성을 확인하고 각 시공단계마다 상황을 파악하기 위하여 시공시 계측을 시행하는 것으로 하였다.(표-4) 계측은 표준구조인 P_1과 확폭구간인 P_4에서 중점적으로 시행하도록 하였다.

▶ 표-4 계측항목

계측항목		목 적	방 법
설계 확인 계측	주형응력분포계측	정착External케이블의 긴장으로 인한 주형응력분포를 계측하여 설계에서 가정한 응력분포 확인	콘크리트응력계 및 콘크리트변위계를 주형에 설치하여 각 긴장전후마다 응력차 계측
		P4 확폭으로 인한 주형응력분포를 계측, 설계에서 가정한 응력분포 확인	콘크리트응력계를 주형에 설치하여 주형의 응력분포 계측
	격벽 · 상판응력계측	정착External케이블의 긴장으로 발생되는 격벽 및 상판의 응력상태 파악	격벽표면에 변위계를 부착하고 상판에 콘크리트변위계를 설치하여 긴장시 응력상태 계측
	연속External케이블 장력계측	연속External케이블의 편향부 마찰력을 계측하여 설계의 타당성 확인	계측대상 케이블 긴장시 편향부쪽 Strand에 변위계를 부착하여 장력변화 계측
	정착External케이블 장력의 시간변화 계측	케이블장력의 시간변화 파악, 계획장력과 비교 및 설계확인	케이블긴장단에서 케이블을 구성하고 있는 PC강선 중 1개에 Loda Cell을 부착, 장력의 시간변화계측
	진동법에 의한 정착 External케이블 장력계측	그라우트후 유지관리를 위한 장력계측에 이용하기 위해 진동법 켈리브레이션 시행	케이블의 진동수를 계측하여 장력으로 환산
	주형 및 편향탑 응력계측	각시공단계 및 연결후 콘크리트응력계측, 응력의 시간변화가 계획과 일치하는지 확인	콘크리트응력계를 주형 및 편향탑 기부에 설치하여 콘크리트에 발생하는 교축방향 응력계측
	Creep · 건조수축변형 · 받침변형 계측	시공중 주형의 Creep · 건조수축변위의 진행상태를 파악, 완성후 소성변형으로 인한 받침변형 예측에 반영	콘크리트응력계 · 변위계 · 무응력계 등 3가지 계기로 콘크리트변위, 건조수축 변위를 계측, 받침부에 설치한 변위계로 가받침철거이후 받침변형을 계측
시공 관리 계측	주형변형계측	주형의 캠버관리 및 하중재하로 인한 주형변형 계측	콘크리트타설전후 · 케이블긴장전후 · Wagen이동후 계획고 계측
	주형 · External 케이블 · 외기온도	일일변화, 계절변화로 인한 주형 · External케이블의 온도변화를 파악, 처짐과 장력의 온도보정에 반영	주형에는 열전대센서를 매입, External 케이블의 온도는Dummy Cable을 설치하고 거기에 부착
	도입장력계측	도입장력 정확하게 계측, 도입력확보	긴장Jack에 압력변환기 부착, 디지털지시계로 장력 계측
	T.P 반력계측	반력 확인	압력변환계로 Jack반력 계측
	T.P의 주형계획고	T.P의 주형 계획고 확인	전자Level로 자동계측
온도응력 계측	주두부 및 편향탑 온도응력계측	주두부Mass con' c의 온도응력계측, 온도응력 검토결과와 비교	열전대 및 콘크리트응력계 설치, 온도분포, 응력 계측
바람 응답 관측	풍향 · 풍속	바람의 특성계측, 케이블 진동 발생시 바람상황 조사	주형위 3m 지점에 풍향풍속계 설치
	케이블의 진동	케이블진동의 유무 및 진동 크기 조사	케이블에 가속도계 설치 진동계측

6-2 플래팅피로시험

활하중에 의한 케이블장력의 변동으로 인하여 정착부 PC강재끼리 마찰현상(플래팅)이 발생되면 피로강도가 떨어지는 것으로 알려져 있다. 본 교량에서는 플래팅피로에 대한 대책으로 편향부에 Spacer를 설치하고 그 효과를 확인하기 위하여 편향부 모형을 이용한 시험체로 플래팅피로시험을 시행하였다. 시험체는 만곡부가 있는 콘크리트블럭과 거기에 접속된 반력Frame 사이에 케이블을 설치하는 것으로 하고 Actuater로 1,000만회를 반복재하하였다. 그림-14는 시험체 및 재하장치를 나타낸 것이고 표-5는 시험조건을 나타낸 것이다.

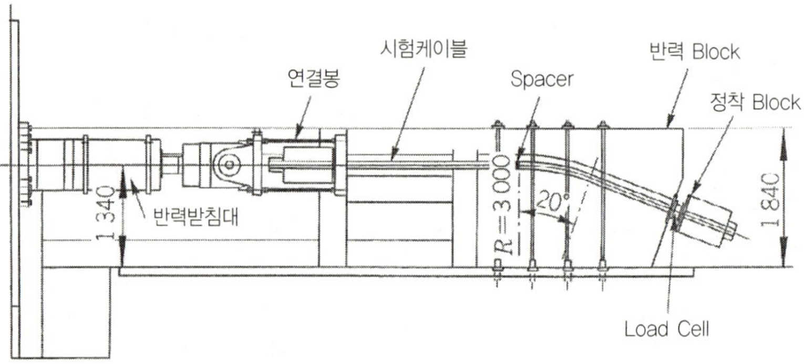

그림-14 공시체 및 재하장치

▶ 표-5 시험조건

응력진폭(kg/㎟)	휨반경(m)	하한하중(ton)	상한하중(ton)	재하속도(Hz)
5.0	3.0	143.6	149.8	1.2

하한하중은 케이블 인장하중의 60%, 상한하중은 External케이블 축응력의 변동을 감안하여 응력진폭이 5.0kg/㎟가 되도록 설정하였다. 피로시험 결과, 소선의 파단 및 Strand의 강도저하가 없어 본 교량의 External 케이블 시스템의 플래팅피로에 대한 안정성이 확인되었다.

6-3 지진계측

본 교량의 가설지점은 지진활동이 왕성한 지역으로 External케이블방식과 고무받침을 이용한 반력분산형식은 비교적 새로운 구조형식에 해당하여 지진경험이 적어 지진에 대한 동적특성이 명확하지 않다고 할 수 있다. 그래서 지진설계의 타당성 검토, 내진안정성 추정, 같은 종류 장대교의 내진설계 Feed back을 목적으로 지진관측을 시행하기로 하였다.

지진관측에는 확폭의 영향이 없는 P_1 및 P_2를 중심으로 하는 것으로 하고 자유지반의 거동, 기초의 거동, 교각의 응답 및 주형의 응답을 파악할 수 있는 위치에 지진계를 설치하였다.

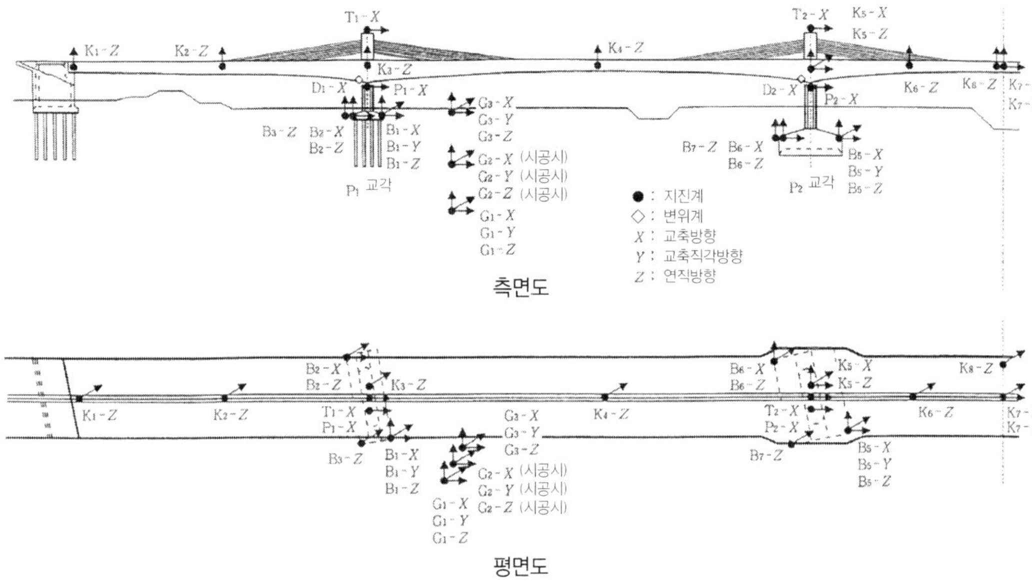

그림-15 지진계의 설치 위치도

6-4 진동실험

지진동은 진원에서 지반을 통하여 교각에 전달되므로 교량전체계의 내진성능을 평가하고 주변지반 및 기초를 포함한 교각의 진동특성을 파악하는 것은 매우 중요하다. 그래서 상부공 시공에 앞서 교각에 대한 진동실험을 시행하였다.

진동실험은 말뚝기초인 P_1교각과 직접기초인 P_2교각 2개소에서 시행하였다. 교각천단에 대형 기진기를 설치하여 진동을 발생시키고 교각, Footing 및 주변지반의 진동응답을 계측하였다. 이러한 계측치에서 평가된 지반탄성계수를 이용하여 설계수평진도를 산정하였으며 내진설계에 이용된 설계수평진동과 차이는 1Gal 미만으로 본 교량의 내진설계 Modelling이 타당한 것으로 인정되었다.

앞으로 상부공의 상시 미진동계측 및 충격을 이용한 자유진동실험을 통하여 진동Mode 및 고유주기를 확인하고 지진관측으로 얻어진 파형을 이용, 내진설계의 타당성 및 내진안전성을 검토할 필요가 있다.

사진-8 기진기를 이용한 하부공 진동실험

【参考文獻】

(1) 渡邊, 戸松ほか：士狩大橋の計劃と設計, プレストレストコンクリート(1997. 3)

(2) 渡邊, 本田ほか：士狩大橋の設計と施工, 第7回プレストレストコンクリートの發展に關する シンポジウム論文集(1997. 10)

(3) 石原, 上田ほか：大偏心外ケーブルPC橋ケーブルのフレッティング疲勞試驗, 土木學會北海道支部論文報告集第54号(1998. 2)

(4) 阿部, 水尾ほか：士狩大橋の施工, 第8回プレストレストコンクリートの發展に關する シンポジウム論文集(1998. 10)

(5) 齊藤, 佐藤ほか：大偏心外ケーブルPC橋ケーブルのフレッティング疲勞試驗, 第8回プレストレストコンクリートの發展に關するシンポジウム論文集(1998. 10)

(6) 一宮, 阿部ほか：仮支柱併用張出架設における仮支柱反力管理, 土木學會第54回年次學術講演會(1999. 9)

(7) 阿部, 池田ほか：士狩大橋における大偏心外ケーブルの施工と計測, 土木學會北海道支部論文報告集第56号(2000. 2)

(8) 酒向, 近藤ほか：士狩大橋における水平反力分散ゴム支承の後ひずみ調整, 土木學會北海道支部論文報告集第56号(2000. 2)

11 PART

장지간 바닥판의 Extradosed교

Design and Construction of Tsukuhara Bridge

장지간 바닥판의 Extradosed교

Design and Construction of Tsukuhara Bridge

머리말

콘크리트교의 바닥판은 Box Girder인 경우 대부분이 PC바닥판이고 일본 도로교시방서[1]에 규정된 간이식의 적용지간은 켄티레버길이는 3m, 단순판 및 연속판은 6m까지로 되어 있다. 콘크리트교의 경량화를 도모하기 위하여 Web간격을 넓히는 경우 이 규정에 따른 지간을 넘게 되는데 이 때 다음과 같은 두가지가 문제가 된다.

첫째는 하중에 의한 설계휨모멘트의 단면력을 어떻게 산출할 것인가하는 점이다. 방법으로는 여러 가지가 있으나 여기에서는 간략화된 이론식을 확대하는 의미에서 도로교시방서의 간이식을 대입하는 방법과 하중 및 바닥판의 경계조건을 정하여 FEM해석을 하는 방법을 생각할 수 있다. 이 때 도로교시방서 식을 따르면 6m를 넘는 경우 적용 가능한지 여부를 검증할 필요가 있고 FEM은 어느 정도 할증한 단면력으로 설계할 것인가가 핵심사항이다. 그리고 하나 더 분명히 해 두어야 할 사항으로는 단면력에 대하여 안전성과 내구성을 확보하기 위하여 어떠한 검토방법을 이용할 것인가 하는 점이다. 그것은 적어도 기존에 설계해왔던 바닥판과 동등 이상의 안전성, 내구성을 부여하는 설계방법이 필요하기 때문이다.

츠쿠하라교 전경

케이블 정착체(교환가능한 케이블시스템)

케이블(27T15 멀티케이블)의 가설

Saddle의 거치광경

케이블Jack의 Setting

Saddle의 출구

케이블 설치

케이블(19T15)의 주형내 삽입

츠쿠하라(衝原)교는 상부공을 경량화하기 위하여 기본설계에서 바닥판지간을 6m(2 Cell Box Girder)로 하였으나 실시설계에서 9m(1 Cell Box Girder) PC바닥판으로 변경하였다. 그 중에서 현재까지 6m 지간인 PC바닥판이 어느 정도 여유를 가지고 있는 가를 검증하여 9m에서도 같은 정도의 여유를 갖도록 설계하였다.

1. 교량의 개요

츠쿠하라(衝原)교는 상당한 규모의 Extradosed교로 그림-1은 일반도이며 공사개요는 다음과 같다.

- 구조형식 : PC 3경간연속 Extradosed교
- 지간구성 및 교량연장 : 65.4+180.0+76.4=232.0m
- 폭 원 : 9.25m
- 평면선형 : A=800~R=15,000 (종단경사 ↘0.6%)

일본도로공단에서는 오다와라(小田原) Blue Way Bridge에 이어 본 교량이 1998년 현재 2번째 Extradosed교에 해당하지만 문헌2)와 같이 주형의 경량화와 시공성 및 경제성 향상을 도모하기 위하여 기본설계에서 2 Cell Box Girder였던 주형을 실시설계에서 1 Cell Box Girder로 변경하여 바닥판지간이 6m에서 9m로 증가하게 되었다.(표-1) 그리고 상부공 설계를 시작한 것이 한신대지진 직후이고 가교지점이 고베(神戸)시 북부이므로 내진설계는 탄소성응답해석을 이용한 보유수평내력법Level로 검토하였다. 또한 주형의 가설은 Wagen을 이용한 켄티레버식 가설이지만 P_1교각에는 공기단축을 위하여 중앙경간쪽에는 초대형Wagen, 측경간쪽에는 대형 Wagen을 사용하였으며 블럭의 길이를 최대 7.0m와 5.0m(통상 4.0m)로 하였다.

사진-1 시공전경

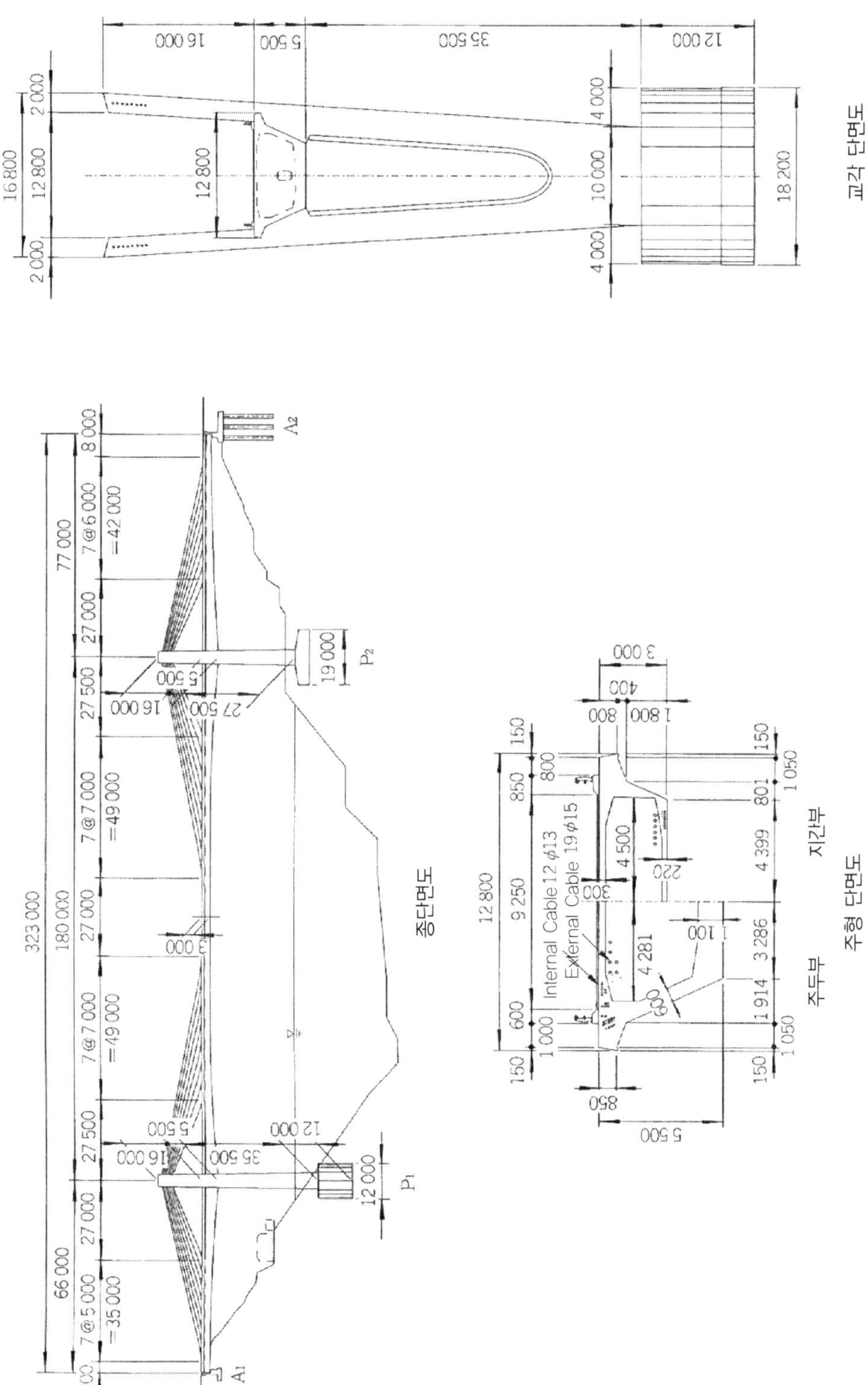
교각 단면도
종단면도
주형 단면도
주두부
지간부
Internal Cable 12φ13
External Cable 19φ15
A1
A2
P1
P2

그림-1 교량 일반도

▶ 표-1 주형단면 형상의 비교

기본설계 (2 Cell 단면)	실시설계 (1 Cell 단면)
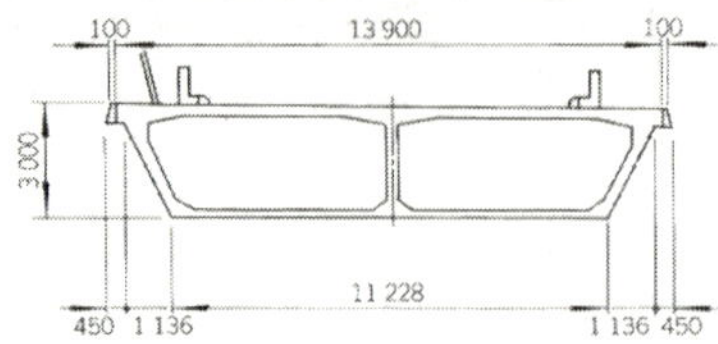	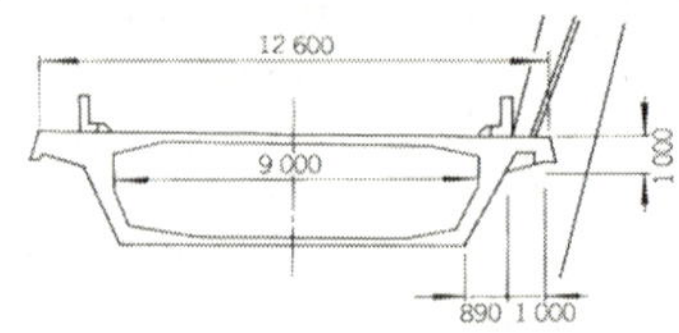

2 Cell 단면 표준블럭(11일/ Cycle)

공정	1	2	3	4	5	6	7	8	9	10	11
와겐이동	━										
외부거푸집조립		━	━								
철근 · PC강선조립			━	━	━	━					
내부거푸집조립						━	━				
콘크리트타설								━			
양생									━	━	
긴장											━

1 Cell 단면 표준블럭(10일/ Cycle)

공정	1	2	3	4	5	6	7	8	9	10
와겐이동	━									
외부거푸집조립		━	━							
철근 · PC강선조립			━	━	━					
내부거푸집조립					━	━				
콘크리트타설							━			
양생								━	━	
긴장										━

케이블 정착블럭(15일/ Cycle)

공정	1	2	3	4	5	6	7	8	9	10	11	12	13	14	15
와겐이동															━
외부거푸집조립		━	━												
철근 · PC케이블 · 정착구조립			━	━	━	━	━	━							
내부거푸집조립								━	━	━					
콘크리트타설										━	━				
양생												━	━		
Internal케이블 긴장														━	
보호관제작 · 가설					━	━	━	━	━	━		━	━		
케이블삽입	━												━		
케이블긴장		━													

케이블 정착블럭(12일/ Cycle)

공정	1	2	3	4	5	6	7	8	9	10	11	12
와겐이동	━											
외부거푸집조립		━	━									
철근 · PC케이블 · 정착구조립			━	━	━	━						
내부거푸집조립						━	━					
콘크리트타설								━				
양생									━	━		
Internal케이블 긴장												━
보호관제작 · 가설				━	━	━	━		━			
케이블삽입									━	━	━	
케이블긴장												━

2. 바닥판 설계

2-1 개요

콘크리트교 PC바닥판에서 바닥판 지간이 6m를 넘는 것은 표-2와 같이 적어도 Rib가 붙은 바닥판에만 적용되어 왔었다. 이러한 것들은 활하중에 의한 설계휨모멘트에 FEM결과를 할증하여 사용하고 Rib는 PC강재로 보강하였지만 바닥판자체는 RC구조인 것이다.

본 교량의 바닥판 지간은 9m이고 바닥판의 두께는 30㎝(Rib 없음)이다. 이 경우 활하중에 의한 설계휨모멘트를 구하려면 FEM을 이용, 활하중을 실재로 재하시키고 10~20%의 할증을 포함하여 산출하는 방법을 생각할 수 있다. 그러나 일반적으로 Web두께가 변화하고 바닥판지간이 변하는 등 FEM에서는 경우의 수가 많아져 실제 설계에서는 그다지 실용적이지 못한 측면도 있다. 따라서 도로교시방서의 적용지간을 초과하는 바닥판을 설계하려면 간이식을 사용하는 것이 바람직하지만 다음 사항에 유의할 필요가 있다고 생각된다.

① 도로교시방서의 간이식이 바닥판지간 6m를 넘어도 그대로 사용할 수 있는지 여부를 포함한 바닥판지간의 변화에 대응할 수 있는 간이식을 구한다.

② 바닥판지간이 6m를 넘는 경우에도 도로교시방서에 따라서 설계된 지금까지의 바닥판과 같은 정도의 안전성, 내구성을 확보한다.

우선 ①에 대해서는 본 교량과 같은 켄티레버바닥판이 짧은 Box Girder에서 지간 6m까지 도로교시방서 간이식이 이론치(FEM)에 비하여 어느 정도 할증을 포함하고 있는가를 파악한다. 그래서 지간 6m 이상에 대해서 현행 설계휨모멘트 산정식이 적용가능한지를 검토하여 적용불가능한 경우에는 새로운 간이식을 제시한다. 실재하하는 활하중은 B활하중의 T하중으로 한다. 그리고 ②에 대해서는 바닥판의 강도 및 바닥판 철근응력으로부터 안전성과 내구성이 확보되어 있음을 확인한다.

▶ 표-2 6m가 넘는 바닥판의 실제 사례

구분	스가하라시로기타대교	신데츠지야시키교
단면도	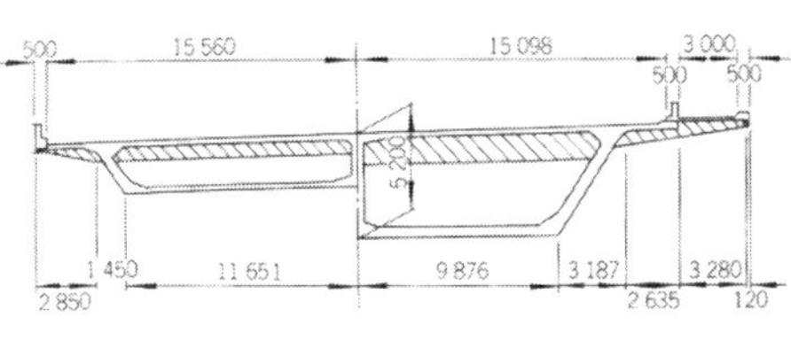	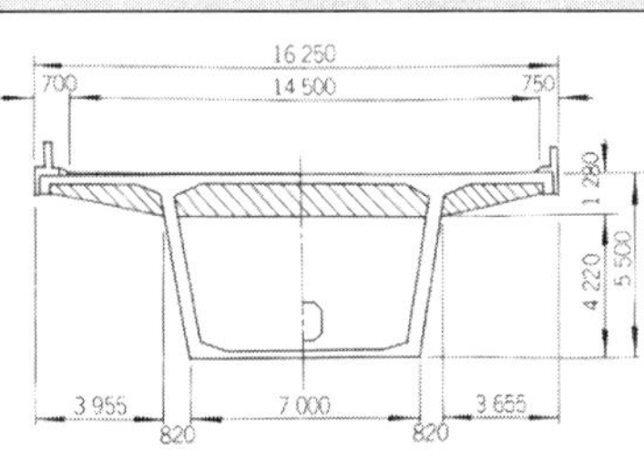
바닥판지간	12.0m	7.0m
완성연도	1989년	1989년

2-2 바닥판의 설계휨모멘트와 검토결과

바닥판의 활하중으로 인한 설계휨모멘트는 그림-2와 같이 Mx_1, Mx_2, My_1, Mxw 4가지가 있다. 일반적인 설계방법은 Mx_1, Mx_2, My_1에 대해서는 도로교시방서에 간이식으로 정리되어 있으나 Mxw에 대해서는 단위폭당 평면골조구조에 Mx_1을 모멘트하중으로 격점에 작용시켜 구한다.

이와 같이 휨모멘트를 구함에 있어서는 그림-3과 같은 FEM해석모델을 사용한다. 지지조건은 Web바로 아래를 모두 연직방향으로 고정시키고 윤하중은 75mm 포장과 바닥판에 대해서 그 중심까지 45도 분포하는 것으로 한다. 그리고 표-3은 재하Case를 나타낸 것이다.

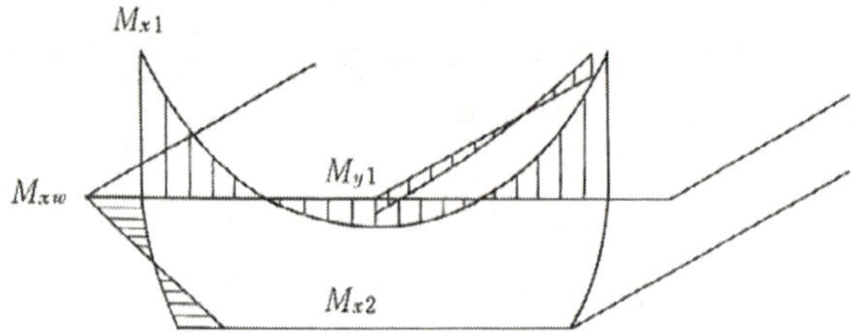

그림-2 바닥판의 설계휨모멘트

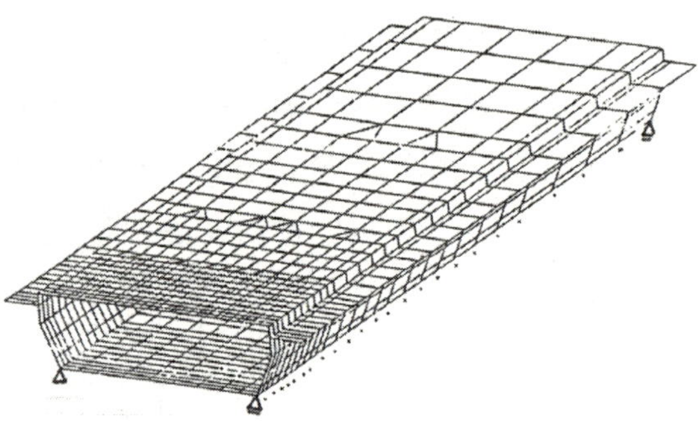

그림-3 FEM해석 모델

▶ 표-3 재하 케이스

Case 1	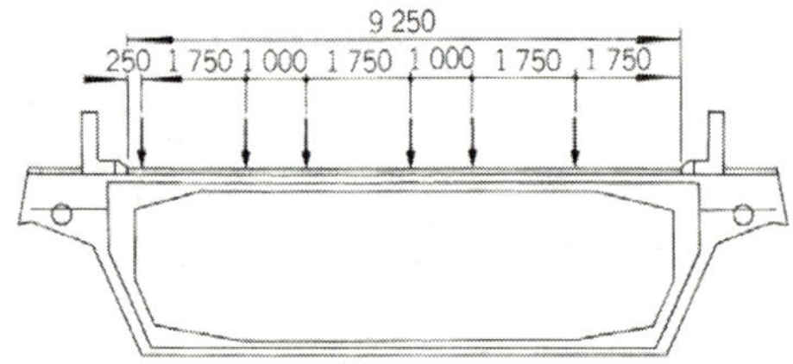
Case 2	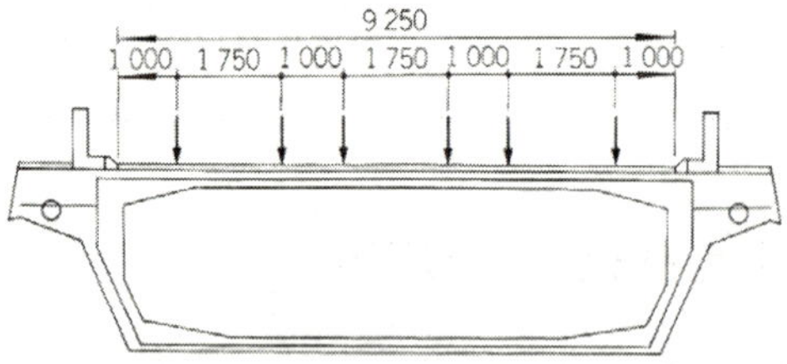
Case 3	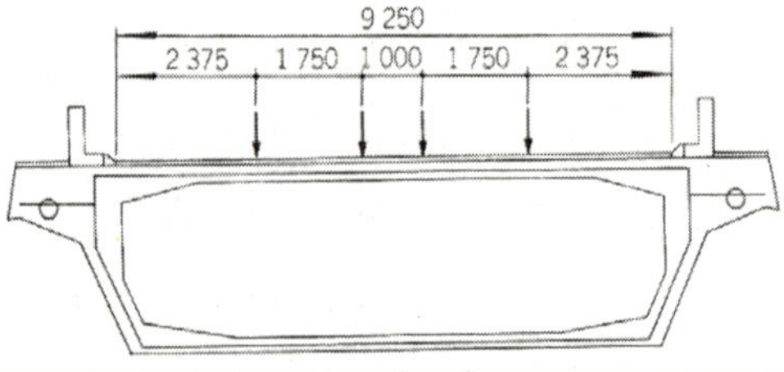

그림-4~7은 각각의 휨모멘트에 대해서 도로교시방서 식과 이론치를 비교한 것이다. Mx1에 대해서는 간이식이 FEM의 20% 할증된 값을 나타내며(그림-4) 나머지에 대해서는 지간 6m까지를 포함하여 간이식이 상당히 큰 값을 나타내고 있다. 특히 Mx_2에 대해서는 FEM의 2배 이상이 되어 다른 부분에 비하여 상대적으로 크다는 것을 알게 되었다.(그림-5) 그림에서 ▲표시는 FEM해석값에 대하여 20% 할증한 것을 나타낸 것이고 그림에서 7.2t · m은 상부바닥판 하연의 콘크리트 합성응력이 0이 되는 휨모멘트이고 15.7t · m는 상부 바닥판 아래쪽 철근응력이 1400 kg/㎠이 되는 휨모멘트를 나타낸 것이다.

이상으로 부터 Mx_1, My_1, Mxw에 대해서는 새로운 간이식을 제시하지 않고 6m 식을 그대로 사용하고 Mx_2에 대해서는 설계조건을 바꿈으로서 전체적으로 균형을 이루는 설계가 되도록 하였다. 각 부분은 다음 조건을 사용하여 설계하였다.

- Mx_1 : 고정하중시, 활하중시 모두 Full Prestress
- Mx_2 : 고정하중시 Full Prestress, 활하중시에는 FEM해석 결과를 20% 할증한 값에 대해서 Full Prestress.(그림-5) 도로교시방서의 간이식에 대해서는 PRC구조
- My_1 : 철근콘크리트구조, Mxw : 철근콘크리트구조

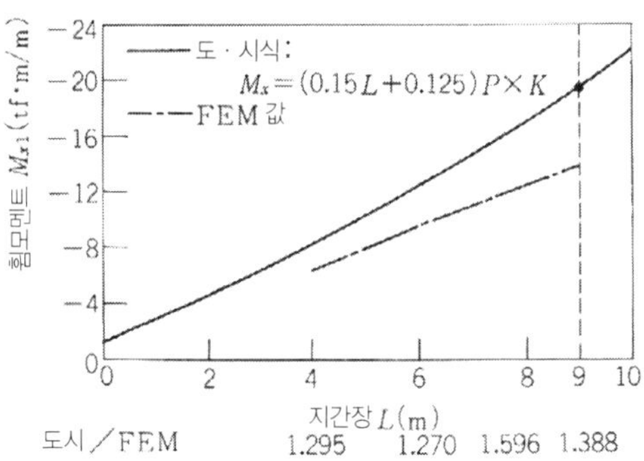

그림-4 T하중에 의한 지점 휨모멘트M_{x1}

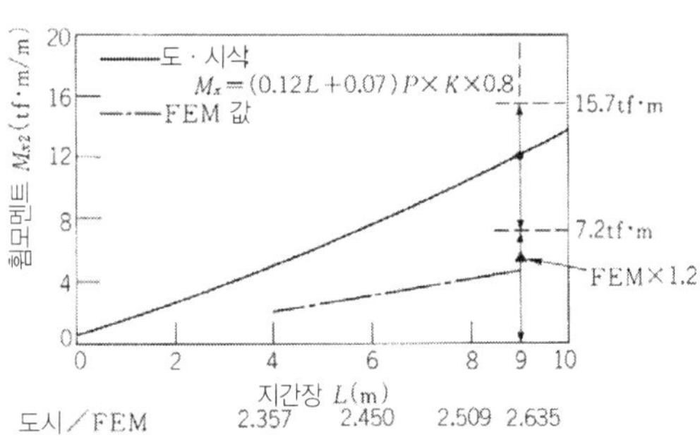

그림-5 T하중에 의한 지간 휨모멘트M_{x2}

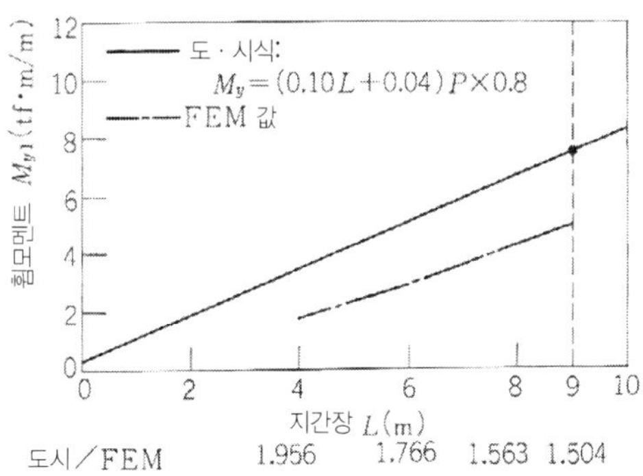

그림-6 T하중에 의한 지간 휨모멘트M_{y1}

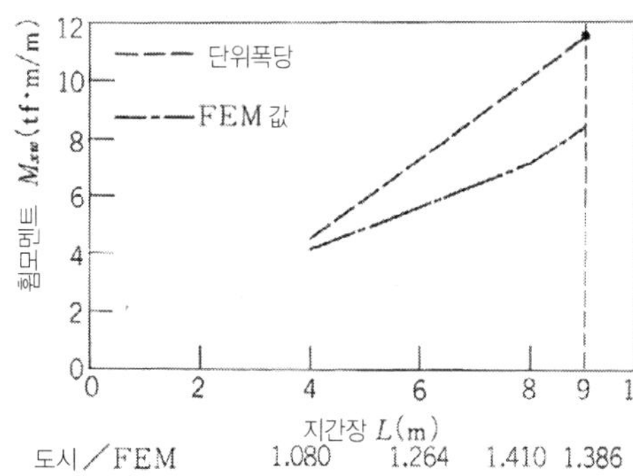

그림-7 T하중에 의한 Web 휨모멘트M_{xw}

그림-8은 바닥판 횡방향강선의 형상을 나타낸 것이다. Mx_2에 대해서 상기 조건으로 설계함으로서 횡방향강선의 배치간격은 50㎝가 되어 2 Cell Box Girder구조에서 바닥판지간 6m인 기본설계와 같은 간격으로 할 수 있었다. 그리고 바닥판의 아래쪽 철근응력은 최소철근량인 D13@250에서 σ_s=271kg/㎠, 균열폭은 0.09㎜가 되었으며 횡방향강선은 쉬스와 PC강재의 유간이 적어 그라우트작업을 하지 않는 After Bond강재(1S28.6㎜)를 채택하였다.

그리고 교축방향 상부바닥판 하면의 배근에는 바닥판지간이 크므로 일반적인 바닥판보다 굵은 철근이 필요하게 된다.(그림-8) 그러나 D22@125에서 철근응력이 σ_s=271kg/㎠이 되어 유해한 균열이 발생하는 정도는 아니며 이것은 일반적인 Level의 바닥판을 나타내는 것이다.

Prestressed교에서 PC바닥판인 경우 바닥판의 교축방향에 대해서는 Prestress가 도입되어 있든지 아니면 압축영역에 해당하든지 둘중 하나이다. 따라서 바닥판을 등방성판으로 생각해도 지장은 없으나 여기에서는 철근콘크리트구조로 설계된 교축방향의 판강성이 교축직각방향보다 적게 되어 등방성판으로 거동하지 않는 경우도 검토하였다.

문헌3)에 따르면 2방향 PC바닥판과 직교이방성도(양방향의 판 강성비)가 0.25인 일방향 PC바닥판의 설계휨모멘트식이 제시되어 있다. 주철근방향 휨모멘트의 일방향 PC바닥판과 이방향 PC바닥판의 비율은 바닥판지간이 9m인 경우 (0.16L+0.22)P/(0.11L+0.17)P=1.43 (L=9m)가 된다. 이것은 그림-4 Mx_1의 도로교시방서 식과 FEM의 비율 1.39와 거의 비슷하고 그림-5의 Mx_2의 비율 2.64보다 상당히 적다. 따라서 Mx_1과 Mx_2를 산출하는 데에는 도로교시방서 식을 사용하여도 타당한 것으로 판단된다.

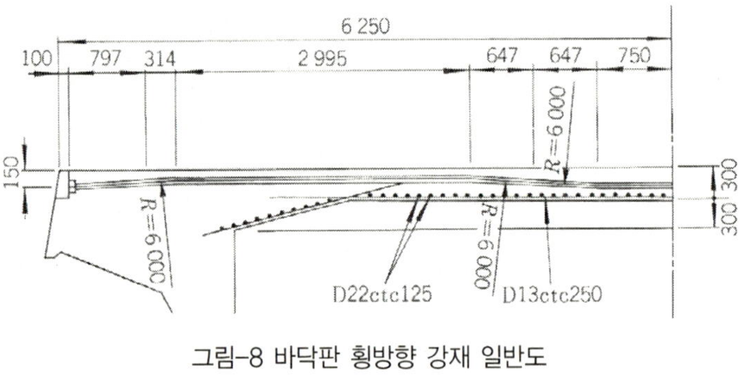

그림-8 바닥판 횡방향 강재 일반도

2-3 종국한계상태 검토

이제까지 바닥판은 피로한계상태에서 설계되는 것이었지만 횡방향 검토시 Web가 철근콘크리트구조이므로 강성저하로 인하여 바닥판의 휨모멘트도 변화된다. 여기에서는 그림-9와 같은 단면에 대해서 종국한계상태를 검토하여 Web와 바닥판의 안전성을 확인하였다.

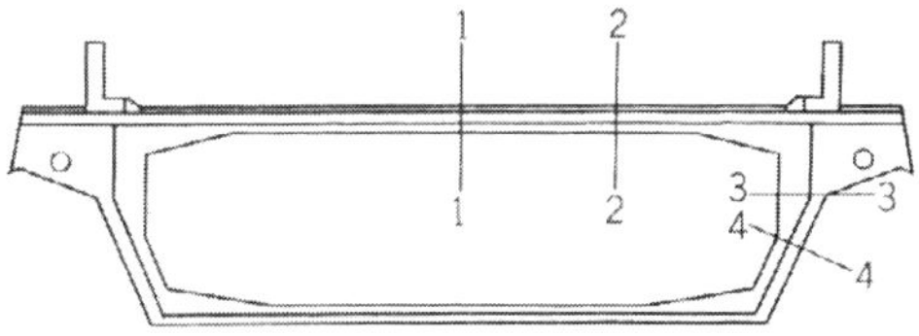

그림-9 검토 단면

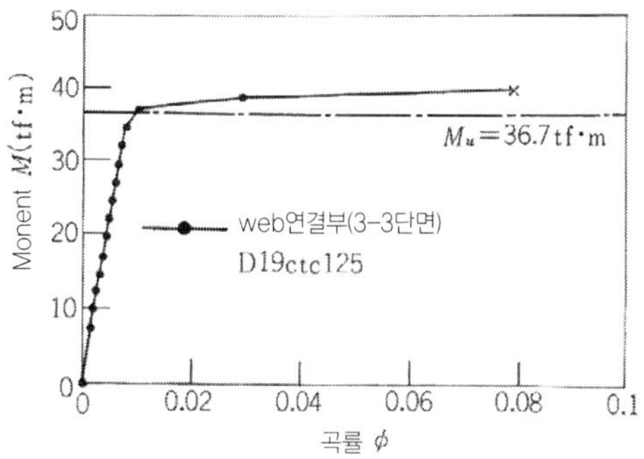

그림-10 3-3단면의 M-φ곡선

▶ 표-4 휨파괴 안전도 검토

		M_R(ton)	M_U(ton)	S. F
D16@125	단면 3-3	36.1	36.7	0.98
	단면 4-4	19.4	20.6	0.94
D19@125	단면 3-3	51.7	36.7	1.41
	단면 4-4	27.6	20.6	1.34

표-4는 단면검토시 휨내력의 검토결과를 나타낸 것이다. Web에 대해서는 D16@125에서 휨파괴안전도가 1.0 이하가 되므로 D19@125로 조정하였다. 그리고 종국하중 작용시 휨모멘트의 재분배를 확인하기 위하여 단위폭당 Box Rahmen구조에 의한 탄소성해석[4]을 시행하였다.

그림-10은 M-φ곡선을 나타낸 것으로 모멘트의 재분배를 감안하여도 가장 불리한 단면 3-3의 파괴저항휨모멘트는 M_R=51.7ton/m로 표-4의 종국하중 작용시 휨모멘트 M_U=36.7ton/m보다 안전한 것으로 판단된다.

3. 바닥판의 강도

일본 도로교시방서의 철근콘크리트바닥판 두께 규정은 바닥판콘크리트에 발생되는 휨인장응력을 제한치 이내로 억제하여 유해한 균열의 발생을 차단하기 위하여 제정된 것이다.[5] PC바닥판의 경우에는 일방향 PC바닥판과 이방향 PC바닥판의 규정이 서로 다르다. 일방향 PC바닥판은 Prestress를 도입하지 않은 방향을 RC바닥판으로 생각하므로 바닥판 지간방향에 따라서 RC바닥판 규정을 적용하기도 하며 이방향 PC바닥판은 차도부분의 바닥판 최소두께가 16mm 이하가 되지 않도록 규정하고 있다.

본 교량을 일방향 PC바닥판으로 고려하는 경우 최소두께는 다음과 같다.

$t_{min} = (3L+11) \times 0.9 = (3 \times 9 + 11) \times 0.9 = 34.2cm$

그래서 본 교량의 9m 바닥판지간, 30㎝ 바닥판두께가 지금까지의 표준적인 바닥판과 어느 정도 차이가 있는지를 바닥판강도(EI/L)로 검증하였다. 표-5는 표준적인 RC바닥판과 PC바닥판 및 츠쿠하라교 바닥판의 강도를 탄성계수로 나눈 값을 나타낸 것이다. 이 결과를 보면 강도에 대해서도 지금까지 일반적인 바닥판두께와 최소판두께를 비교하여 본 교량의 바닥판두께가 같은 Level임을 알 수 있다.

▶ 표-5 바닥판지간과 강도 관계

RC바닥판(L=4.0m)	t =25㎝, I/L=3.3×10-4	t min=23㎝, I/L=2.5×10-4
PC바닥판(L=6.0m)	t =27㎝, I/L=2.7×10-4	t min=26.1㎝, I/L=2.5×10-4
PC바닥판(L=9.0m)	t =30㎝, I/L=2.5×10-4	t min=34.2㎝, I/L=3.7×10-4

4. 설계내용 요약

이상의 검토결과로부터 바닥판지간 9m인 츠쿠하라교의 바닥판설계에 대하여 다음과 같이 정리할 수 있다.

① 기본적으로 바닥판 여러 부분의 설계휨모멘트는 일본 도로교시방서의 간이식을 사용하여 구한다. 단 FEM해석결과 설계휨모멘트가 2배 이상이 되는 중앙지간부에만 PRC구조를 적용하였으나 이것은 동시에 FEM해석치를 2배 할증한 모멘트에 대해 Full Stress에 해당되는 것이다.

② 바닥판을 교축직각방향의 일방향 PC바닥판으로 고려하는 경우에도 이방향 PC바닥판(FEM해석)에 대하여 증가되는 휨모멘트는 도로교시방서 간이식 Level을 초과하지는 않는다.

③ Web의 균열을 감안한 비선형해석에서도 바닥판 각부분의 휨파괴에 대한 안전성은 확보되어 있다.

④ 바닥판지간 9m, 바닥판두께 30㎝는 기존의 바닥판 강도와 비교하여도 같은 Level이다.

그러므로 츠쿠하라교의 바닥판은 기존 PC바닥판과 같은 수준의 안전성, 내구성을 갖추고 있다고 판단된다.

5. 공사 개요

츠쿠하라교는 츠쿠하라호수 위에 가설되는 중앙경간 180m로서 1998년 현재 세계 최장경간의 Extradosed교이다. 일본도로공단에서 시공하는 두 번째 Extradosed교인 본 교량은 앞서 시공한 오다와라(小田原) Blue Way Bridge[6]에서 얻어진 지식을 기초로 시공성 향상을 지향하고 있다. 특징으로는 광폭원이면서 1 Cell Box Girder이고 켄티레버식 시공을 이제까지의 블록길이에 2배인 7m로 하였으며 경제성을 고려한 Saddle의 적용과 케이블 및 External케이블에는 Semi Prefabrication Cable을 사용한 것과 Precast 연석의 사용 등을 들 수 있다. 그리고 하부공은 급경사면이므로 뉴매틱케이슨을 적용하였다.

교량 일반도와 공사개요는 위에서 설명하였으며 표-6은 상부공의 주요자재 집계이다.

P_1교각의 기초는 뉴매틱케이슨, P_2교각은 직접기초 시공후 교각을 세웠다. 상부공 시공에는 주두부 시공후 가설작업차(Wagen)로 켄티레버식 시공을 추진하였다. 켄티레버식 시공 완료후 측경간 동바리 시공부, 중앙연결부를 시공, 교량을 완성하였으며(그림-11) 표-7은 공사 공정표이다.

▶ 표-6 상부공의 주요자재

구 분	단위	수량	비 고	구 분	단위	수량	비 고
콘크리트	㎥	10,845	σ_{ck}=400kg/㎠	PC 강재	ton	182	주방향 케이블(12S13)
거푸집	㎡	22,409	주형		ton	93	External 케이블(19S15)
철근	ton	1,247	SD345		ton	194	케이블(27S15)

P1 케이슨기초의 시공

초대형Wagen(좌)과 일반Wagen(우)

▶ 표-7 공사 공정표

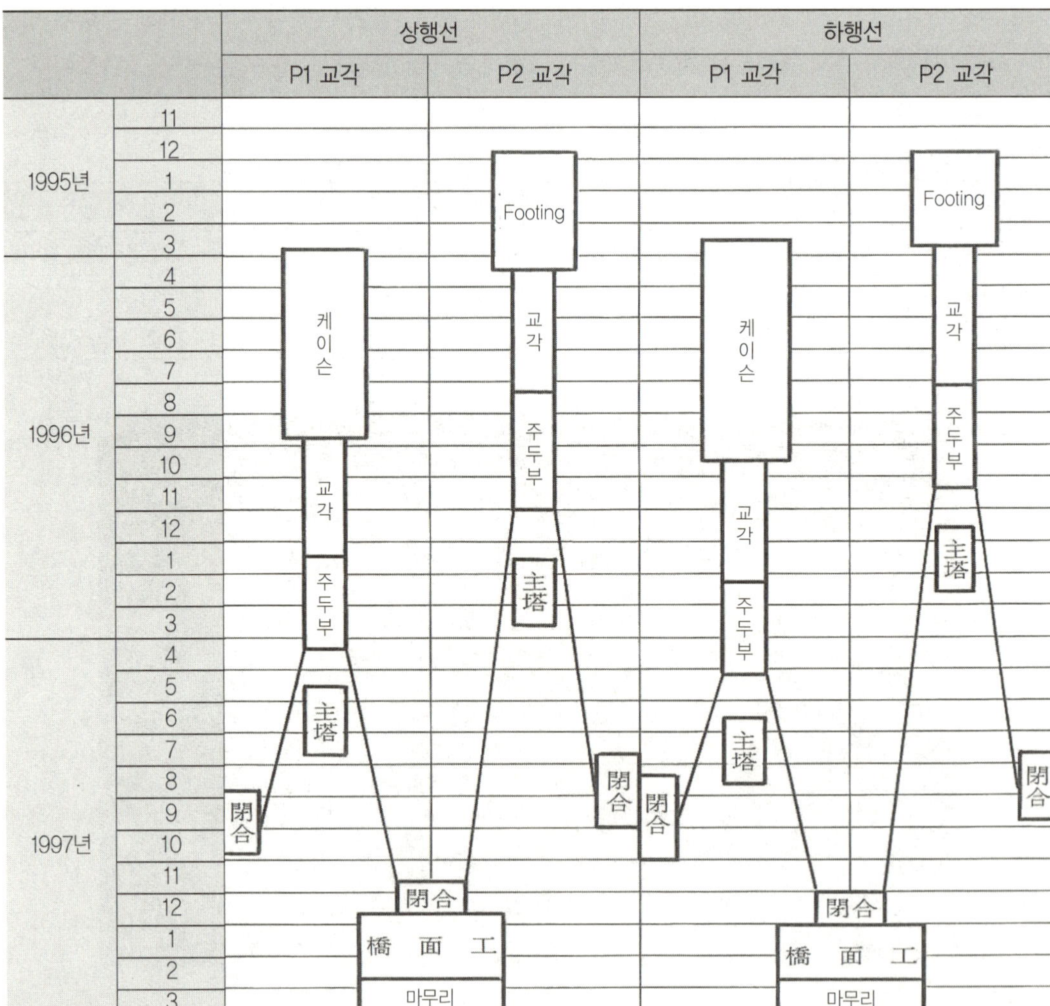

① 기초 및 교각시공

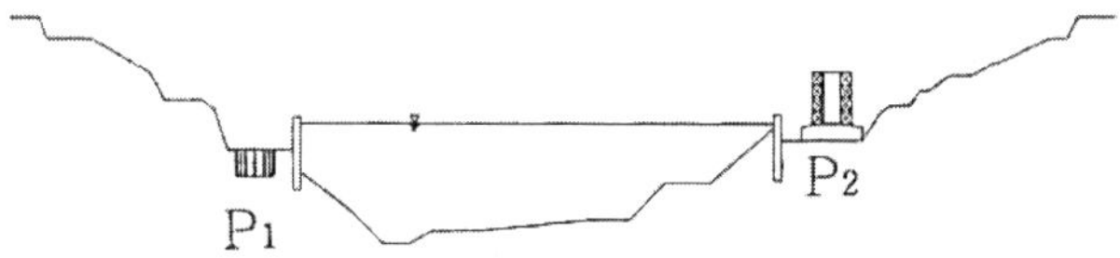

② 교각 및 주두부시공

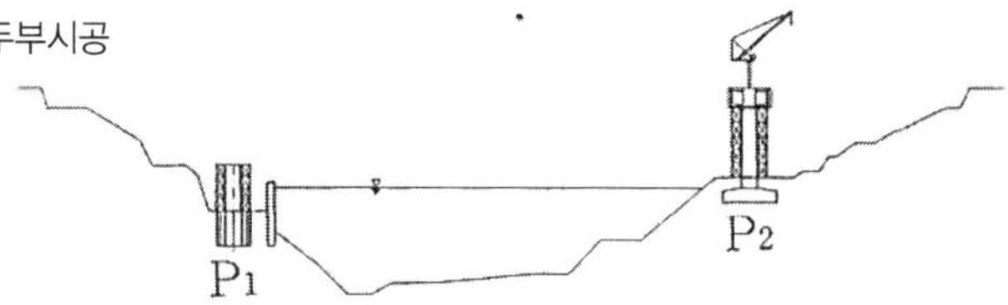

③ 와겐을 이용한 켄티레버식 이용

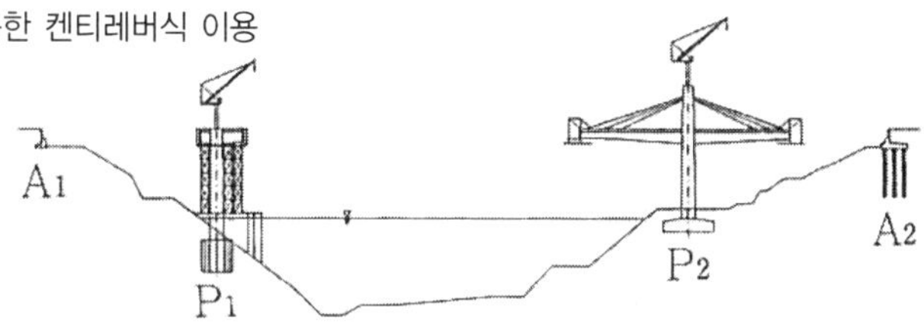

④ 측경간폐합 및 컨티레버식 시공

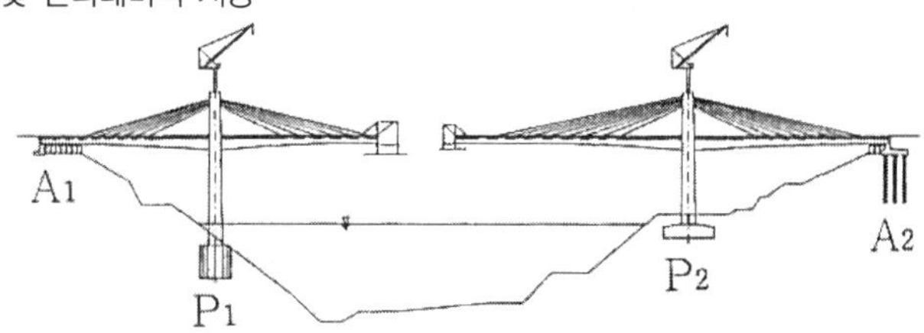

⑤ 중앙경간폐합

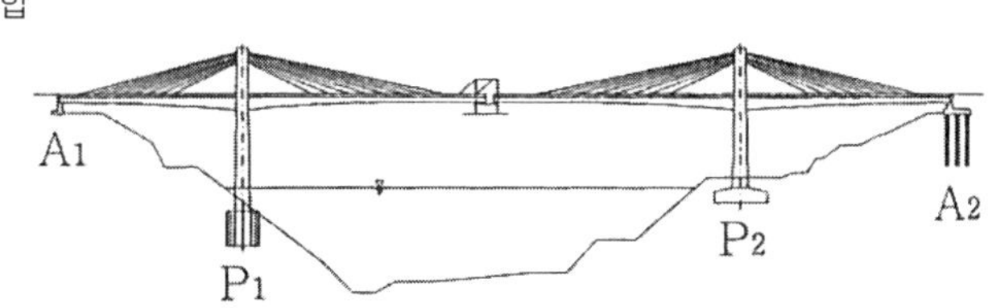

⑥ 교면포장

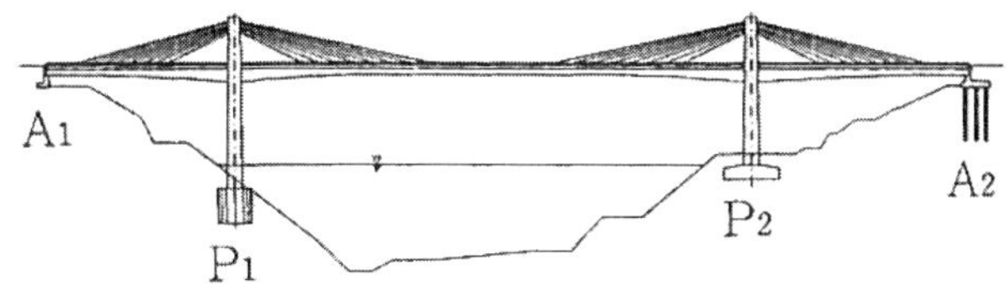

그림-11 시공 순서도

6. 케이슨시공

6-1 개요

교각은 츠쿠하라(衝原)호수의 양쪽 험준한 절벽에 위치하고 있다. P_1교각의 기초는 시공부지가 좁고 호수면 아래 23m 지점에 기초를 설치해야 하므로 뉴매틱케이슨공법이 채택되었다. 이 지역은 지표면선 · 암선 모두 40~70도 경사진 급사면을 형성하고 있다. 그리고 암층위의 퇴적 토사층은 애추퇴적층으로 N치 10~25정도인 부드러운 점토혼합 사력층이나 암층은 풍화가 거의 없는 C_L~C_M급으로 경계면이 명확하게 드러난다.

그리고 케이슨시공용 축도 때문에 사면굴착이 지방도 및 자전거도로와 인접해 있다. 이상과 같은 특수한 조건에서의 시공이므로 '케이슨 안착시 편심량을 얼마나 줄일 수 있는가', '근접구조물에 영향을 얼마나 줄일 수 있는가' 하는 두가지 문제가 시공의 큰 과제였다.

6-2 케이슨의 편심억제

그림-12와 같이 케이슨의 산쪽은 Down the hole hammer공법으로 Preboring하여 시공하였으며 그 결과 Preboring깊이까지는 편심이 거의 발생하지 않았다. 그러나 그 깊이 이상에서는 계곡쪽으로 케이슨이동이 발생하였다. 그리고 계곡쪽에는 케이슨과 강관Sheet pile 사이의 토사

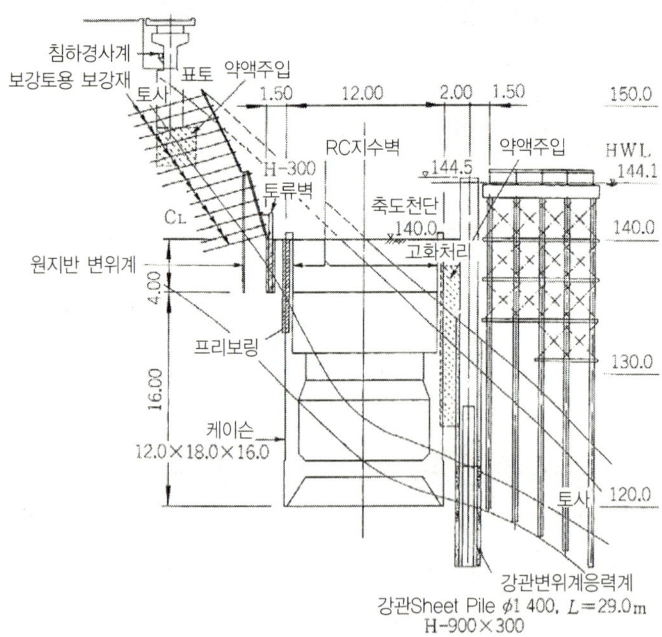

그림-12 케이슨 일반도

를 시멘트계통 재료를 사용하여 약액주입 고화처리하였다. 이것은 케이슨과 강관Sheet pile사이가 1.0m로 협소하고 케이슨 침하굴착 도중 토사가 붕괴되어 케이슨이 이동되는 것을 막기 위해서 시행한 것이며 이로 인하여 케이슨침설 완료까지 계곡쪽 토사의 붕괴를 막을 수 있었다.

그림-13은 이러한 대책방안을 시행한 케이슨의 최종이동량을 나타낸 것이다. 교축방향은 계곡쪽으로 상행선 55mm, 하행선 30mm, 교축직각방향은 안쪽으로 상행선 88mm, 하행선 93mm의 이동량을 나타내고 있다. 교축직각방향의 이동은 다음과 같은 원인을 생각할 수 있다. P_1기초부의 암반선이 주발모양이고 교축방향은 계곡쪽으로 경사져 있으며 교축직각방향은 안쪽으로 경사져 있음이 시공전에 확인되었다. 그러나 교축직각방향은 케이슨의 평면형상으로 보아 안정적이고 암반선의 경사도 완만하다고 생각하여 그 방향에 대한 Preboring공 · 약액주입공을 시행하지 않았다. 그 결과 대책공법을 시행하지 않은 교축직각방향으로 편심이 발생된 것으로 판단된다.

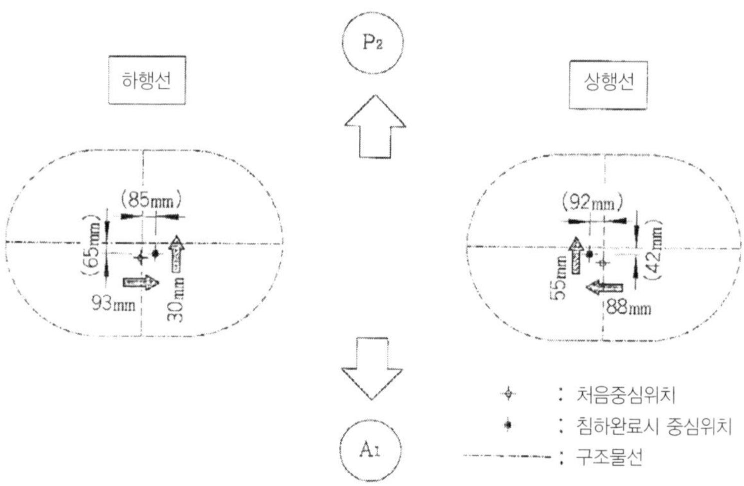

그림-13 케이슨의 이동량

6-3 근접구조물에 대한 대책

경사면에는 뿜어붙이기콘크리트를 시공하고 Rock bolt를 사용하여 케이슨굴착시 발파진동에도 견디도록 보강하였다. 그리고 자전거도로 교각 하부에는 시멘트계통 약액을 주입하여 근접구조물에 대한 보강을 시행하였다. 그 결과 자전거도로의 수평 및 연직변위량을 1mm 이내로 억제할 수 있었다.

그리고 축도의 경사면 끝부분에는 토사층이 존재하므로 케이슨 침하굴착으로 인하여 경사면이 여기서부터 붕괴할 우려가 있으므로 경사면 끝부분에 토류벽을 설치하였다. 그로 인하여 토류벽의 케이슨쪽 토사는 거의 붕괴되지 않았고 경사면은 토류벽 때문에 붕괴가 억제되는 효과가 확인되었다.

7. 주형 시공

7-1 주형형상 변경

본 교량에서는 주형의 시공성 및 경제성을 향상시키기 위하여 기본설계에서 2 Cell Box Girder인 주형의 형상을 상세설계에서 1 Cell Box Girder로 변경하여 바닥판지간이 9m가 되었다.[7](그림-14) 일본 도로교시방서 · 동해설Ⅲ 콘크리트교편에 따르면 바닥판의 설계휨모멘트는 바닥판지간이 6m인 PC연속판까지 적용가능한 것으로 되어 있다. 따라서 도로교시방서로 설계된 지금까지의 PC바닥판과 같은 정도의 내구성 및 안전성을 확보하도록 FEM해석 · 설계하였다.[8]

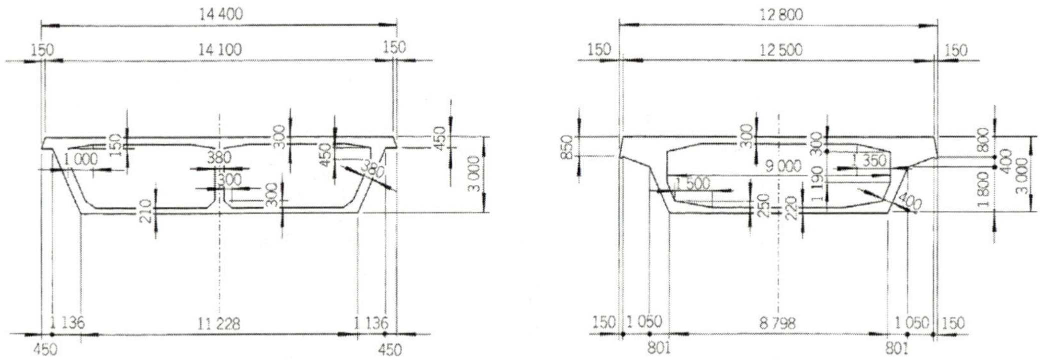

2 Cell　　　　1 Cell

그림-14 단면 형상의 비교

케이블정착부를 Box Girder의 안쪽에서 바깥쪽 켄티레버부분으로 변경하였다. 케이블정착부를 Box Girder 안쪽에 두는 경우 케이블과 Wagen과 교차되므로 Wagen을 전진시키고 나서 케이블를 삽입 · 긴장하게 되어 주형내부 PC강재가 필요하게 된다. 그러므로 케이블정착부를 Box Girder 외측에 배치하는 경우에는 케이블과 Wagen이 교차하지 않기 때문에 케이블의 긴장을 Wagen 이동전에 시행할 수 있다.(그림-15) 그리고 케이블 Setting은 콘크리트 양생기간 중에 이루어지기 때문에 표-7과 같이 공정이 단축된다. 이러한 점이 오다와라 Blue Way Bridge와 다른 개선사항이다.

그리고 바닥판 횡방향 PC강재에는 After Bond강재(SWPR19 ϕ28.6)를 사용하는 점도 이 교량의 특징중 하나이다. After Bond강재는 강선을 폴리에틸렌쉬스로 덮고 그 사이에는 경화재로 충진한 것이다. 경화재는 일정기간후 완전히 경화되면 콘크리트 이상의 강도를 발휘하게 되므로 (그림-16) 그라우트작업이 필요없게 된다.

일반적인 강선삽입의 경우 강재와 쉬스관의 틈새가 커지지만 After Bond강재의 경우 쉬스와 소선의 틈새가 거의 없어 보다 정확한 강재배치가 가능하게 된다.

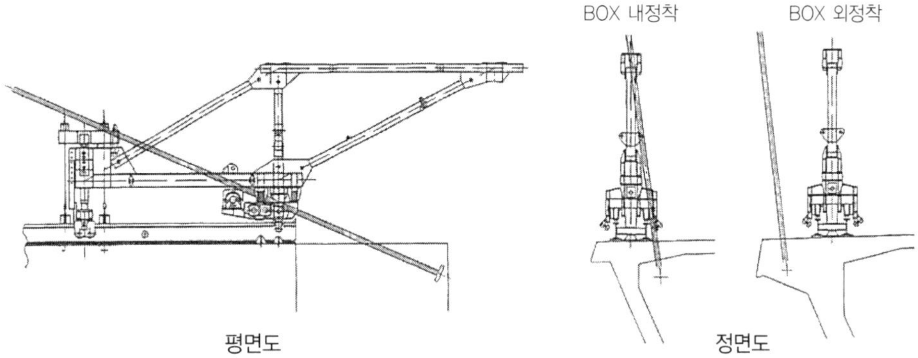

그림-15 케이블과 Wagen의 관계도

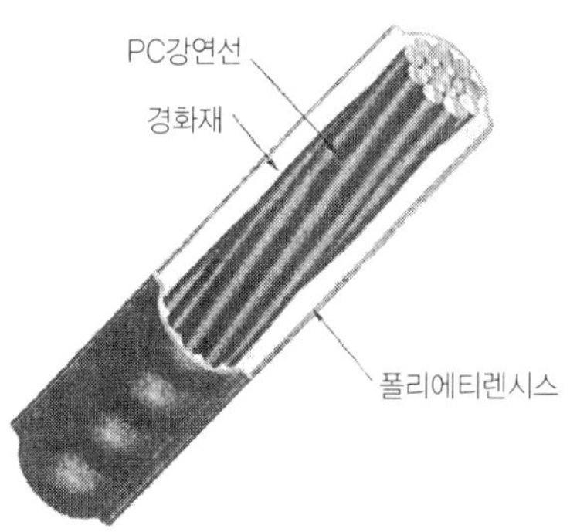

그림-16 After Bond 케이블

7-2 켄티레버식 시공

본 교량의 공정은 P1측 켄티레버식 시공이 Critical Path가 된다. 그래서 일반적으로는 2개블럭으로 켄티레버식 시공을 하던 것을 케이블간격에 맞춰서 시공하였다. 그러므로 중앙경간쪽에서는 블럭길이가 최대 7m에 이른다.(그림-17)

7m인 블럭길이에 대응하기 위하여 P1쪽에서는 초대형Wagen을 사용하여 켄티레버식 시공을 진행하였다. 본 교량은 모두 3종류의 Wagen을 사용하였다. P2측경간 및 중앙경간은 250ton 용량의 보통Wagen, P1측경간에는 750ton 용량의 대형Wagen 그리고 P1중앙경간에는 1,000ton의 초대형Wagen을 사용하였다.(그림-18)

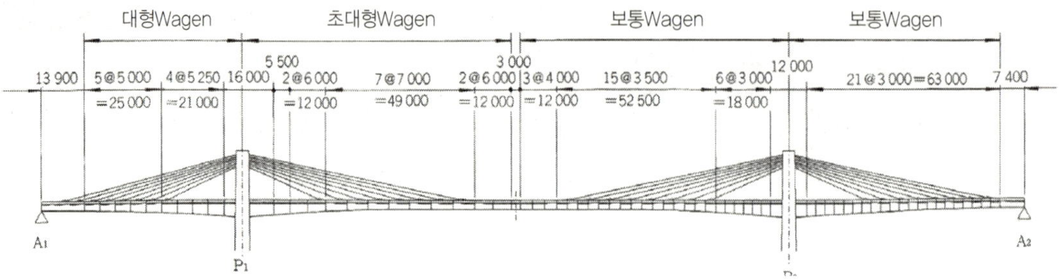

그림-17 주형 블록의 분할

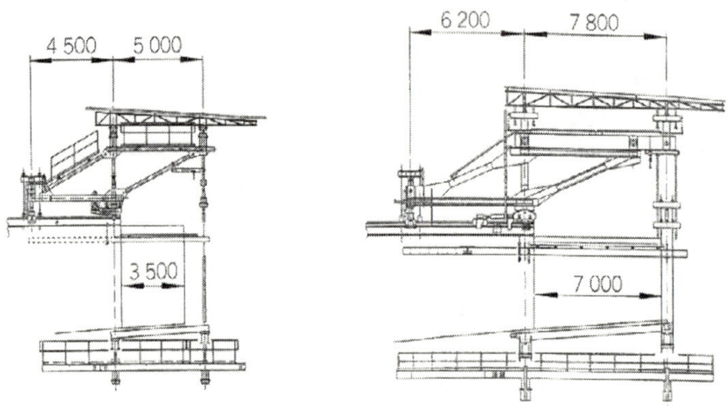

보통Wagen　　　　초대형Wagen

그림-18 Wagen의 비교

표-8은 보통Wagen(케이블 정착블럭)과 초대형Wagen의 공정표를 나타낸 것으로며 초대형Wagen의 사이클공정은 13일이며 표-9의 Cycle공정표와 같이 Wagen의 조립 · 해체에 소요되는 기간을 감안하여도 보통Wagen을 이용한 시공으로는 11개월 걸리던 것을 7개월, 4개월씩 공정 단축이 가능하게 되었다.

▶ 표-8 사이클 공정표

2 Cell Box Girder

공 정	1	2	3	4	5	6	7	8	9	10	11	12	13	14	15
Wagen이동	—														
외부거푸집조립			—	—											
철근 · PC강선 조립				—	—	—	—	—	—						
내부거푸집조립									—	—	—				
콘크리트타설												—			
양생													—	—	
Internal케이블긴장															—
보호관제작가설						—	—	—	—	—	—		—		
케이블삽입		—												—	
케이블긴장			—												

1 Cell Box Girder

공 정	1	2	3	4	5	6	7	8	9	10	11	12
Wagen이동	—											
외부거푸집조립		—	—									
철근 · PC강선 조립			—	—	—	—						
내부거푸집조립						—	—					
콘크리트타설								—				
양생									—	—		
Internal케이블긴장												—
보호관제작가설				—	—	—	—		—			
케이블삽입									—	—	—	
케이블긴장												—

▶ 표-9 사이클 공정표

2 Cell Box Girder

공 정	1	2	3	4	5	6	7	8	9	10	11	12	13
Wagen이동	—	—											
외부거푸집조립		—	—						—				
철근 · PC강선 조립			—	—	—	—	—	—	—				
내부거푸집조립						—	—	—	—				
콘크리트타설										—			
양생											—	—	
Internal케이블긴장													—
케이블가설									—				
케이블Setting												—	—
케이블긴장													—

1 Cell Box Girder

공 정	1	2	3	4	5	6	7	8	9	10	11
Wagen이동	—	—									
외부거푸집조립		—	—				—				
철근 · PC강선 조립			—	—	—	—	—				
내부거푸집조립					—	—	—				
콘크리트타설								—			
양생									—	—	
Internal케이블긴장											—
케이블가설							—				
케이블Setting										—	—
케이블긴장											—

7-3 초대형Wagen

2 Cell Box Girder용 Wagen을 이용한 블럭시공의 경우 타설콘크리트 중량의 1/2은 기설치블럭이 부담하게 된다. 그래서 7m블럭인 경우 보통블럭의 약 2배에 해당하는 중량이 기설치블럭에 작용하게 된다. 그리고 1 Cell Box Girder이고 광폭원이므로 그 하중에 대해서도 바닥판을 검토하였다. 거푸집고정용 강봉은 Web하단부근 및 바닥판중앙부근에 4개가 설치되며 4개 모두 하부바닥판에 하중을 전달하는 경우(Case 1)와 Web하단의 2개는 하중을 상부바닥판에 전달하는 경우(Case 2)등 2가지를 검토하였다.(그림-19)

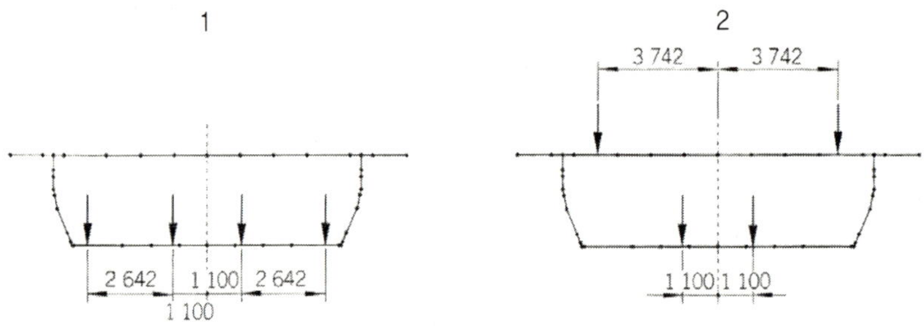

그림-19 하중재하 위치도

▶ 표-10 하부바닥판 검토결과

	Case 1		Case 2		허용치
	지간단부	지간중앙부	지간단부	지간중앙부	
휨모멘트(t · m)	-9.0	2.6	6.7	1.1	-
철근응력(kg/㎠)	2,552	1,981	1,889	828	2,250

표-10은 검토결과를 정리한 것으로 Case 1은 바닥판지간 단부에서 철근응력이 허용응력을 상회하지만 Case 2에서는 허용응력을 만족한다. 그래서 Case 2에서 전달된 하중으로 상부바닥판을 검토하였다. 상부바닥판에는 바닥판 횡방향강선(1S28.6)이 500㎜간격으로 배치되어 있으며 시공시 바닥판지간의 단부 및 바닥판지간 중앙부 콘크리트 응력은 표-11과 같이 문제가 없는 것으로 판단된다. 그래서 초대형Wagen 시공시 Web하부에 설치된 2개의 강봉이 하중을 상부바닥판에 전달하는 구조로 하였다.

▶ 표-11 상부바닥판 검토결과

	지간단부		지간중앙	
	σ_o	σ_u	σ_o	σ_u
콘크리트응력(kg/㎠)	39	4	25	65

7-4 주형콘크리트

본 교량은 콘크리트를 배관타설하였다. 설계Slump는 8㎝이지만 타설용 배관의 길이가 100m에 달해 콘크리트플랜트에서 미리 고성능AE감수제를 첨가하여 현장Slump를 12㎝로 조정하였다. 표-12는 배합표이다.

▶ 표-12 콘크리트 시방배합

굵은골재 최대치수 (㎜)	Slump 범위 (㎝)	공기량 범위 (%)	물 · 시멘트비 (%)	잔골재율 (%)	단위량(kg/㎥)				
					물	시멘트	잔골재	굵은골재	혼화제
					W	C	S	G	-
20	12±2.5	4.5±1.5	43	40	169	393	70	1,020	5.502

본 교량이 가설되는 츠쿠하라호수는 식수로도 이용되므로 기존의 응결지연제와 같은 콘크리트 이음면에 붙은 레이턴스를 고수압으로 제거하는 경우 오염물질이 호수에 떨어지는 것을 방지하고 시공상의 생력화를 도모하기 위하여 콘크리트 이음부 처리에 Air cap을 사용하였다. 이것은 폴레에틸렌 기포완충재로 거푸집에 박리제 대신 붙이고 이것이 콘크리트면에 요철을 만들어 이음부처리가 가능하게 되는 것이다.

사진-2 콘크리트 타설 이음면

8. 케이블 시공

케이블은 공정상 그라우트 주입시기가 한겨울에 해당하므로 Non-Grout type의 Semi Prefabrication Cable(SWPR7B 27 φ15.2)을 사용하였다. Semi Prefabrication Cable의 강선부분은 공장에서 제작하고 앵커는 일반적으로 현장에서 제작하는 형태를 지칭하는 것이다. 이 케이블은 15.2㎜ 소선에 폴리에틸렌코팅을 하고 27개를 충진재와 함께 엮고 그 위에 폴리에틸렌피막으로 일체화시킨 것이다.(그림-20) 소선에 대

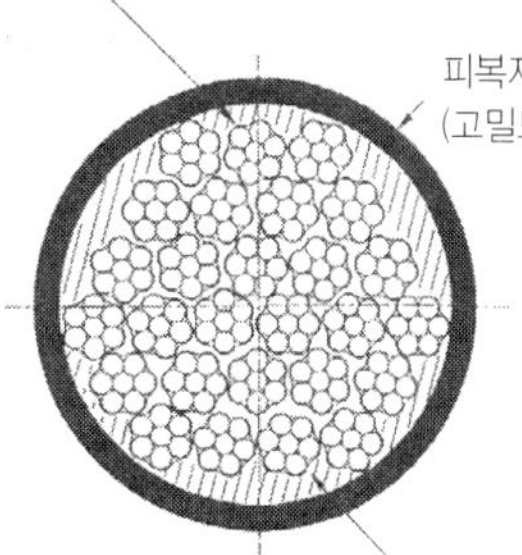

그림-20 케이블 단면도

해서는 2중 방청효과가 기대된다. 케이블의 정착공법은 교환가능한 External 케이블용 시스템으로 되어있다. 그림-21은 케이블 시스템의 상세를 나타낸 것이다.

케이블은 케이블정착블럭의 콘크리트 타설전에 케이블설치용 비계를 설치하지 않고 크레인과 윈치로 가설한다. 케이블은 Semi Prefabrication Cable이므로 Saddle을 통하여 케이블선단부에 부착된 Wire를 윈치로 감음과 동시에 드럼에 감긴 케이블을 잡아당긴다. 이 때 케이블이 상처나지 않도록 주탑의 비계에는 롤러를 부착하였다. Saddle을 통과한 케이블은 필요한 전체 연장을 교량면에 펼쳐둔다. 그리고 콘크리트 타설후 양생도중 케이블을 정착체와 연결하여 케이블가설을 완료하였다.(그림-22)

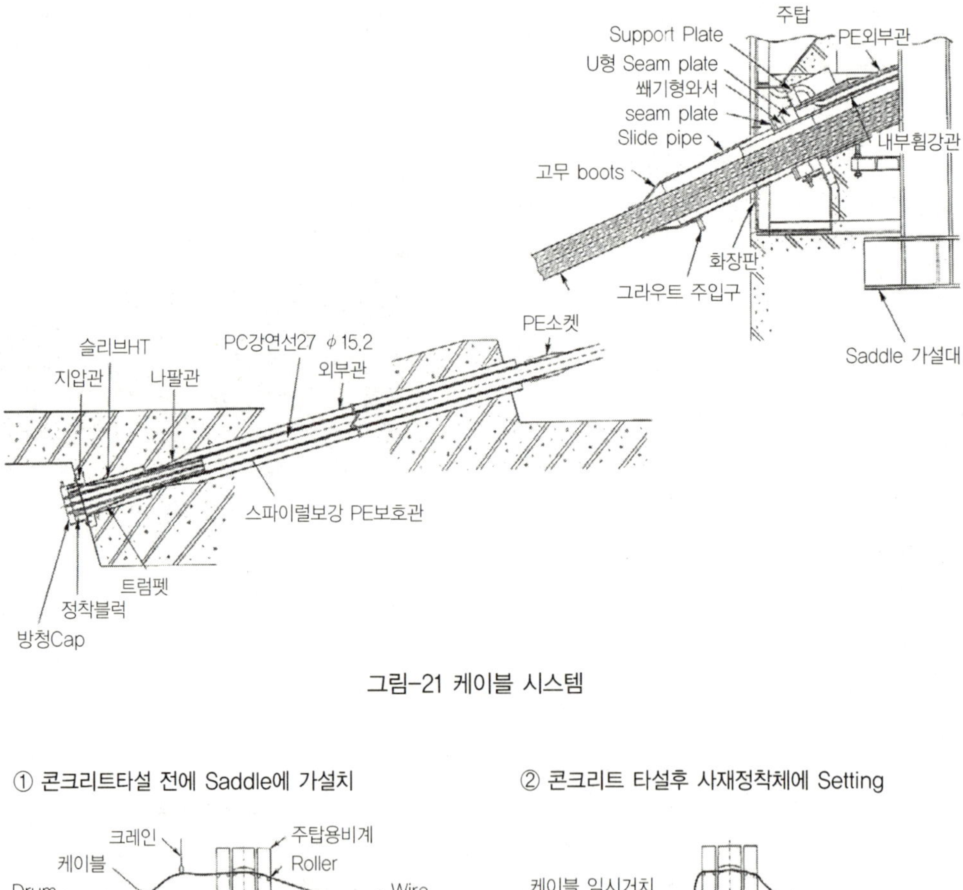

그림-21 케이블 시스템

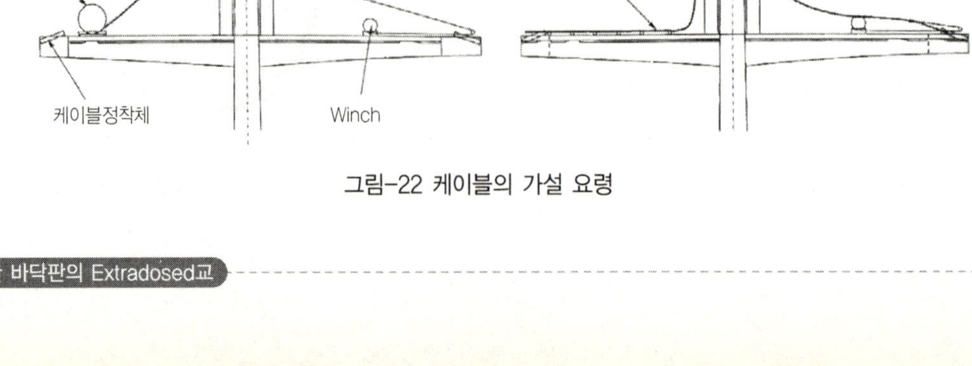

그림-22 케이블의 가설 요령

9. External 케이블 시공

주두부가로보에 정착된 External 케이블을 중앙경간에 12개 배치하였다. 이것은 케이블과 같은 그라우트주입이 한겨울에 이루어지므로 Non-Grout type의 Semi Prefabrication Cable(SWPR7B 27 φ15.2)을 사용하였다. 케이블은 주형에 배치되므로 15.2mm Unbond강재를 19개 테이프로 엮어 일체화하였다.(그림-23) 다만 주탑부 강재의 피복재를 보호하기 위하여 Unbond 쉬스관은 2중으로 하였다.

External 케이블의 가설은 케이블과 같이 드럼에 감긴 케이블을 주형 위에서 풀면서 개구부에서 주형 내부로 윈치를 사용하여 집어 넣고 정착체에 Setting시킨다.(그림-24) 그리고 자유장 부분은 비계를 설치하고 그 위에서 롤러콘베이어를 이용하여 가설시 케이블을 보호하였다.

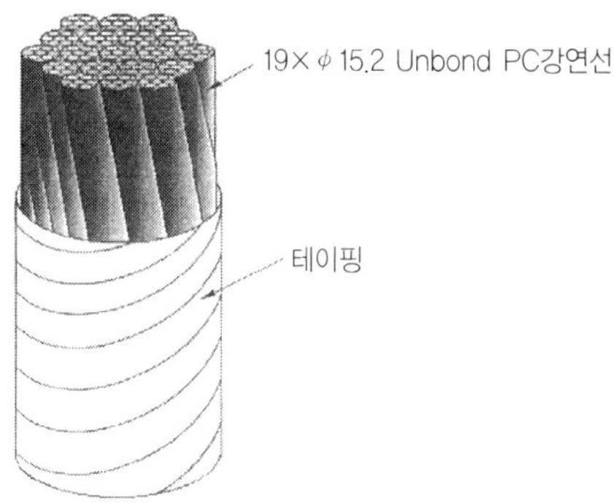

그림-23 External 케이블 일반도

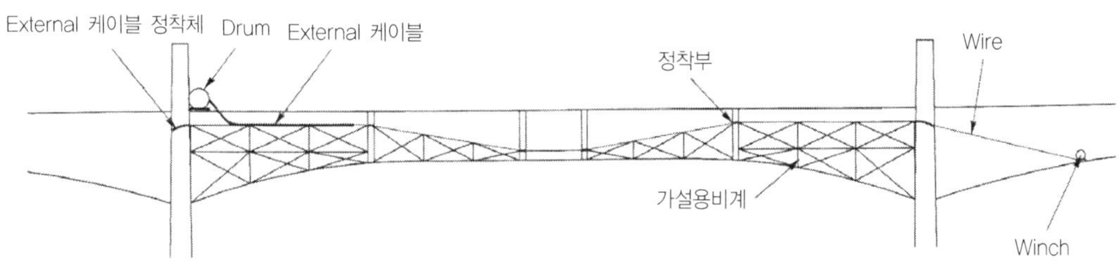

그림-24 External 케이블의 가설도

10. Saddle

오다와라 Blue Way Bridge에 이어 본 교량에서도 주탑정부에 Saddle구조를 채택하였다. Saddle의 구조는 케이블의 교체를 감안하여 그림-25와 같이 안쪽관이 강관인 type 1과 PE관인 type 2의 2종류이다. 오다와라 Blue Way Bridge는 이 2가지를 실험하여 모두 역학적으로 문제가 없음을 확인하였으나 평면선형상 이유를 들어 type 2를 채택하였다.[9] 본 교량의 경우 평면선형이 단순하므로 시공성이 좋은 안쪽관은 강관, 겉은 PE관 구조인 type 1을 사용하는 것으로 하였다. 이것은 Saddle부분을 고강도콘크리트로 그라우팅함으로서 케이블의 장력차이를 Strand→Grout→안쪽관으로 전달하여 Saddle외측 Rib에 정착시킨다. Saddle은 공장에서 상하2단으로 나누어서 제작한 것을 현장에서 가설, 일체화시켰다.

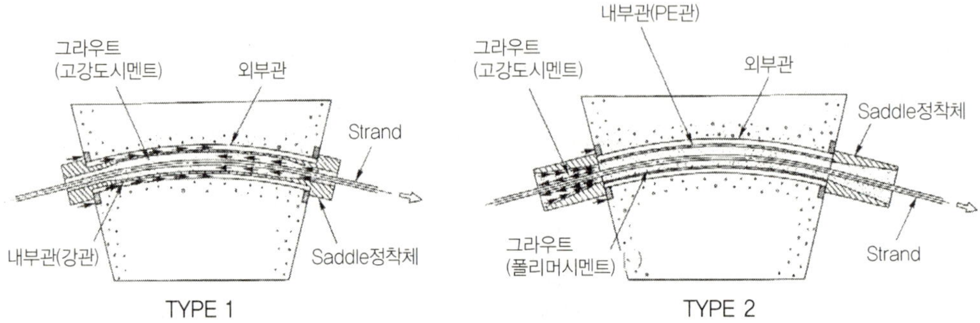

그림-25 Saddle구조의 개념도[9]

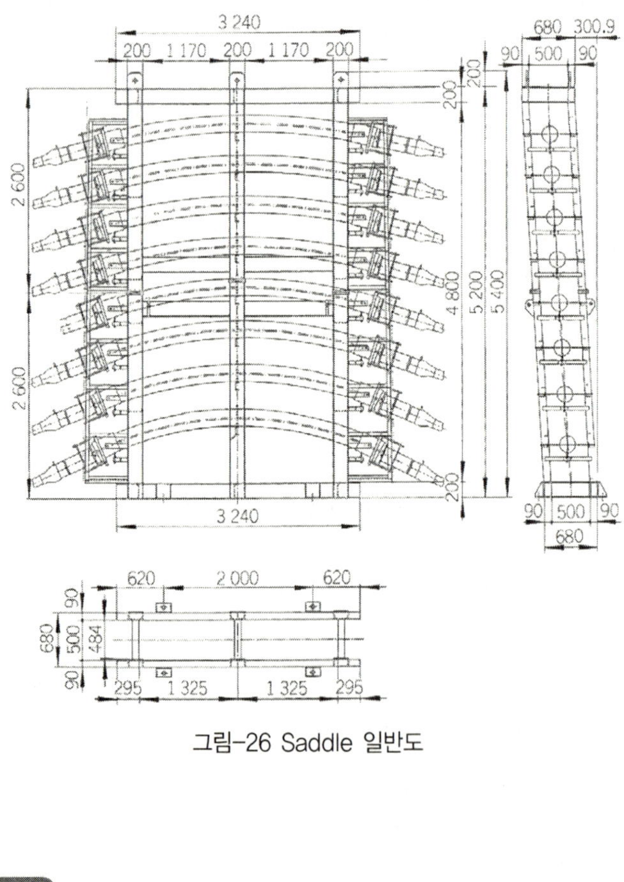

그림-26 Saddle 일반도

11. Precast 연석

본 교량은 연석위치가 거의 Web위치에 해당하므로 주형에서 연석철근과 Wagen Rail이 겹치게 된다. 그래서 공정단축 가능성도 고려하여 Precast연석을 채택하게 되었다. 그리고 경관적인 이유로 난간은 강재난간을 사용하였다. 강재난간은 차량이 케이블에 충돌하거나 호수로 추락하는 것을 방지하고자 S type(일본 기준)을 사용하였다. 연석과 주형의 접합은 볼트로 하였으나 Wagen rail이 있으므로 주형내부 볼트는 주형면과 일치시켜 두었다. 커플러를 사용하여 볼트를 연결시켜 Precast연석을 접합시킨다.(그림-27) 공장제작된 Precast연석을 소정위치에 설치하고 4개소에서 높이조정볼트로 높이를 조정하고 이음부 및 받침몰탈을 타설하여 고정시킨다. 마지막으로 연석접합볼트를 연석Block out부분의 Plate에 고정하고 콘크리트를 Block out부분에 채워넣어 연석설치를 완료한다.

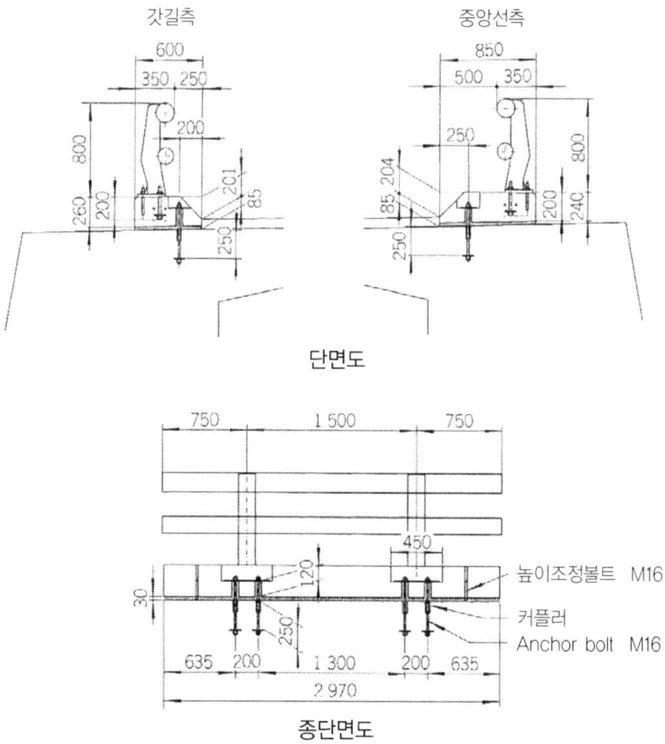

그림-27 프리케스트 난간

【参考文獻】

(1) 日本道路協會：道路橋示方書・同解說Ⅲコンクリート橋編(1996)

(2) 岡, 中川, 能登谷, 植田：衝原橋の設計と施工, プレストレストコンクリート, Vol.39, No.2, pp.65～75(1997. 3)

(3) 江頭, 松井：プレストレスを導入した長支間床版の設計曲モーメント式に關する研究, 土木學會第50回年次學術講演會, pp.346～347(1995. 9)

(4) 玉置, 新井, 板井, 山崎：非線型解析プログラムの外ケーブル構造への適用と今後の標準化について, 第5回プレストレストコンクリートの發展に關するシンポジウム論文集, pp.309～314(1995. 10)

(5) 石崎, 松井：2主構Ｉ桁形式道路橋のRC床版の最小厚規定について, 土木學會第50回年次學術講演會, pp.344～345(1995. 9)

(6) 小野寺, 相葉, 木水, 松井, 春日：小田原港橋の施工, 橋梁と基礎(1994. 7)

(7) 松田, 中川, 春日, 楠：衝原橋における廣幅員一實箱桁斷面の片持ち張出し施工, 第7回プレストレストコンクリートの發展に關するシンポジウム論文集, (1997. 10)

(8) 岡, 能登谷, 中川, 春日：衝原橋(エクストラドーズド橋)の床版の設計, 橋梁と基礎(1997. 9)

(9) 木水, 松井, 春日：小田原港橋におけるサドル構造に關する研究, プレストレストコンクリート(1994. 9)

부록 PART

Extradosed교의 설계 및 시공 실적

1. 국내 설계 및 시공사례
2. 국외 설계 및 시공사례

1. 국내 설계 및 시공사례

No	교량명	과 업 명	발주처	설계년도	폭원	경간구성(m)	주탑	시공사
1	양근대교	양평-강산간 도로건설공사	서울청	1992	12.0m	45+90+45=180m	Through 식	㈜한양
2	평여2교	국도대체 우회도로 (둔덕-주삼)	여수시	2000	23.5m	65+120+65=250m	2면	SK건설
3	경안대교	성남-장호원 기본설계 T/K	서울청	2001	30.0m	70+130+70=270m	1면	현대건설
4	제도~ 백야교	여수-고흥간 연륙연도교 국제현상공모	전라 남도	2002	24.5m	180+280+180=640m	1면	현상공모
5	낭도~ 적금교	여수-고흥간 연륙연도교 국제현상공모	전라 남도	2002	25.0m	90+2@175+90=530m	2면	현상공모
6	금가대교	충주시 국도대체 우회도로 (용두-금가)	대전청	2002	21.0m	85+5@125+85=795m	2면	SK건설
7	녹산대교	부산항 진입도로 건설공사	해수부	2002	22.4m	70+70=140m	1면	대우건설
8	영산강교	보성-임성리 제7공구	전라 남도	2003	12.1m	80+100+80=260m	1면	GS건설
9	신대1교	복수-대전간 지방도 4차로 확장 및 포장공사	대전시	2003	19.5m	2@78=156m	1면	대림산업
10	운남대교	압해-운남 도로확장공사	전라 남도	2003	23.9m	85+155+85=245m	1면	현대건설
11	장항1교	경주-감포2 대안설계	해양 수산부	2003	11.5m	65+110+65=240m	2면	삼성물산
12	초락교	초락교 가설공사 대안설계	충청 남도	2004	14.0m	70+3@130+70=530m	2면	계룡건설
13	무영대교	목포시관내 국도 대체 우회도로 (청호-삼호)	익산청	2004	24.3m	100+4@165+100 =860m	1면	현대건설
14	운암대교	순창-운암(4공구) 도로확장공사	익산청	2004	23.0m	75+4@160+75 =795m	1면	쌍용건설

2. 국외 설계 및 시공사례

No	교량명	준공년도	폭원	경간구성(m)	최대경간	주탑	국가명
1	Ganter Bridge	1980	10.0m	678	174m	사판식	스위스
2	Odawara Blueway (小田原港橋)	1994	16.4m	74+122+74=270	122m	2면	일본
3	Yashiro Bridge (屋代南北橋)	1995	12.8m	65+2@105+65=340	105m	2면	일본
4	名取川橋	1996	–	512	108m	사판식	일본
5	Tsukuhara Bridge (衝原橋)	1997	9.25m	66+180+77=323	180m	2면	일본
6	Kanisawa Bridge (蟹澤大橋)	1997	23.0m	100+180+100=380	180m	2면	일본
7	Sunniberg Bridge	1998	9.18m	59+128+140+134+65=526	140m	2면	스위스
8	Tsukuhara Bridge	1998	9.25m	65.4+180+76.4=322.8	180m	2면	일본
9	Karahaho-shinbashi (唐櫃新橋)	1998	8.4m	75+140+75=290	140m	2면	일본
10	2nd Mandaue-Mactan Bridge	1999	20.8m	112.5+185+112.5=410	185m	2면	필리핀
11	Pakuse Bridge	2000	13.8m	70+9@120+123+143+91.5+34.5=1,542	143m	2면	라오스
12	Shikari Bridge (士狩大橋)	2000	22.0m	94+3@140+94=608	140m	1면	일본
13	Sashiki Bridge (佐敷大橋)	2000	9.3m	60.8+105+57.5=223	105m	2면	일본
14	Matakina Bridge (またきな大橋)	2000	13.2m	110+90=200	110m	2면	일본
15	Kisogawa Bridge (木曾川橋)	2001	28.0m	160+3@275+160=1,145	275m	1면	일본
16	Ibigawa Bridge (揖斐川橋)	2001	28.0m	154+4@271.5+157=1,397	272m	1면	일본
17	Hozu Bridge (保津橋)	2001	18.3m	34+50+76+100+76+32=368	100m	2면	일본
18	Miyakodagawa bridge (都田川橋)	2001	16.5m	133.0+133.0=266	133m	3면	일본

No	교량명	준공년도	폭원	경간구성(m)	최대경간	주탑	국가명
19	Shinkawa Bridge	2002	25.0m	39+45+90+130+81=385	130m	1면	일본
20	(新川大橋) 指久保橋	2002	8.0m	114.0+114.0=228	114m	2면	일본
21	Fukaura bridge (深浦大橋)	2002	16.5m	63+90+66+45+30=294	90m	2면	일본
22	New Koror-Babeldaop Bridge	2002	8.0m	82+247+82=411	247m	2면	팔라우
23	Ritto Bridge(栗東橋)	2005	16.5m	70+115+170+140=495	170m	2면	일본
24	DOU SHAN VIADUCT (斗山二號高架橋)		28.5m	1,560	140m	1면	대만

저 · 자 · 약 · 력

金 濟仁

- 영남대학교 공과대학 토목공학과 졸업
- 고려대학교 공학대학원 토목공학과 졸업(공학석사)
- 토목구조 기술사
- 국토해양부 설계자문위원
- 현재 국민CI 부사장

羅 錫鉉

- 성균관대학교 공과대학 토목공학과 졸업
- 고려대학교 공학대학원 토목공학과 졸업(공학석사)
- 토목구조 기술사
- 소방방재청 재해복구사업 사전심의위원
- 현재 建一엔지니어링 전무(구조부)

安 重善

- 인하대학교 공과대학 토목공학과 졸업
- 인하대학교 공과대학원 토목공학과 졸업(공학석사)
- 토질 및 기초 기술사
- 국토해양부 설계자문위원
- 현재 建一엔지니어링 부사장(지반공학부)

감 · 수 · 자 · 약 · 력

金 相錫

- 고려대학교 공과대학 토목공학과 졸업
- 서울시립대학교 공과대학원 토목공학과 졸업(공학박사)
- 토목구조 기술사, 토질 및 기초기술사
- 국토해양부 설계자문위원
- 현재 靑石엔지니어링 전무(특수사업부)

* *

Extradosed Bridge

인쇄일 / 초판 1쇄 2010. 11. 10
발행일 / 초판 1쇄 2010. 11. 19

공저 / 김제인 · 나석현 · 안중선
감수 / 김상석
발행처 / 반석기술
발행인 / 황광문

등록번호 / 제 13-13485호
등록일자 / 2002. 12. 10

서울특별시 영등포구 신길동 2735
전화 : 02-848-1002(대)
팩시밀리 : 02-848-1020

ISBN : 978-89-92312-25-7   93530

값 : 32,000원

* *